书山有路勤为径，优质资源伴你行
注册世纪波学院会员，享精品图书增值服务

显而易见

TOC清晰思考实战手册

段云刚 著

电子工业出版社
Publishing House of Electronics Industry
北京·BEIJING

未经许可，不得以任何方式复制或抄袭本书之部分或全部内容。
版权所有，侵权必究。

图书在版编目（CIP）数据

显而易见：TOC清晰思考实战手册／段云刚著. —北京：电子工业出版社，2024.3
ISBN 978-7-121-47136-0

Ⅰ.①显… Ⅱ.①段… Ⅲ.①思维方法—手册 Ⅳ.①B804-62

中国国家版本馆CIP数据核字（2024）第026162号

责任编辑：杨洪军　　　特约编辑：王　璐
印　　刷：北京七彩京通数码快印有限公司
装　　订：北京七彩京通数码快印有限公司
出版发行：电子工业出版社
　　　　　北京市海淀区万寿路173信箱　　邮编100036
开　　本：720×1000　1/16　　印张：22　　字数：387.2千字
版　　次：2024年3月第1版
印　　次：2024年11月第6次印刷
定　　价：89.00元

凡所购买电子工业出版社图书有缺损问题，请向购买书店调换。若书店售缺，请与本社发行部联系，联系及邮购电话：（010）88254888，88258888。
质量投诉请发邮件至zlts@phei.com.cn，盗版侵权举报请发邮件至dbqq@phei.com.cn。
本书咨询联系方式：（010）88254199，sjb@phei.com.cn。

本书献给：

我亲爱的女儿段姝羽

我搭档刘振的两个儿子刘适鸣和刘佳鸣

我们共同的好友吴戈的儿子吴允凡

推荐序1

在前言中,作者提到了从犹豫到最终下定决心出书的心路历程。表面看似是庸人自扰,实则是深思熟虑的结果。

值得回忆的是TOC创始人高德拉特博士,他毕生致力于实现"留下美好世界"的愿景,这正是TOC发展的终极价值。不论是学习还是应用TOC方案,若不能对准这一终极价值,就很容易陷入匆忙采用方案的困境,进而遭遇病急乱投医的局面,令人陷入困扰的是不良的并发症。由此,必然引发对TOC实施不如预期的质疑:为何别人的TOC成功案例在我这里却是一场失败?

如果你是TOC的追随者或应用者,请问:每一次实施TOC方案是否都对准了"留下美好世界"的终极价值?回溯起初学习TOC的时候,老师一再强调,TOC顾问、经理人或培训师的任务是协助他人具备独立实施TOC方案的能力,然后由他们激发组织经营文化的改良。其中的关键是"说到做到",因为"留下美好世界"不仅仅是一句无形的口号或有形的目标,这取决于你如何"说到做到",以及你说到做到所产生的价值和后续的效应。

因此,对于一位成熟的TOC专业人士来说,除了短期内提高获利水平的任务,更有意义的工作是,让TOC帮助更多的"有缘人"获得"自我实现"的能力。我相信,这也是作者写作本书的初衷与目的。

所谓"有缘人",是指秉持TOC共赢信念,并渴望借助TOC发挥积极影响的人。然而,请回忆一下,你曾经渴望实现的改变,无论是在工作还是生活方面,都相当不容易!简而言之,在改变习以为常的习惯之前,必须先改变根深蒂固的认知,这需要有坚定不移的毅力。说起来,既有的习性和意识也是日积月累形成的结果吧!

因此,有缘人想要通过TOC产生价值和影响力,不是一次课程或项目能够完成的事情，而是一个完整的转型过程，需要真正的喜爱和投入，以坚定的决心让TOC自然而然地融入DNA。从一位有缘人到多位、众多，最终每个人都是有缘人。许多人怀着共赢信念落实自我实现，那么留下美好世界就近在咫尺。期盼本书的有缘人能够吸引更多志同道合的人，一同携手前行。

本书的独特之处在于，作者灵活运用TOC的思考方式，为文化社群提供了一种亲近的理解方式。相较于传统偏重经验或盲目模仿的方法，TOC方法能让每个人逐步开发自我实现的潜力，实现工作和生活的美好。

追根溯源，本书的核心主题是"清晰思考能力"。为什么渴望拥有清晰思考能力？换言之，清晰地思考、明晰地看待问题、通畅地表达自己，这一切都是为了能够做到、做好，而且风险最小。

然而，能否从本书中获取实用价值，取决于每个人的选择。想要获得"怎样的清晰思考能力"包含了三大特质：

- "聚焦性"的提问，是开发高质量解答的关键；
- "果因果"的解析，是激发高效解答的必备；
- "系统化"的学习，是显而易见解答的专长。

本书内容由浅入深，逐步引导读者走出思维的盲点，而非急功近利地颠覆既有认知。在阅读过程中，读者可能对逻辑推理的迂回感到不习惯而犹豫。然而，这样的反应本身就是清晰思考的挑战。如果渴望学习"开发共赢解答能力"，那么请准备好发掘本书中的黄金屋。

最后，感谢TOC让我们结缘。期待通过共赢信念推翻人为的围墙，一起实现留下美好世界的终极价值。

祝愿我们与TOC共同成长！

苏正芬
前高德拉特学校中华区校长
中华高德拉特协会创办人
TOC for Education中华区代表
TOCPA中华区代表

推荐序2

很高兴有机会向广大读者推荐TOC最强有力的应用模型——TP，以及段云刚老师的新作《显而易见：TOC清晰思考实战手册》。

TP是高德拉特博士所创建的TOC的灵魂，也是TOC最重要、最基础的模块。TP的起点往往是不良效应，也就是俗称的问题，但是高德拉特博士既没有用帕累托原理查找频发的问题表象，更没有采用看起来容易实际上很难应用的"5Why法"，而是独辟蹊径，找到了一种系统化的方法。

首先通过逻辑分析探寻不良效应之间的内在联系，形成网络图，由此发现为什么组织的问题长期顽固地存在且难以清除。

然后进一步分析，选出最重要的几个不良效应，它们往往互相纠缠，形成一个或几个恶性循环，把组织拉入深渊。这才是问题长期沉淀积累、组织难以翻身的真正根源。

TOC认为，人是好的。那么，恶性循环背后的原因是什么？是冲突。组织的复杂性使每个人的思维都无法真正做到简单。许多行动措施的背后都有完全相反的业务需求在相互拉扯，使你左右为难，形成思维冲突。而在叠加的诸多冲突中，你会发现核心冲突往往与组织的最高策略有关。这时候你基本上明白要"改变什么"了，但要找到"改变成什么"的钥匙，还差更重要的一个步骤——寻找冲突背后的假设。

"假设"是一个哲学词汇，是指"未被证伪的真理"，是每个人或组织长期经验的沉淀，也具有人们常说的世界观和认知层次的内涵。当假设被证伪时，人们从惊愕逐渐过渡到惊喜，认知就提升了。

以上是TP的第一部分"改变什么"，从中可以看到TOC管理哲学的独特视角。之后还有"改变成什么""如何引发改变"两部分，也是令人醍醐灌顶的高智慧工具。

这套TP方法起初散落在高德拉特博士的诸多作品中，可以说TP就是TOC的一部分。把这套方法提炼出来形成独立的模块，则是高德拉特博士的学生的功劳。在我熟悉的同业者中至少有三个人做出了重要贡献。

第一个人是丽萨·珊考夫（Lisa J. Scheinkopf），她是高德拉特时代TOC的主要实践者和发展者之一，多次来中国讲学。她在《变革思维》（*Thinking for a Change*）一书中做了浓墨重彩的总结提炼，使系统化TP初具雏形。

第二个人是桃李满天下的欧德·可汗（Oded Cohen）老师，一个为TP奉献终身的人。他把TP用U型图串了起来，让人们学习和使用变得更容易、方便。他一生都在全球各地演讲开课，推广TP。

第三个人就是段云刚老师——"中国的欧德"。段老师是中国第一个全身心献身于TP的学者、实践者和发展者。他不仅把TP精神彻底吃透了，开发了完全中国化的教学体系，还多次举办公益课程讲解TP，运用TP为诸多企业解忧排难。在这本书中，段老师从国内的实际情况出发，循循善诱地讲解TP，发展TP。

需要提醒读者的是，丽萨、欧德和段老师为了方便读者理解，在各自的著作中运用了很多图形化、逻辑化工具，这是一种有效的学习方法。但当你应用的时候，一定要超越工具本身，不要拘泥于工具，要注重分析内容的深度和准确性，不要反受其累。举个例子，经常有人在疑云图中转不出来，他的"冲突"一看就知道根本不是真正的冲突。TOC追求的是商业活动的本质，有其内在和谐性。只要深刻地、系统地思考，即使不使用任何工具，也可以完成对TP的学习，这就是所谓的洞见和顿悟。

张峰（Philip）
顿吉咨询 | [∞] OpenTOC®旗手论坛主理人
求是科学院TOC首席管理科学家
"吴晓波频道"中德制造业研修院导师
上海交大马赛供应链促进中心创始主任
以色列高德拉特咨询机构前项目总监
TOC Expert认证专家（2006）

推荐序3

《显而易见：TOC清晰思考实战手册》这本书能给我们带来什么？我们为什么需要这本书？我们想从中获得什么？这本书能解除我们哪些限制？这本书给我们提供的价值是什么，能帮助我们完成什么任务？

当遇到差距、感受到不良效应，并试图弥补差距、消除不良效应时，我们需要找出导致这种情况持续存在的恶性循环。接着，打破这一恶性循环，将其转变为让我们愉悦的场景。这正是我们渴望改变的原因。

为什么会存在这个恶性循环？是因为我们曾做出某种选择，这一选择推动着这个恶性循环。选择意味着存在其他可能性，也意味着存在其他选择能够打破这一恶性循环，使我们进入愉悦的良性循环。

既然有选择，为什么当初没有选择能够带给我们愉悦的路径？原因在于，我们在选择时陷入了冲突！解决问题的关键在于辨识冲突的假设，并将其打破，消除旧思维。在打破假设的同时，我们获得了洞见——一个当初未曾想到的双赢解决方案，在同时满足两个需求的情况下，我们没有失去任何东西，敞开了通往幸福的大门。假设和旧思维是我们渴望改变的根源。

洞见是通往良性循环的关键，可以化解冲突、发展新的解决方案（相对于过去的创新方案），并通过消除副作用完善方案，建立愉悦的良性循环，搭配适当的缓冲，让我们不会匆忙、混乱。进入良性循环是我们渴望的改变结果。

我们如何引发改变、消除抗拒或障碍呢？我们需要明确目标和采取行动的理由，弄清楚哪些障碍需要消除以达到目标，了解执行这一行动的前提条件以及如果没有正确执行可能引发的副作用。

如果结果不如预期，我们需要探索未考虑到的原因/前提条件，并检视移除措施的有效性与预期效果，然后再次实施措施，使我们完成任务。

以上是一个流程，一个思考流程，这个流程可以帮助我们回答如下问题：

- 为什么要改变？
- 改变什么？
- 改变成什么？
- 如何引发改变？

这个思考流程解决了差距、不良效应、冲突、假设、旧思维、副作用、障碍与抗拒等方面的问题。在化解冲突、打破假设和消除旧思维的过程中，我们意识到假设和旧思维是问题的源头，从而打破了假设，获得了洞见。

假设是一连串连锁反应的根本。例如，一组APMB的连锁反应，假设（Assumption）我们制定了政策（Policy），为了贯彻政策，我们通过衡量系统（Measurement）企图影响人们的行为（Behavior）。反过来，如果要改变人的行为就要改变衡量系统，要改变衡量系统就要改变政策，要改变政策就要改变假设。这是一个显而易见的过程。当人们有奇怪行为时，不要急着批评人们，因为急着批评人们，就会失去发挥人们潜力的可能。要先考虑是否衡量系统的不和谐造成了人们的奇怪行为。为此，我们要如何改变衡量系统呢？要改变什么政策呢？要改变什么假设呢？

这本书的价值在于，消除我们在应用清晰思考流程过程中的限制，使我们有充分理由"质疑、挑战、严谨地"处理思考流程中的每一步假设，并通过可视化思考流程，清晰地呈现因果关系（可随时检视假设），让洞见显而易见，从而创新解决方案，完成任务。

TOC的几个创新管理系统，正是TP的产物。在"如果没有制约（瓶颈），产出会无限大"的基础上，以及"产出不会无限大，必然存在制约（瓶颈）"的假设下，衍生出了这些系统。例如：

- 有效产出会计，打破了因为分摊人工成本与制造费用造成成本扭曲的分摊假设，消除了因为这个假设衍生的奇怪行为与组织的不和谐，从而影响组织绩效。

- 运营管理核心的两个参数，产能与周期（因此有了精益/精实周期的需求）。例如，不排程生产系统、动态库存无交期补货系统，以及对关键路径项目管理的创新关键链项目管理。
- 产能与需求（生产什么）是影响财务绩效的两个核心变量。

段老师将这本书献给他的女儿、好友的儿子，表现出他的用心，希望在孩童、青少年教育中普及独立思考的能力，培育智慧与情商。而我们是清晰思考的受益者，正是这本书为我们打开了一把钥匙。

赵智平

《精益TOC实务指南》《在抢单路上：用TOC领跑TLS》作者

TOC生产领域资深专家

推荐序4

非常荣幸，收到段老师的邀请，怀着敬畏之情为他的这部作品写这篇推荐序。我与段老师是多年的知己，他一直保持谦逊，称我为他的师父。实际上，在初次相识时，我只是向他介绍了TOC的知识内容。在网络和电话交流中，我们曾深入探讨了许多TOC的话题。如今，段老师在TOC方面的造诣，不论是理论还是实践，皆已达到相当深厚的水平，在很多层面上，他已是我的良师益友。互联网是个神奇之地，虽然我们在现实中并未多次相见，但在TOC这一主题下，我们成了能够深入交流思想的伙伴。

这本书的副标题是"TOC清晰思考实战手册"，这是一个充满挑战的课题。首先，对于我们很多人来说，"清晰思考"并非强项。这并不是说我们的思维方式差或滞后，而是在谈论管理，特别是现代企业管理时，我们所谈的方法和思维需要放在全球范围内讨论，需要与全球管理学理论和经验相一致。然而，我们往往不善于运用严密的逻辑来探讨问题，甚至不愿使用这种形式，或者认为其过于理论、抽象，难以应用，或者认为这与我们推崇的和气待人、圆润处世等理念相冲突，感觉不友好。紧随其后的"实战"两个字更是难度倍增。这意味着不仅要阐述清晰思考的方法和逻辑工具，还要在中国商业环境中真正成功实践，并取得实质性效果。

对于段老师来说，幸运的是，这并非问题。他在学习TOC一段时间后迅速投入实践，迅速领悟到TOC最关键的核心之一：必须进行清晰思考，然后才能运用解决方案和工具改善企业整体运营。他创办了"清晰思考"课程的特训班，培养了上百位学员，影响了许多企业老板和高管。他亲自领导团队，实施了许多管理改善项目，尤其是在市场营销和销售方面运用清晰思考取得了显著成果。因此，我认为他给这本书起这个副标题，是相当有底气的。

拿到书稿后，我迅速通读了一遍，流畅得令人欣慰。大家无须担心，这本书不含晦涩难懂的理论，也没有艰深复杂的术语，对读者非常友好。每一章还提供了练习题目，供读者自行思考和实践，贴心至极，令人仿佛回到了学生时代！尽管由于时间安排，我无法仔细完整阅读全书，但这或许是件好事，有效地避免了"学生综合征"发作。然而，即便如此，粗略阅读已经颇有收获，日后仍需细读，深入学习。

建议大家阅读时，认真对待这些练习。不必害怕画图，务必尝试用完整的语句表达逻辑过程。然后，将你的练习与同事和朋友进行讨论，无论他们是否阅读过这本书或学过TOC知识。如果你能向他人清晰解释，说明你的理解已经足够深入。对待书中的案例，不要总是想着："唉，我们公司的情况不同……"然后放弃思考。相反，试着深入思考更底层的逻辑，从整个组织的更高层次考虑，试图把握逻辑链条的全貌。

最后，祝愿大家阅读愉快，思考清晰。

韦端正
TOC资深顾问

前言
欢迎来到清晰思考的世界

写书不是为了自嗨，而是为了解决某个重要问题。但随之而来的问题是，对我而言某个重要的问题，对其他人而言并不一定重要，反之亦然。那么，有没有一个重要且大多数人普遍认为需要解决的问题呢？换言之，有没有一个共性而重要的问题？

人们今天所面临的任何问题，一定是由一个动因带来的结果，这样一个动因又有它存在的动因，一直往前推，就推到了一个底层问题，如哲学或宗教的问题。

遗憾的是，大部分人都无缘推到这个底层问题，因为这涉及另一个基本问题——如何推导出至少一个底层问题？即某个底层问题固然是共性而重要的，但如果不懂或不会推导的步骤和方法，那么这个底层问题是很难推导出来的，更遑论评估其重要性了。这也许是大部分人无缘哲学或宗教的原因：只知其然而不知其所以然。

不过，探讨哲学或宗教底层问题不是本书的目的，本书的目的是探究对事物"知其所以然"背后的方法论。如果读者掌握了这些"知其所以然"的方法论，或许更有助于理解和洞见有关哲学或宗教问题的"知其所以然"。

写本书的动机其实酝酿了很多年。2018年8月，我开始在微信群分享"清晰思考"课程第1版，共10课。2019年4月，该课程升级为第2版，初级班8课，中级班5课。2020年1月，该课程再次升级为第3版。直至2022年1月，当时我正想把课程升级为第4版。有一天我打电话给西安分社社长[①]李斌老师，把我的想法告诉

[①] 具有教学资格者被指派为各地建立的清晰思考学习分社群的社长，简称分社社长，负责社群的互动与教学。

了他，他耐心听完后问我到底想要什么。我当时竟然哑然，斌哥（我习惯性地尊称他为斌哥）随后建议我写书。

这是斌哥第二次建议我写书了，这次我被斌哥说服了。不过，我迟迟没有动手写作。

原因其实只有一个，就是对未知的恐惧。两个月后，我把写书的打算告诉了战略合作伙伴山西裕龙集团的吴戈董事长（吴总）。他的一席话，让我陷入深思。

面对未知的恐惧，人们通常的做法是详细计划，掌控更多细节，提高确定性，获得虚幻的伪安全感。我的做法则可以用帕金森定律解释：如果我给自己安排了充裕的时间去写书，我就会放慢节奏或安排其他事务，从而耗尽所有时间。随着时间的推移和其他事务的堆积，我有心思考却无力规划本书的大纲和章节，这时完美主义心态又出来作祟，进而加剧了我的拖延症，由此陷入恶性循环，如图0-1所示。

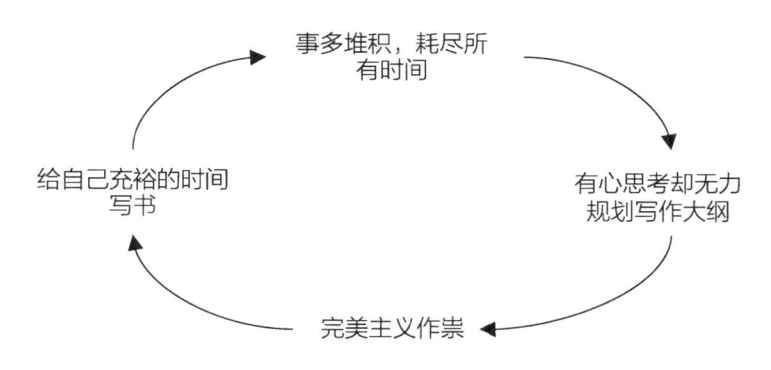

图0-1　帕金森定律恶性循环示意

多年训练出来的直觉告诉我，只有行动才是"内心惶恐症"的唯一解药。如果一名清晰思考者仅限于坐而论道，不能通过思考摆脱自身的困境，那么"知其所以然"只会沦为另一种聒噪。

这个世界虽然有许多无法解释的现象，但就人们已知的而言，已经足够多、足够用了。人们欠缺的是通过清晰思考的力量把存储在头脑中的已知关联起来，从而发现其内在的简单性，慢慢地，人们就会发现想理解那些未知变得容易了。

然而，容易并不代表简单。从"知其然"到"知其所以然"，中间隔着"知道""说到""做到"这3道鸿沟。王阳明说：知而不行，是为未知。所以，只有说到、做到了，才是真的知道了。

2009年，我有幸接触到以色列物理学家艾利·高德拉特博士发明的制约理论（Theory of Constraints，TOC），那一刻我才意识到自己的无知和浅薄。特别是学习和实践TOC核心板块之一——思考流程（Thinking Processes，TP）4~5年后，我才发现自己原来真的不会思考。对人类而言，思考是本能，清晰思考是技能。难怪犹太谚语说："人类一思考，上帝就发笑。"

自2018年起，我开始在微信群里教授TP，说是教授，严格来说也没有官方认证的资格和授权，充其量只是自己打着推广TOC的旗号，一厢情愿地"偷师传艺"。之所以说"偷师"，是因为我未曾接受过任何一位TOC专家的任何正规培训，完全靠自己通过各种渠道向世界各地多位TOC前辈偷师学艺。

我之所以"偷师传艺"，一方面是因为TP经过几十年的发展，已经枝繁叶茂，甚至是百花齐放，显而易见的好处是TP知识体系更加成熟和完整，应用领域更加广泛，学习途径也更加多元；但不足之处也很明显，那就是不同年代、不同领域、不同途径和不同版本的TP知识如潮水般涌现，如果不知晓其底层逻辑和发展演化路径，根本无法领悟其精髓，往往会被TP的具体思考工具所淹没而不自知。这正好验证了那句名言："手中拿着锤子，满世界都是钉子。"

另一方面，要想完整地掌握TP知识体系，有一个基本的前提假设，就是必须具备逻辑学基本素养。众所周知，这正是中国教育体系最薄弱的一环。我也是在学习TP的过程中通过恶补所欠缺的逻辑学基本知识，才磕磕碰碰勉强入门。后来我发现，原来学习TP可以绕过逻辑学"语言晦涩、推理抽象、规则严谨"等门槛，直接步入清晰思考的殿堂。这就像同样是攀登山峰，传统逻辑学选择了最难攀爬的路径，高德拉特博士却带大家走了一条捷径，攀登山峰变得相对容易多了。

基于TP知识体系繁杂和逻辑基础薄弱两个客观事实，我结合TP底层逻辑开发了TP最小思考单元模型、组合应用模块和细化流程步骤，以及具有引导性和启发性的提问法，让TP学习更容易入门和进阶。

实践证明，无论是有逻辑基础还是没有逻辑基础的学员，经过必要的刻意练习，都能够快速掌握清晰思考的流程和工具，将其应用于工作、生活和学习等领域，解决各种长期无法解决的问题或困惑。学员们纷纷反映，人生无处不TP，TP正在改变和影响他们的思维模式与思考方式，成为他们清晰思考人生事业的法宝。

其实，在整个课程教学过程中，我是最大的受益者。100多名学员用大量练习作业和各种疑问，就像训练AI机器人一样轮番上阵，对我不停地"投喂"，让我在短期内功力大增的同时，也对如何利用TP充分挖掘已知的价值有了更深入的思考和探索。

在教授过程中，一方面，我发现自己对某些TP工具或环节存在忽视或遗漏之处，使大部分学员很难按照进度顺利完成课程。即使我不间断地迭代课件，并且采取各种方式进行激励和进度跟催，也无法阻止一部分学员中途放弃，这让我备受挫折和打击。

另一方面，在微信群内实施"课件自学+作业及时反馈"这种互动教学模式的弊端也逐渐显现出来。一是受到PPT课件载体的限制，我不可能对每个TP工具进行深度诠释，很难照顾到每位学员的知识背景和学习习惯。二是微信群刷屏淹没了作业反馈信息，相同的问题在不同的学员作业中频繁、重复地出现，无形中给我增加了大量的重复性工作，令我分身乏术，疲惫不堪。

我尝试通过线上视频和线下课程培训集中深度讲解TP，但受众有限。我选出部分优秀且热心的学员在全国各地成立了十多个学习分社群，来帮我分担社群压力，但本质问题并没有解决，只是把问题转嫁给了各位分社社长。我一度想放弃，并逐渐减少了在群里分享TP的内容，偶尔有全国各地慕名加我微信想学习TP的人，我会将他们分别推送到各分社群进行学习。2022年3月4日，中级班终于迎来了第100名学员，我决定满员收官，也给自己一个圆满的交代。

此时距我答应斌哥写书已经过了一个半月，但我仍然丝毫没有准备动手的意思。直到听了吴总的一席话，我才下定决心开始写本书。吴总问我，为什么我很快就能跨越专业领域看清事物的本质和规律？有没有什么秘诀？我回答，没什么秘诀，就是清晰思考。

随后吴总得知我有写书的打算，又问我为什么还不写。我没有搪塞过去，吴总接着用近乎乔布斯般的"现实扭曲力场"把我给"绑架"了。他的大致意思是，中国有千万家民营中小企业，大部分处于水深火热之中，它们在高度不确定的经营环境中，对未来和发展方向充满了迷茫，它们需要运用TP来拯救自己。他甚至把写本书上升到"星星之火，可以燎原"，以及启迪蒙昧、开化心智等崇高的历史使命感和责任感上来。

我并没有感受到写这本书义不容辞，我只是感受到或许吴总的话代表了大部分人的心声：人人都需要清晰思考。如果我能在这方面发挥一点微不足道的作用和价值，那么无论结果如何，我也无憾。当然，本书如果能够让读者有所收获，那是最好不过的事了。

因此，我把本书定位为思考工具类图书，无论你在工作、生活或学习中遇到什么问题，都可以打开本书翻阅相关章节，按部就班地跟着本书的指引，自助解决问题。如果你想成为清晰思考的专业选手，建议你完整地阅读本书，并进行必要的、适当的刻意练习，也可以加入我们全国各地的免费分社群，让专业老师协助你"渡劫"，最终到达清晰思考的"圣坛"。

本书由入门篇、实战篇和进阶篇3篇组成，遵循由浅到深、逐渐提升的学习规律，展开清晰思考学习之旅，掌握一项技能或本领。入门篇是清晰思考的基本功，其重要性不言而喻，然而也是人们容易忽视的内容。入门篇首先定义了什么是清晰思考，以及清晰思考的标准。其次借用传统武术套路中的"起势"概念，引出了清晰思考的3项必须预先准备的基础知识：思维可视化、掌握最小思考单元模型和条件关系清晰，它们是清晰思考基础知识中的基础知识。最后以清晰思考的内核——果因果模型为敲门砖，正式叩响清晰思考的大门。

实战篇在入门篇的基础上引入了清晰思考解决实际问题的5种思考工具，以真实案例引领读者深入学习每种工具的具体应用步骤和方法。实战篇中的内容是TP的核心，可以有效解决你在工作和生活中遇到的各种问题。现状图可以系统地分析和揭示复杂事物背后的根本原因，并由冲突图揭示造成根本原因的无效假设，开发出能够真正实现双赢的解决方案，化冲突于无形。根据书中介绍的步骤补充解决方案、消除负面效应和克服执行障碍，让解决方案变得更加完善和强有力。其中，冲突图可用来解决现实中各种类型的冲突，让你身边的世界更加和谐与美好。

进阶篇重点介绍了如何从经验中学习及如何突破系统惯性，是提升清晰思考能力不可或缺的重要板块。进阶篇最后向读者呈现了清晰思考流程的全貌，为想成为清晰思考专业选手的读者提供了清晰的标识。

本书特别增加了清晰思考工具的拓展实践和练习题两部分。前者有助于读者拓展思维和灵活应用，并为读者提供了清晰思考工具的应用示例；后者有助于读者通过适当的刻意练习，真正掌握清晰思考的各种工具，学以致用，解决自己面临的各种问题，实现完美的人生。

欢迎来到清晰思考的世界。

目录

入门篇 / 001

第一章 什么是清晰思考 / 002
清晰思考的定义 / 003
清晰思考的3个问题 / 004
清晰思考战术举措层面的障碍 / 011

第二章 清晰思考入门起势 / 017
起势1：思维可视化 / 018
起势2：掌握最小思考单元模型 / 022
起势3：条件关系清晰 / 028

第三章 如何探寻事物的根源及其证明 / 036
如何探寻事物的根源 / 038
如何探寻用以证明事物根源的因果关系 / 044

第四章 为什么因果关系成立 / 064
如何找出因果关系背后的假设 / 065

如何验证假设　/ 073

第五章　果因果正负分析法　/ 084

果因果正负分析法模型　/ 086

使用果因果正负分析法时的常见错误　/ 088

改变四象限　/ 093

改变四象限分析中的常见错误　/ 101

实战篇　/ 113

第六章　如何看清复杂事物的本质　/ 114

理解现状图　/ 116

如何画现状图　/ 123

第七章　如何双赢解决问题　/ 148

定义问题　/ 150

理解冲突图　/ 152

画冲突图　/ 159

破解冲突图　/ 167

第八章　如何消除对激发方案的顾虑　/ 202

如何消除对激发方案不全面的顾虑　/ 204

如何消除对激发方案存在负面分支的顾虑　/ 212

目录

第九章　如何克服激发方案的障碍　/ 230

如何克服执行障碍　/ 233

如何克服心理障碍　/ 241

进阶篇　/ 261

第十章　从经验中学习　/ 262

什么阻碍了人们想要采取的行动　/ 267

什么阻碍了人们想要的预期结果　/ 272

第十一章　突破系统的惯性　/ 283

改变认知　/ 286

改变行为　/ 290

第十二章　清晰思考流程全貌　/ 307

清晰思考流程的底层逻辑和板块　/ 309

清晰思考流程入门课全貌　/ 317

后记　给大脑装上清晰思考的App　/ 323

致谢　/ 327

参考文献　/ 329

XXI

入门篇

第一章

什么是清晰思考

第一章 什么是清晰思考

清晰思考的定义

对概念的清晰把握是清晰思考的起点。清晰思考的定义是什么呢？为了回答这个问题，首先要回答"什么是思考"这个问题。

什么是思考？我发现竟然没有现成的答案，或者所谓的现成答案都不具备艾利·高德拉特（Eliyahu Goldratt）博士所说的"内在简单性"。在《干草堆综合征》（*The Haystack Syndrome*）一书中，高德拉特博士把信息定义为"所提问题的答案"。换言之，思考就是获取信息的认知过程——获取所提问题答案的认知过程。这里包含两个层次的认知，一是所提的问题是什么，二是该问题的答案是什么。

在《认知神经科学》（*Cognitive Neuroscience*）一书中，"认知神经科学之父"迈克尔·加扎尼加（Michael Gazzaniga）把思考界定为"为了达成目标导向行为所需要做出的认知控制"。所谓认知控制，是指从认知上控制自己的行为，直到目标达成的能力。也就是说，思考是一种有目的的认知控制能力。

结合以上两种思考定义，是否可以把思考定义为"获得所提问题答案的认知能力"呢？接下来的问题是，如果答非所问，那么要这样的认知能力何用？但是人们又是如何知道答非所问呢？换句话说，答案和问题之间是否存在"内在简单性"呢？人们时常被某些问题困住，无法获得答案，或者经过深入思考后答案仍然不能令人满意，但某天又会突然获得一个明显的答案，让一切豁然开朗：答案原来这么简单，答案原来都是常识！但为什么这么显而易见的答案之前人们却视而不见呢？常识并不普通，普通并不代表简单和容易。

所以，结合以上对思考的思考，我把清晰思考定义为：一种获得显而易见答案的能力，一种透过以清晰为标准的思考获得或回归常识的认知能力。根据定义，首先，清晰思考是一种认知能力；其次，清晰思考是以清晰为标准的思考认知能力；最后，清晰思考的认知能力是为输出显而易见的答案这个目标和结果服务的。这进一步引出了以下几个关键问题。

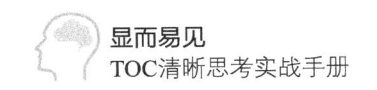

（1）清晰思考是一种认知能力，那么这种认知能力是否可以习得？

（2）清晰思考是以清晰为标准的认知能力，那么清晰的标准是什么？

（3）清晰思考是为了输出显而易见的答案，那么需要输入什么？

清晰思考的 3 个问题

清晰思考需要输入什么

先回答第3个问题：清晰思考需要输入什么？

很显然，提问并不是输入，提问只是思考的触发器——提问可以触发大脑开始思考。那么大脑需要输入什么东西才能进行思考呢？答案是需要输入一个好问题。什么是一个好问题呢？

首先，一个好问题没有标准答案。因为每个人的学习和记忆模型中所存储的认知完全不一样。人们有意识或无意识地搜索和组合获取的信息，又受限于各自的经验与直觉、情绪状态和逻辑思维能力等，所以输出的答案不可能是一致的标准答案。一个好问题值得拥有无数个好答案，追求标准答案其实是在追求确定性的幻觉。

其次，一个好问题不能被立即回答。如果一个问题能够被立即回答，那么只能说明这个问题的答案早已存储在人们的头脑中，或者这个问题不是过于简单，就是过于蹩脚，答案昭然若揭，根本不值得人们消耗脑力进行清晰思考。一个好问题不能被立即回答，正好说明该问题是长期困扰人们的无解问题，或者该问题是人们过去没有意识到或被忽视的重要问题。这样的问题相当于为人们开启了拥有另一种可能性的"机会之窗"，这样的问题等于机会。

最后，一个好问题挑战现有的答案。换句话说，一个好问题会引发更多的追问，因为如果现有的答案能够解答现有的问题，那么更多的追问只不过是在追求现有的答案的更大确定性而已。正是因为现有的答案不足以解答现有的问题，所以才会引发更多的追问。例如，丰田著名的"5Why法"，正是因为现有的答案

第一章 什么是清晰思考

无法解决现有的问题,才会连续追问几个"为什么",直至找出真正的症结所在并予以解决。

只有好问题才值得被清晰思考,否则只会浪费认知能力。一个值得被清晰思考的好问题总会有一个好答案等着被发现,这不仅取决于时间,更取决于人们如何定义清晰的标准。如果思考而未果,只能说明思考不是清晰的。

清晰思考的清晰标准是什么

高德拉特博士在《什么是TOC及应如何实施》(*What Is This Thing Called Theory of Constraints and How Should It Be Implemented*)一书中明确指出,每门科学都经历了分类、相关性和果因果3个不同的发展阶段。如果科学是科学家思考的产物,那么思考本身同样遵循这3个不同的发展阶段,当然也只有发展到了果因果阶段,才算到了清晰思考阶段。为什么?我以中国人熟悉的思维方式来说明。

《易传·系辞传》上部第十一章说:"是故《易》有太极,是生两仪,两仪生四象,四象生八卦,八卦定吉凶,吉凶生大业。"这便是中国人的祖先认知天地世间万象变化的古老经典,其实就是第一发展阶段的分类思考。其中,"太极生两仪"中的"两仪"通常是指阴与阳。雄雌、刚柔、动静、表里、显敛,万事万物,莫不分阴阳。分类的好处是便于识别,从而减轻认知负荷,以及更容易找出事物分门别类中的规律;坏处是容易走极端,非此即彼、非黑即白,形成二元对立和两极分化。

此时,第二发展阶段的相关性也随即发展出来,中国人的祖先认为阴阳之间既互相对立和相互斗争,又相互滋生和相互依存。例如,"孤阴则不生,独阳则不长""祸兮福所倚,福兮祸所伏""阴中有阳,阳中有阴""阳极生阴,阴极生阳""阴阳交变"等,不一而足。从变化的观点来看,现实永远处于变化之中,因此现在认为的好的东西(如"福")可能很快就会变成坏的东西(如"祸"),这就是福祸相依的道理。从量变引起质变的观点来看,当积极因素(如"阳")积累到一定程度时,就会转变为消极因素(如"阴"),这便是乐极生悲和否极泰来的道理。

不过，对于这种辩证思维方式，如果人们不置身于具体情景之中，根本无法得出合乎逻辑的推论，而且阴阳交变或福祸转化的临界点根本无法知晓，更谈不上掌控了。人们只能事后进行总结和归纳，甚至只能眼见为实，看见才相信。因为如果阴阳或福祸相关性的变量多到超出人们的认知范畴，那么人们根本就无法理解其间的因果关系，所谓的相信也只是盲目迷信。更严重的是，如果阴阳或福祸相关性的某个变量偶然导致了阴阳或福祸发生或然性之必然的因果关系，那么人们就会误把这种相关性当作因果关系，从而形成认知偏差，阻碍探究事物的本质。人们经常引用很多似是而非的典故来佐证自己的某些观点，如果深究起来，这些观点大多站不住脚，原因大概就在于此。

非常遗憾的是，中国人的传统思维方式并没有充分发展到第三发展阶段。那么，为什么说只有发展到果因果阶段，才算到了清晰思考阶段呢？仍然以阴阳思维来解释。先来读一则短文。

塞翁失马

> 近塞上之人有善术者，马无故亡而入胡。人皆吊之，其父曰："此何遽不为福乎？"居数月，其马将胡骏马而归。人皆贺之，其父曰："此何遽不能为祸乎？"家富良马，其子好骑，堕而折其髀。人皆吊之，其父曰："此何遽不为福乎？"居一年，胡人大入塞，丁壮者引弦而战。近塞之人，死者十九。此独以跛之故，父子相保。

《塞翁失马》的故事已经流传了千百年，其中福祸相依的道理大家耳熟能详。不过，现在我要用清晰思考的方式来解读故事中缺失的果因果关系。

先看故事的第一句："近塞上之人有善术者，马无故亡而入胡。" 塞翁家的马跑丢了，邻居都来安慰，塞翁却认为坏事会变成好事。为什么呢？因为文

第一章 什么是清晰思考

中交代塞翁家是精通术数的,就是占卜预测。我把它翻译成果因果关系解读一下:如果塞翁精通占卜预测(因),那么塞翁一定可以预测马跑丢了还会回来(果1),所以邻居来安慰,塞翁反而认为坏事会变成好事。但现在的问题是,如何证明塞翁精通占卜预测呢?先不急于看接下来的内容,如果塞翁精通占卜预测(因),那么他能提前预测自家的马会跑丢(果2),同时能预测邻居们来安慰起不到什么作用(果3),如图1-1所示。显然故事中没有交代这些,或许塞翁真是"善易者不卜"的隐士高手,掌握了事物发展的基本规律,可以做到未卜先知。

果1:塞翁一定预测到了马跑丢了还会回来
果2:塞翁也能提前预测到自家的马会跑丢
果3:塞翁还能预测到邻居们来安慰起不到什么作用
因:塞翁精通占卜预测

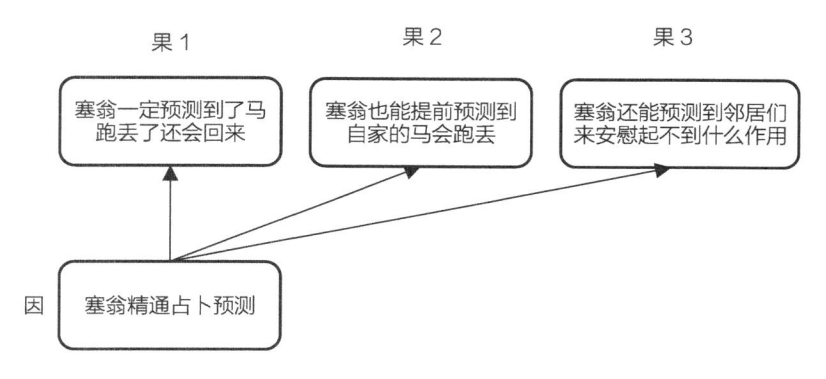

图1-1 塞翁预测的果因果关系示意1

接着往下看:"居数月,其马将胡骏马而归。"果然应验了塞翁"此何遽不能为祸乎"的判断。但谁能证明这不是概率问题呢?假设有一种可能,塞翁家的马正好处于发情期,那么诱惑并带回外族人良马的概率必然很高。接下来故事继续上演,只是换成好事与坏事互变的预言:"人皆贺之,其父曰:'此何遽不能为祸乎?'家富良马,其子好骑,堕而折其髀。人皆吊之,其父曰:'此何遽不为福乎?'居一年,胡人大入塞,丁壮者引弦而战。近塞之人,死者十九。此独以跛之故,父子相保。"继续进行果因果分析,如果塞翁精通占卜预测(因),那么他一定可以预测自家的马带胡马回来不是一件好事(果4),同时可以预测他儿子会摔断腿(果5),但是他并没有采取任何措施进行预防,任由儿子付出身体伤害致残的代价,其"善术"又有何用呢?

继续分析。如果塞翁精通占卜预测(因),那么他一定可以预测塞外胡人大举入侵（果6），同样可以预测朝廷将征召青壮年参战（果7），以及战争残酷，会死很多人（果8），如图1-2所示。但塞翁显然只是预测了他儿子会因跛脚残疾而躲避战争，以及可以父子保全性命，那么对于多次"吊之"或"贺之"的邻居们，塞翁能做点什么呢？精通占卜预测又能做什么呢？

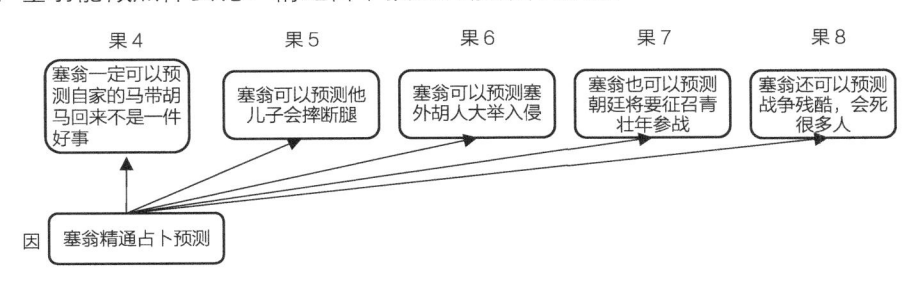

图1-2 塞翁预测的果因果关系示意2

深入思考，你会发现，这种阴阳互变、祸福相依的相关性存在或然性概率，却不能因为事后应验而得出高深莫测且放之四海而皆准的道理。任何道理都不只是为了解释，更重要的是要能预测和指导人们的实践及改善周遭的境况，而不是像塞翁一样总是事后泰然处之，任由事情变好或变坏。

所谓"清晰思考"的"清晰"，指的是有清楚的基本标准。首先，结果与原因之间要有清晰的因果关系。例如，塞翁家的马为什么会跑丢？你不能说"无故亡"，然后又说"入胡"，为什么入胡呢？再如，为什么马跑丢了是福呢？为什么马带回胡马是祸呢？为什么祸福会相依、阴阳会互变呢？你不仅要告诉我结论和结果是什么，而且要告诉我原因是什么，以及为什么。

这个标准简称因果关系清晰性检测，如图1-3所示。

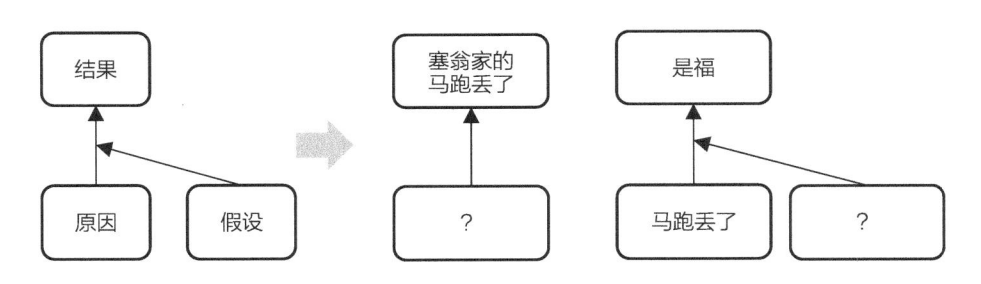

图1-3 因果关系清晰性检测示意

第一章 什么是清晰思考

其次，要能证明原因导致结果的存在性，即弄清楚这个原因究竟是真正的原因，还是猜测的原因。例如，塞翁家的马带回胡马是灾祸的根本原因吗？他儿子爱骑马就一定会摔断腿吗？摔断腿残疾了就一定可以避免征兵并保命吗？祸真的是福的原因吗？阴真的是阳的原因吗？如何证明呢？你不能根据相关性、经验或猜测来推断一个原因，哪怕你蒙对了，也请拿出你的证明和逻辑来。

这个标准简称"因果关系存在性检测"，如图1-4所示。

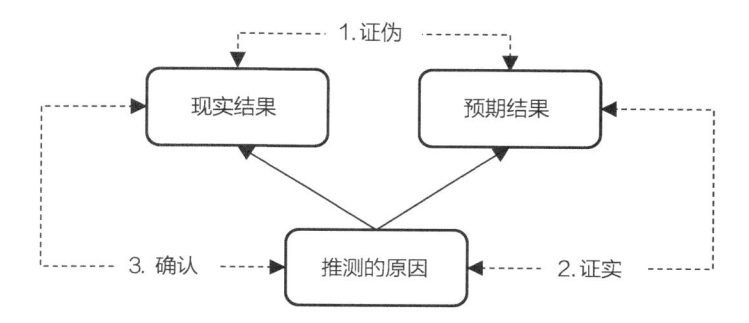

图1-4 因果关系存在性检测示意

最后，原因与预期结果之间的因果关系要清晰，即假设这个原因存在，那么能够预期未来有可能发生什么好或坏的结果。例如，塞翁家的马带回胡马会发生什么预期结果呢？他儿子爱骑马又会发生什么预期结果呢？他儿子骑马摔断腿又会发生什么预期结果呢？预判到了预期结果，那么是否可以形成预案呢？"治未病"一直以来都是中医追求的最高境界，但为什么现实中人们总是病急乱投医呢？防患于未然的前提是原因与预期结果之间的因果关系清晰，而不是抱持侥幸心理，或者事到临头随机应变。

这个标准简称"预期结果存在性检测"，如图1-5所示。

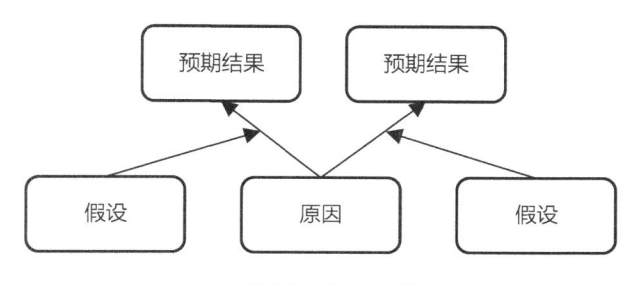

图1-5 预期结果存在性检测示意

清晰思考的清晰标准，其实就是本书"清晰思考入门篇"基础课程的标准，分别是果因果模型、因果假设模型和一因多果分析法，详见第三~五章。

塞翁失马，焉知非福，何以故？

清晰思考这种认知能力是否可以习得

现在回答第1个问题：清晰思考这种认知能力是否可以习得？

如果清晰思考这种认知能力无法习得，那么我就无法写出本书。但是，我写本书是否意味着清晰思考这种认知能力很难获得？难道必须再写一本书，才能让更多的人更容易地掌握这种认知能力吗？关于TP的图书市场上有很多，关于思维思考类的图书更是汗牛充栋，但有多少人通过阅读这些图书，提升了自己思考或清晰思考的认知能力？

可以肯定的是，获得清晰思考的认知能力很难，不过正因为难，才更彰显其价值。在此我不想纠缠于是否因为难而不学的动机层面问题，如何克服障碍获得清晰思考的能力才是关键问题。其实每个人都会清晰思考，只是这种认知能力受到了限制。高德拉特博士在《抉择》（*The Choice*）一书中指出，清晰思考必须克服4个障碍：①认为现实是复杂的；②认为冲突是不可避免的；③指责别人；④认为"我懂了"。他还在这本书中给出了克服障碍的具体理念和原则，这些理念和原则后来成为TOC的4个支柱和坚强信念，指引着每位TOC学习者去探索TOC的无穷魅力。

在《抉择》一书中，高德拉特博士给出了克服清晰思考4个障碍的哲学层面的指导原则，在操作层面则贯穿了TP的具体应用。例如，克服第一个障碍不仅要改变"现实是复杂的"这一看法，接受事物"内在简单性"的观念，而且必须通过熟练使用TP中的现状图来实现。克服第二和第三个障碍，必须学会画TP中的冲突图和破解冲突实现双赢的方法。而克服第四个障碍，则必须学会使用TP中的探秘分析工具。否则，你仍然无法摆脱"知道很多大道理，仍然过不好这一生"的宿命。

清晰思考战术举措层面的障碍

如果清晰思考是你的目标，那么清晰思考的4个障碍就是达成目标路上的拦路虎。如果TOC的4个支柱是克服4个障碍的战略方针和原则，那么TP无疑是达成战略目标的战术举措。在实践教学中，我发现即使在战术举措层面，仍然存在绊脚石，在不同程度上限制学员顺利完成清晰思考课程的训练。清晰思考战术举措层面的障碍分别是跳跃式思维、证实性偏差和惯性思维。

跳跃式思维

跳跃式思维指的是不依逻辑步骤，从命题直接跳到答案的一种概括性结论思维模式。反映在TP中，跳跃式思维通常就是省略和缺失原因与结果之间的中间环节和因果链。对某些简单推论来说，从原因到结果或许只需要一步。对某些复杂推论来说，原因和结果之间有很长的因果链。一旦跳跃式概括性得出结论，必然会造成因果链缺失。因果链缺失不仅会导致人们理解困难、思维卡顿，更会让人们失去自我更新认知体系的机会，因为跳跃式概括性得出的结论一般都是基于人们过往的经验和认知。假设过往的经验和认知随环境与条件的变化而失效，那么它们必然会束缚人们的思维，让人们错失重新审视原因和结果之间的因果链的机会。换言之，人们的思维模式并没有因为跳跃式思维得到有效拓展，反而使跳跃式思维成为一种限制，而这种思维模式上的限制又进一步促使人们习惯跳跃式思维。

当然，跳跃式思维也有其积极的作用和价值。根据美国神经学家保罗·麦克莱恩（Paul Maclean）的三脑理论假说，人类的大脑可分为原始脑、情感脑和理性脑，这3个脑作为人类不同进化阶段的产物，按照出现顺序依次覆盖在已有的脑层上，保罗称其为"人脑的三位一体"构造。其中，原始脑和情感脑在丹尼尔·卡尼曼（Daniel Kahneman）所著的《思考，快与慢》（*Thinking, Fast and Slow*）一书中是系统1（快思考），而理性脑是系统2（慢思考）。跳跃式思维其实就是系统1，为什么快呢？据说人脑仅占身体重量的2%左右，但即使在安静状态下，大脑能耗也高达人体能耗的20%以上，这是一个非常惊人的数字。一旦人脑开启了理性思考模式，大脑能耗就会大大增加，可能达到人体能耗的30%以上。因此，大脑默认采取低能耗且快速的系统1来运作与决策。人类大脑的进化是为了求存而非求真，生存乃第一要义，所以跳跃式思维的本质是人类求存的本能。我把跳跃式思维的正反循环以逻辑图的形式画出来，一图胜千言，如图1-6所示。

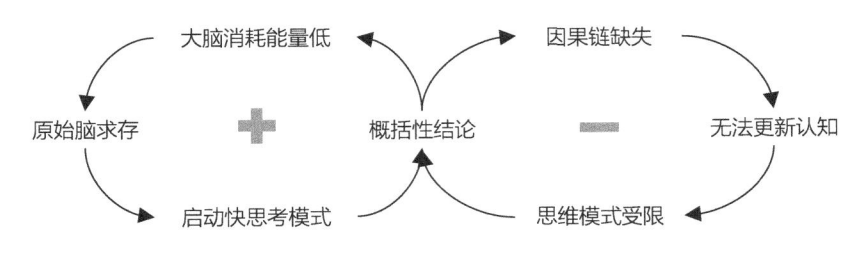

图1-6　跳跃式思维的正反循环示意

如果原始脑是为了确保人类个体在自然环境中生存下来，情感脑是为了确保人类个体在社群环境中生存下来，那么理性脑是不是为了确保人类个体在不确定的环境中生存下来呢？求真难道不是为了进一步求存吗？

克服跳跃式思维障碍，就要刻意强迫自己慢思考。如何才能慢下来思考呢？按照TP的步骤，只要一步一个脚印地推进，就能慢下来。我会在本书后续每个清晰思考工具的使用步骤中设计引导性提问，你可以通过自问自答的方式让自己的思考慢下来。另外，不能否定跳跃式思维的价值，你可以把跳跃式思维得出的概括性结论当作直觉牵引力，引导自己补充和完善原因与结果之间的因果链，通常这时你会惊奇地发现自己所忽视的某个环节或许正是改善的机会点。在画现状图和冲突图破解难题的时候，适当的跳跃式思维更有助于你完成清晰思考，不过这是后话。

证实性偏差

证实性偏差是指人们普遍倾向于寻找支持自己信念或观念的信息，而忽略否定该信念或观念的信息，从而造成认知和决策上的偏差。反映在TP中，就是普遍偏好能够验证假设的信息，而不是那些否定假设的信息。例如，在果因果分析的实际应用中，人们往往选择性遮蔽对自己不利的信息，寻找更多能证实自己推测的原因的证据，并在整个证实的过程中逐渐自我合理化及自我说服，让事实的真相掩埋在证实性偏差中。更严重的后果是由此产生过度自信偏差，高估自己的能力或过分乐观，从而进一步忽略不一致或冲突的信息，由此深陷证实性偏差的恶性循环泥潭。

不过，认为自己是对的，并总想证明自己是对的，是证实性偏差的一种常态。因为认为自己是对的，所以必然会产生认知上的偏见；因为存在认知偏见，所以自然会忽略不一致或冲突的信息；因为忽略了不一致或冲突的信息，所以自然会获得更多证实性证据；因为获得了更多的证实性证据，所以进一步强化了认为自己是对的信念。陷入这样的双重恶性循环，正如泥牛入海，有去无回。证实性偏差双重恶性循环如图1-7所示。

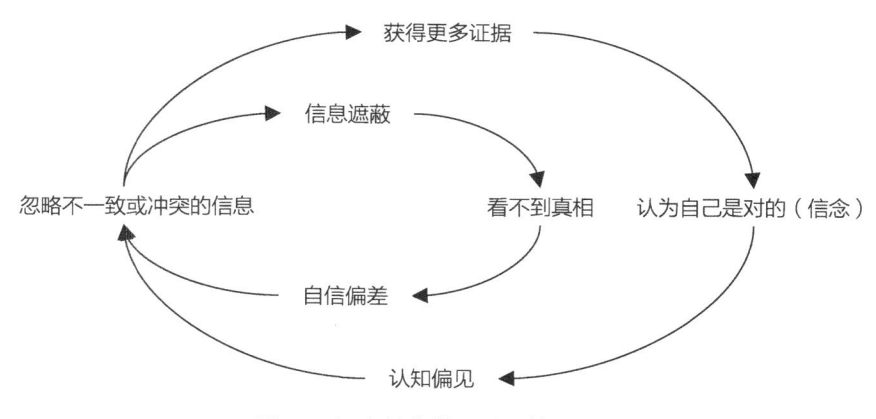

图1-7 证实性偏差双重恶性循环示意

心理学中有一个效应叫作损失厌恶，它很好地解释了证实性偏差产生的原因。损失厌恶说的是，人们对损失的害怕超过了对获得的喜欢。对普通人来说，获得是快乐的，失去是痛苦的。科学家们通过一系列测试和定量研究，发现其间的量化关系是1.5~2倍。也就是说，要想让一个人冒着损失100元的风险做一件事情，需要把利润率提升到150%或200%才行。心理学家认为这是一种认知上的偏差。我发现这种认知偏差不仅反映在具体物质层面的损失或获得上，还反映在精神层面（如思想、信念、观念或看法等）的损失或获得上。难怪人们的观念一旦形成，就会像捍卫真理一样捍卫自己的认知和看法。其实，大部分人并不在乎赢，而在乎辩出个输赢。

克服证实性偏差最简便有效的方法就是，使用果因果模型先证伪，再证实，而不是先证实，再证伪。简单来说，证伪就是寻找某个结论不成立的证据；证实就是寻找这个结论成立的证据。证伪或证实的具体方法详见第三章，不过这里先提前打个"预防针"——大部分人即使学习了果因果模型，也无法克服证实性偏差，因为还存在第三个障碍——惯性思维。

惯性思维

惯性思维是指人们习惯性地因循以前的思路思考问题，就像物体运动的惯性一样。TOC在"聚焦五步骤"的第五步中特别提醒："警告！！！！不要让惰性成为系统的制约因素。"惰性的英文是inertia，也可以翻译为"惯性"。其实，惰性和惯性互为因果，因为惰性会养成惯性，同样，惯性会形成惰性。高德拉特博士在"警告"后面打了4个感叹号，目的是提醒人们制约因素会发生变化，不要让惰性成为新的制约因素，同时对于清晰思考也有警醒的价值和意义。

无论你过去思考问题的路径如何有效，都无法保证当前问题的前提条件和假设不会因环境而发生变化。正如鲁迅所说："从来如此，便对么？"惯性思维让人们无暇审视自己固有的思维模式，习惯地默认类似问题的前提条件和假设保持不变，沿袭思维定式或路径，依赖穿新鞋走老路。在TP中，常见的惯性思维主要表现在对以下3个方面的迷信。

迷信经验

迷信过往成功的经验很容易理解，但更多的人往往迷信过往失败的经验。有些人因为过去失败过，便将与过去失败有关的方法和举措统统拒之门外，哪怕达成任务和目标的条件已经改善了很多，也不敢贸然尝试。过去失败的阴影已然成为他们惯性思维模式下的一种恐惧心理，让"有可能"完全成为"不可能"。

迷信权威

迷信权威就是习惯性地接受行业权威专家的观点和看法，即便被误导或深受其害，也会通过证实性偏差为自己的行为进行合理化归因或开脱。但反过来讲，很多时候对权威的否定也并非基于清晰的思考，而是出于一种叛逆、浮躁，甚至是想取而代之的挑衅。无论是盲目迷信，还是轻易否定，都是对权威本身无知的惯性思维使然。好比惯性本身就是运动趋势的残续，如果你的大脑没有默认权威代表一种威望和公信力，你就不会轻易被权威迷惑。

迷信案例

简单来说，迷信案例就是要让人们相信某个理论、方法论或方案是否有效或行得通，必须通过示例或案例加以说明和证明，否则人们很难信服。从表面来说，可以用"因看见而相信"而不是"因相信而看见"来解释这一现象，但从本质来说，这是人们对事物本身的内在逻辑缺乏理解。换句话说，人们很难理解依靠纯逻辑推演出来的事物发展规律，只有将其换作类比思维下的示例或案例，甚至是故事，人们才更容易理解、接受和认可。

借助案例讲理说事本身并没有什么对错之分，不过人们时常错把手段当作目的，错把途径当作结果。案例本身不代表其背后的道理，案例背后的道理也不限于通过案例来呈现。如果你习惯用案例来说明或证明某个道理，那么你必然也会受限于案例本身的适用性和你对案例的理解程度。案例塑造了你的认知层次，反过来你的认知层次也塑造了你所能理解的案例类型和理解程度。就像很多跟我学习清晰思考课程的学员一样，一旦脱离了课件参考示例，就不会使用TP工具解决实际问题了。

克服惯性思维不可能像踩刹车一样简单。你会发现惯性思维与跳跃式思维如影相随。遇到新情况时，你会利用跳跃式思维快速识别出新情况中你较为熟悉的部分，然后根据惯性思维采取相应的行动。跳跃式思维以直觉的方式告诉你必须采取行动，但在很多情况下并不会告诉你为什么采取行动，不过事后你总会通过

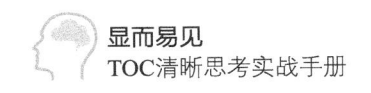

证实性偏差把惯性思维合理化。

因此，如果想克服惯性思维，千万不要急于行动，而要采取类似禅宗内观的方式，做自我思想的旁观者——随时抽离现场，并警惕自己是否堕入惯性思维。如果你在开发解决方案时察觉自己堕入了惯性思维，可以提醒自己"不要偷懒，总有更好的方案等着你发现"。其实，人们总是能察觉到自己是否陷入了惯性思维，如对答案或解决方案总有一种似曾相识的感觉，也总是能回忆起过往熟悉的案例。

要想习得清晰思考获得显而易见的答案的认知能力，首先需要输入一个好问题，只有好问题才会有好提问，只有好提问才会触发大脑的思考。其次要按照清晰思考的标准进行必要的练习和检测，再在研习入门基础课程的过程中苦练基本功，克服清晰思考的障碍，如此基本可以解决80%以上日常工作和生活中遇到的问题。最后阅读本书实战篇，学习各种TP工具，逐渐提升清晰思考和解决问题的能力与效率。

第二章 清晰思考入门起势

老子在《道德经》中说："天下难事，必作于易；天下大事，必作于细。"我引用老子这句话的背后有一个假设，那就是清晰思考不容易。因为不容易，所以才要从容易的地方下手。什么地方容易下手呢？如果把清晰思考流程比作武术套路，就可以把武术套路分解为一系列招式，招式又可以分解为一系列动作。从动作开始学习显然更容易上手。不过，在上手之前，必须先学会起势。

所谓起势，就是武术套路的预备势。所谓预备势，简单理解就是武术套路的开局。自古就有"万事开头难"的说法，练拳也不例外。起势看似简单，其实不好练，起势如何将直接影响整个武术套路的质量。起势就好比领唱人领唱的第一句，起调的高低、调子的准确与否对能否唱好一首歌起着决定性的作用。起调太高，唱到更高处可能会变音走调；起调太低可能发不出声，所以起调的高低决定了整首歌演唱得是否成功。

清晰思考学习的起势就是基础逻辑和表达形式的预先准备，只有预备好了必要的基础逻辑和表达形式，后面的学习才不会凌乱和卡壳。人们在学习清晰思考时，问题大都出现在起势准备不充分上，或者大部分人在学习相关方面的书籍时都忽视了起势的重要性。学习清晰思考需要预先准备的内容包括3部分：思维可视化、掌握最小思考单元模型和条件关系清晰。

起势1：思维可视化

思维可视化是指通过图示的方法把隐性思维显性化，让思考方法和路径清晰可见。思维可视化有利于发现思维障碍和思维缺陷，因此可以有效提高清晰思考的认知能力和效率。

思维是人脑对客观现实的间接性、概括性反映，不仅反映事物的本质和发展规律，还反映事物之间的内在联系和区别。但目前为止，人们对大脑的认知仍然处于"黑箱"状态，虽然脑神经科学已经取了长足的进步，如知道了大脑的构造、功能分区和特点等，但人们对大脑如何运作、如何思考仍然一无所知。很神奇的是，虽然人们不知道大脑的工作原理，但这并不妨碍人们使用大脑进行思考。就像人们并不知道手机运作的原理，但丝毫不影响使用手机的各种功能和体验。为什么呢？黑箱理论给出了合理性的假说解答。

黑箱理论认为，自然界没有孤立的事物，任何事物之间都是相互联系和相互作用的，所以，即使人们不清楚黑箱的内部结构和相互关系，仅根据系统输入和输出的关系变化及其影响因素，也可以推论出该系统结构和功能的规律，反过来就可以控制黑箱。例如，如果已知输入为大米和水，输出为米饭，那么就可以推论这个黑箱是电饭煲（见图2-1）。此时，你并不需要知道电饭煲的工作原理，只需要根据输出的结果是否达到预期来控制输入。例如，这次的米饭太软了，下次就少放一点水。

图2-1　电饭煲黑箱示意

同样的道理，人们也可以通过思维可视化来模拟思维黑箱，让隐性思维显性化。例如，今年3月公司销售业绩不理想，销售经理的解释是某款产品召回事件导致到店客户数量减少了一半。如果你相信了销售经理的解释，那么要想业绩好起来，就只能等待召回事件解决，并重建客户信心。如果把销售过程当作黑箱进行思维可视化，你会发现什么不一样的情形呢？

已知输入的信息是"某款产品召回事件导致到店客户数量减少了一半"，输出的结果是"同比销售业绩下滑40%"，那么在销售过程黑箱中发生了什么呢？如图2-2所示。

图2-2　销售过程黑箱示意

如果你是销售经理，你如何向老板解释？或许你的解释是"因为成交率提升困难"。于是老板问你："为什么成交率提升困难？"你回答："销售团队新人多。"销售新人占比过半是事实，老板很无奈。现在把这个例子进行思维可视化，如图2-3所示。

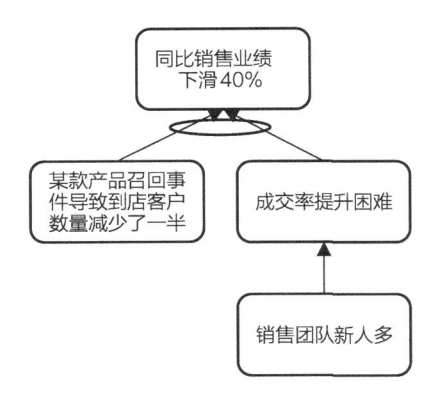

图2-3　销售黑箱初步思维可视化示意

进行思维可视化之后，老板似乎看清楚了你的思维过程，接着问你："为什么新人多成交率提升就困难呢？"你回答："因为新人谈单技巧和能力薄弱，短期内很难培训。"老板思考了片刻接着问："销售新人中有没有谈单能力差但业绩不错的？"你打开计算机查看，发现还真有一名销售新人符合这样的条件。老板问你为什么，于是你把情况向老板进行了汇报，如图2-4所示。

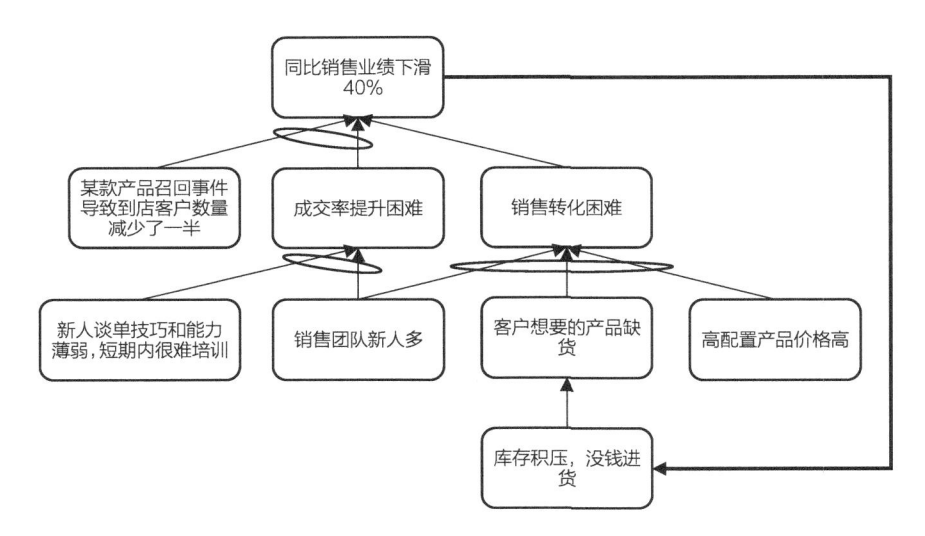

图2-4　销售黑箱进一步思维可视化示意

通过思维可视化，老板和你最终发现因产品召回事件导致客流量下滑是客观事实，但还有其他原因导致销售业绩下滑。你无法改变产品召回事件的影响这一客观事实，但你可以改变当前的进销存策略，缓解库存压力，释放现金流，解决畅销产品可得性问题，从而降低销售人员转化客户的难度，进而减少客户流失。

进行思维可视化前，销售业绩不理想，销售经理头脑中推论的原因是产品召回事件导致到店客户数量减少。经过初步思维可视化，销售经理发现原来是成交率提升困难，其原因是销售团队新人多。经过进一步思维可视化，发现还有其他原因。如果一开始就止步于最初的原因，或者不用思维可视化进行清晰思考，那么销售经理很难发现改善的机会。实践证明，仅使用大脑是很难让思考深化的，必须实际动手进行可视化思考和表达，才能透过图像发现隐藏在黑箱背后的真正问题，如图2-5所示。

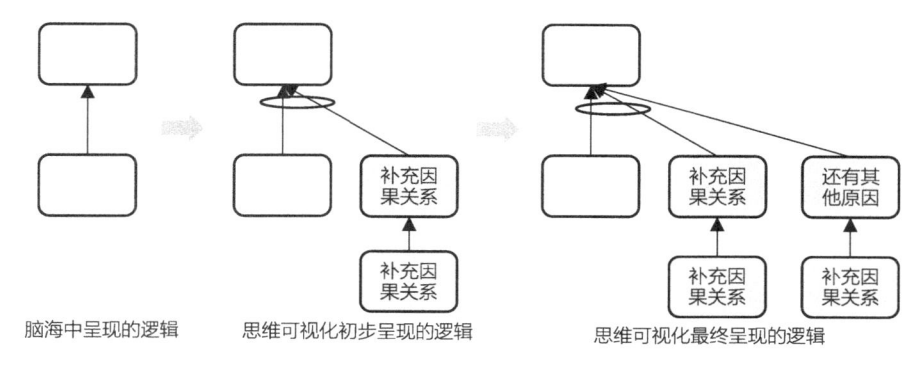

图2-5 销售黑箱思维可视化过程示意

思维可视化的重点是展示思考的过程，而不只是给出答案或结论。前文提过清晰思考的3个障碍，思维可视化不仅可以从形式上强迫人们慢下来思考，尽量避免因思维跳跃造成的疏漏和浅薄，而且可以从思考内容上及早发现证实性偏差和惯性思维的端倪，以免在偏见和惰性思维的路上渐行渐远。更重要的是，思维可视化让人们更关注思考过程和结果的质量，而不是消耗脑力做无用功。

思维可视化还有一个好处就是可以帮助你精炼自己的思想和语言。文字是语言的限制，语言是思维的限制。只有把思维可视化，你才会发觉自己废话连篇，

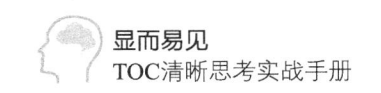

才会发现需要对语言和文字进行组织与提炼，好比炼油一般，总是需要一番火候才能榨干水分。当你把自己的思维呈现出来给别人看时，又会带来另一番收获。思维可视化首先是与自己交流的工具，其次才是与别人沟通的桥梁。原来发现和认识自己的思维遮蔽是需要及时反馈的。思维可视化可以让人们向自己反馈，也可以让别人向自己反馈，双管齐下，功力倍增。当你还需要进一步解释时，说明思维可视化还处于半遮半掩状态，任何人的质疑都会成为你清晰思考的推手。

为了练好思维可视化，我有两个建议。

建议1：从现在开始，停止用文字做笔记或记录的方式，改用画图的方式做笔记或记录。无论是做读书或学习笔记、会议记录，还是构思方案、文案草稿、演讲发言、会议研讨等，都改用画图的方式来完成。例如，你可以购买一本没有格子的笔记本，开启思维可视化之旅；公司办公室最好配备白板和笔，任何时候任何人都能可视化自己与他人的思维和想法。

建议2：不要执迷于思维可视化工具本身，任何思维可视化工具都有其使用边界和条件，不存在谁替代谁的竞争关系。建议将所有思维可视化工具都拿来试用一下，最终找到称手的工具。目前流行的思维可视化工具大概有以下几类：①放射状的，如思维导图、鱼骨图等；②层次化的，如金字塔原理、组织结构图、TP中的前提条件图和战略战术图等；③线性化的，如路径图、时间线、流程图、甘特图等；④矩阵式的，如SWOT分析、商业模式画布、四象限图等；⑤树形的，如TP中的现状图、未来图、负面分支图等。当然还有其他类别的，不一而足。

最关键的是要经常使用这些工具，当你使用得足够多了，自然能领悟到工具背后的思想和原理。因此，建议你在学习任何思维可视化工具的初期，尽量遵循工具使用步骤和方法，直至驾轻就熟，以后你就不会"乱用"工具了。

起势2：掌握最小思考单元模型

最小思考单元模型指的是组成清晰思考整体不可拆分的最小独立单位，它以单元模型的形式存在，是TP思维可视化的最小单元，类似积木的小拼块，正是这些小拼块让孩子们搭建了丰富的想象力世界。清晰思考的殿堂，正是由最小思考单元模型搭建而成的。

换句话说，只要掌握了最小思考单元模型，就能够很容易地掌握整套清晰思考流程，因为最小思考单元模型反映了清晰思考最基本的思维结构和规律。掌握最小思考单元模型不仅可以降低思考难度，而且可以提高思考效率和思考质量。因为最小思考单元模型是从复杂的思维世界抽象和提炼出来的共性模型，如果掌握了它的结构和规律，就能够很容易地识别复杂问题背后的结构，快速梳理清楚事物背后复杂的因果逻辑关系。"外行看热闹，内行看门道"，清晰思考的门道，其实就是由一系列思维模型组成的清晰的TP。看清楚最小思考单元模型，就能看清楚任何思维模型的门道。

很多人热衷于追捧思维模型，他们想要的其实是某个思维模型给出的结论，至于为什么会有这样的结论，以及如何应用这个思维模型，很少有人深究。最小思考单元模型隐藏在人们每天表达思想的语言和文字中，如果你善于发现这些最小思考单元模型，就可以指引自己进一步深化思考"为什么""如何"，而不是止步于别人告诉你"是什么"。从此以后，你将看到或听到更多言外之意或话中之话，理解事物的本质。

最小思考单元模型只有3个，却能变化万千，开枝散叶。它们分别是因果模型、因果假设模型和果因果模型，如图2-6所示。

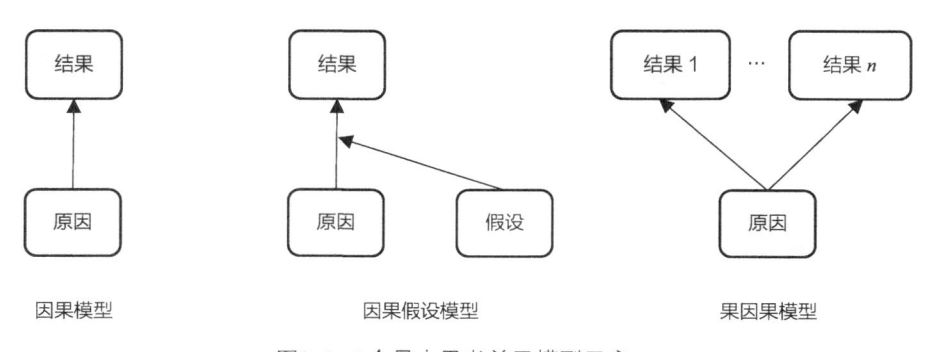

图2-6　3个最小思考单元模型示意

因果模型

简单来说,因果模型就是由基本因果关系构成的思维可视化模型。那么,什么是因果关系?什么又是基本因果关系?哲学上把现象之间的引起和被引起关系叫作因果关系,其中引起某种现象产生的现象叫作原因,被某种现象引起的现象叫作结果。例如,"因为今天下雨,所以公园里游客减少。"在这句话中,"今天下雨"是现象A,"公园里游客减少"是现象B,现象A引起了现象B,这两个现象之间就具有因果关系。

什么是现象?哲学上把事物分为静态和动态两类,静态的叫物,动态的叫事,但事是由物参与产生的。因此,静态的物叫作事物,事物的变化叫作现象。也就是说,静态的事物不具有因果关系,只有动态的事物的变化(现象)才具有因果关系。这一点非常重要,事物由A变成B的状态和过程,叫作现象。一个现象引起另一现象发生的因果关系,叫作基本因果关系。用思维可视化从下至上进行符号化表达,即因→果。将其作为基本因果关系模型,简称因果模型。

在因果模型中,箭尾代表原因,箭头代表结果,矩形框代表实体描述。在"原因"框中书写原因的实体描述,在"结果"框中书写结果的实体描述。所谓实体,是指客观独立存在的事物,在清晰思考模型中,实体代表对事物或现象完整的、清晰的描述,实体描述中没有因果关系。因果模型示例如图2-7所示。

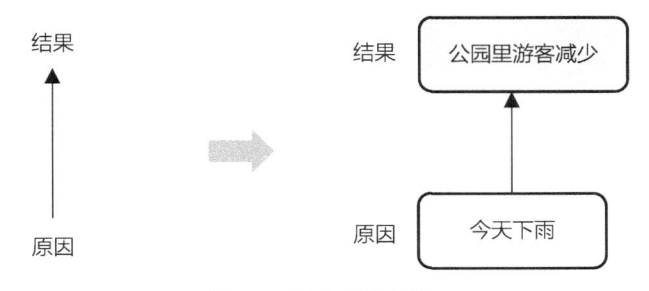

图2-7 因果模型示例

因果假设模型

这里的假设指的是因果关系存在的原因,就是对因与果之间为什么存在因果关系的进一步解释或说明。为什么需要进一步解释呢？因为人们通常都会默认因果关系的前提假设成立，即默认因果关系的原因隐藏存在，但对某些没有直觉的因果关系来说，如果不进行解释，那么人们很难理解它为什么成立。另外，由于假设本身存在有效和无效的情况，即使进一步解释因果关系，也无法保证假设本身的有效性，所以必须对因果关系的假设进行证伪或证实，才能确保因果关系成立。

因果假设模型是因果关系的原因的思维可视化模型。由于因果关系的原因默认隐藏，所以也可以把它叫作隐藏假设。在因果假设模型图中，指向因果关系中间位置（当然也可以直接连接到"结果"框下面）的箭头，代表的是隐藏在因果关系中的假设。例如，因为气温骤降，所以购买暖气设备的市民数量增加。这个因果关系中隐藏的假设是什么？为什么气温骤降，购买暖气设备的市民数量就会增加呢？合乎逻辑的解释有可能是，因为寒冷的天气增加了市民对保暖设备的需求。因果假设模型示例如图2-8所示。

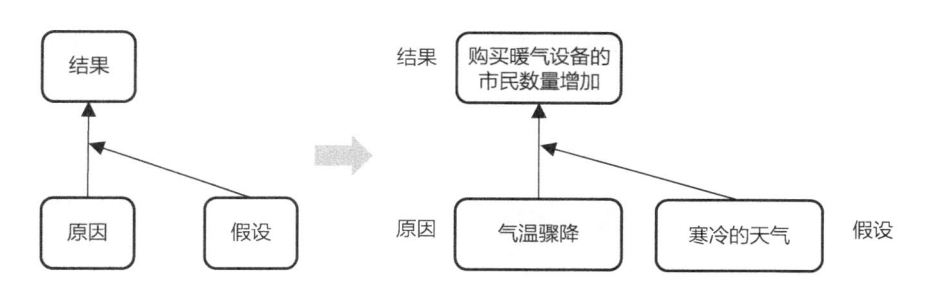

图2-8　因果假设模型示例

在这个例子中，"寒冷的天气"这个假设是"气温骤降"导致"购买暖气设备的市民数量增加"的原因。不过，这个假设只是推测出来的原因，必须经过验证才能确认该假设是否真实存在。因此，大多数情况下人所说的假设，通常意义上都是"推测的原因"，都是未经验证的主观推测，甚至是猜测。如果推测的原因验证为真实存在的，那么假设成立；反之，则假设不成立。

果因果模型

果因果模型通常可以分为两类，一类是果溯因，并验证推测的原因是否成立的思维可视化模型，即果溯因之果因果模型；另一类是由一个原因推出多个结果（因果果）的思维可视化模型，即因果果之果因果模型。两者的区别在于，果溯因之果因果模型是先果后因，而因果果之果因果模型正好相反，是先因后果。果因果模型如图2-9所示，图中用①、②、③代表果、因、果三者之间的逻辑顺序。

（a）果溯因之果因果模型　　　　　　（b）因果果之果因果模型

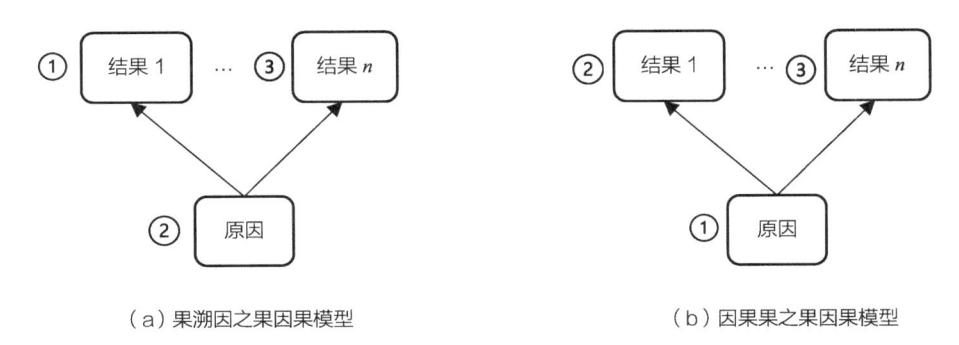

图2-9　果因果模型示意

下面分别举例说明这两类果因果模型，因为两者的逻辑顺序不同，所以在应用时也会有所不同。

果溯因之果因果模型

在果溯因之果因果模型中，先观察到一个现象，出于好奇心或不想看到这种现象发生，人们会根据这个现象推测其原因。例如，老板发现近期进店客户明显减少这个现象，就会想是什么原因造成进店客户减少。假设老板推测的是，因为最近附近道路施工造成交通不便，导致进店客户数量减少，那么，如何验证这个推测的原因是客观存在的，而不是老板主观臆测的呢？假设推测的原因存在，那么它还会导致哪些可以观察到的更多现象呢？例如，老板发现，不仅自家门店客流量减少，隔壁生意最好的那家蛋糕店的客流量也明显减少了，整条街道商铺的客流量都减少了，甚至整个片区的客流量都减少了。这样就基本验证了推测的原因是客观存在的，如图2-10所示。

溯因现象　　　可见现象　　　可见现象　　　可见现象

[自家门店进店客户减少] [隔壁蛋糕店的客流量减少了] [整条街道商铺的客流量都减少了] [整个片区的客流量都减少了]

推测的原因　[最近附近道路施工造成交通不便]

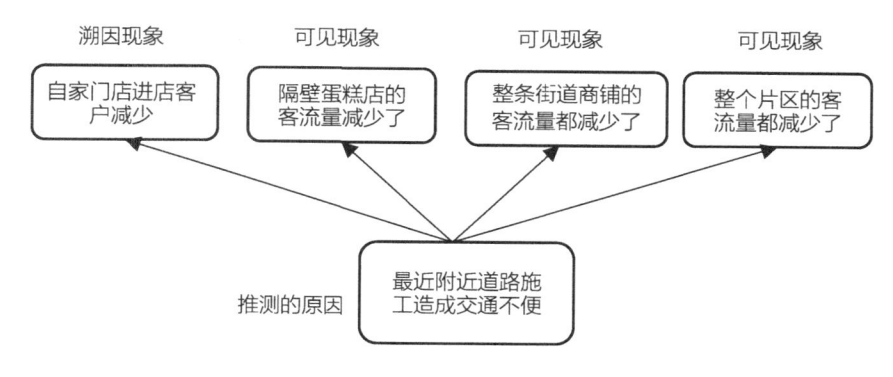

图2-10　果溯因之果因果模型示例

因果果之果因果模型

在因果果之果因果模型中，已经明确知道原因是什么，人们根据这个原因推测还会发生什么预期的结果，并以此为依据进行下一步的预判或决策。仍以上例进行说明。如果"最近附近道路施工造成交通不便"这个原因存在，那么能预期到哪些更多的结果呢？可以推测，未来一段时间客流量不可能太大，客户进店时可能会抱怨交通不便，员工上下班可能出现迟到的现象，员工闲暇没事做，等等，如图2-11所示。

预期结果　　　预期结果　　　预期结果　　　预期结果

[未来一段时间客流量不会太大] [客户进店时可能会抱怨交通不便] [员工上下班可能出现迟到的现象] [员工闲暇没事做]

已知原因　[最近附近道路施工造成交通不便]

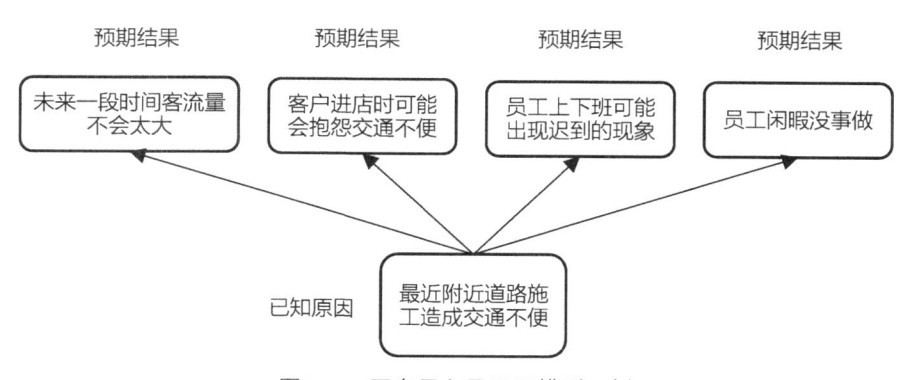

图2-11　因多果之果因果模型示例

以上3类最小思考单元模型在实际应用过程中会出现一些变体，但万变不离其宗，本书后续如果涉及这3种最小思考单元模型的变体，会特别说明或标注。

起势3：条件关系清晰

条件关系指的是在逻辑层面探讨不同条件与前提和结论之间的关系，是一种假言命题[①]关系研究。由于人们普遍把现实中的因果关系和逻辑推理中的原因与条件、结果与结论相混淆，因此人们在解决问题或沟通交流时会出现不少的障碍和困惑，甚至闹出不少笑话。清晰思考是有目的性的认知行为，如果不厘清这些基本关系，在认知混乱的情况下很难卓有成效地清晰思考。

在逻辑判断部分，整个体系可分为必然性推理和可能性推理。其中，必然性推理中的假言命题主要研究各命题之间的条件关系；可能性推理主要研究事物之间的因果关系。两者在范畴上并不相等，即条件关系不等于因果关系。例如，如果头疼，那么休息。以必然性推理来看，头疼是休息的充分条件；以可能性推理来看，因为头疼，所以休息，头疼是休息的原因。此时从逻辑上说，原因和条件并无区别，因为逻辑分析不考虑时间因素。但反过来推论就会发现，必然性推理与可能性推理的结论并不一致。前者的结论是：如果休息，那么头疼。后者的结论是：因为休息，所以头疼。为什么呢？因为在因果关系中，原因一定在结果之前发生，即具有时间顺序；而在条件关系中，条件与结论并不一定存在时间顺序。

也就是说，在清晰思考时用必然性推理得出的命题判断合乎逻辑，但有可能在可能性推理中不成立，或者正好因果倒置。简单来说，就是用"如果……那么……"合乎逻辑，但用"因为……所以……"就不成立。因此，在分析"因为……所以……"这样的表述时，一定要搞清楚它是逻辑推理还是因果关系。条件关系与因果关系的区别示例如图2-12所示。

从另一个角度看，条件关系是某种假设性命题，它可以分析未发生的、未来或虚拟的事情；因果关系更多的是针对已经发生的事实，也就是说，因果关系中的原因是事实，条件关系中的条件是真是假则不一定。例如，因为头疼，所以

---

① 假言命题是指判断命题之间具备条件关系的一种命题。

休息。在这种情况下,头疼这个事实已经发生了,然后才会休息。换成条件关系就是:如果头疼,就休息。在这种情况下,不一定发生头疼,但有可能休息;或者发生了头疼,但不一定休息。这种情况下,头疼和休息之间就没有必然的因果关系。

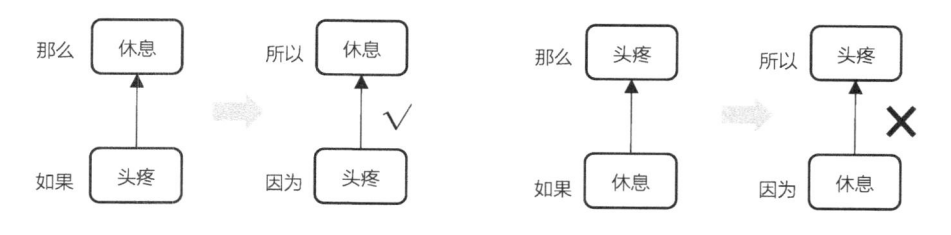

(a)条件关系转因果关系成立　　(b)条件关系转因果关系不成立

图2-12　条件关系与因果关系的区别示例1

在分析问题时,需要根据具体情况来判断头疼和休息之间是存在因果关系,还是仅存在条件关系。这样,你就可以更准确地理解头疼和休息之间的关系,并做出相应的决策。

也就是说,在清晰思考时用可能性推理得出的判断成立,但用必然性推理得出的判断不一定合乎逻辑。换言之,因果关系中已经发生的事实,在条件关系必然性推理中不一定发生。我们不能把熟知成立的因果关系命题直接套用在条件关系中进行推理。简单来说,就是用"因为……所以……"成立,但用"如果……那么……"就不一定合乎逻辑,如图2-13所示。

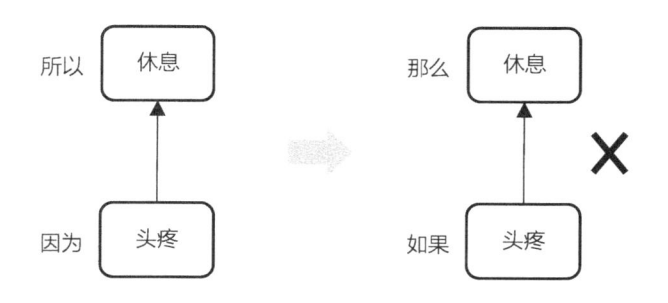

因果关系转条件关系不一定成立

图2-13　条件关系与因果关系之间的区别示例2

逻辑推理是清晰思考的重要手段,为了获得所提问题的答案,逻辑推理不仅要符合理论要求，更要符合现实情况，才能够解决现实问题和做出合理的解释，以及进行必要的预测。逻辑推理尽管是理论上的，但正由于它是理论上的，所以可以用于推测因果关系的可能性，并由现实予以证实和证伪。实际上，人们正是这样利用逻辑推理来探索因果关系的。

在清晰思考中，通过逻辑推理探索因果关系主要使用两类TP思维可视化工具，一类是充分条件工具，另一类是必要条件工具。让你学会使用这些工具正是我写本书的目的之一，但前提是先搞清楚什么是充分条件和必要条件。大部分人搞不清这个问题，基本上这也算清晰思考的重灾区之一。

充分条件与必要条件

简单来说，充分条件就是只要具备一个条件，就足够得出一个必然的结论；但没有这个条件，不一定得不出这个结论。有之必然，无之不必然。例如，"如果吃饭，那么肚子饱。"在这句话中吃饭是肚子饱的充分条件。但是，不吃饭不一定肚子不会饱，如吃零食或其他食物也会肚子饱。充分条件关系示例如图2-14所示。

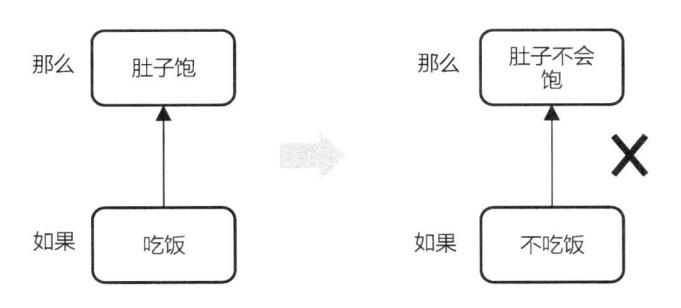

图2-14 充分条件关系示例

必要条件则是，如果没有某个条件，就一定得不出某个结论；但有了这个条件，也不一定能得出这个结论。有之不必然，无之必不然。为什么呢？因为这个条件不满足得出结论的所有条件。换言之，必要条件是必须有的，但有了不一定足够。反过来，如果先有结论，那么这个条件一定存在，这个条件就是必要条件。例如，"如果没有氧气，那么必然不会发生燃烧。"在这句话中，氧气是燃烧的必要条件。但是，有了氧气也不一定会发生燃烧，因为还欠缺其他必要条件。反过来，如果发生燃烧，则必然存在氧气。必要条件关系示例如图2-15所示。

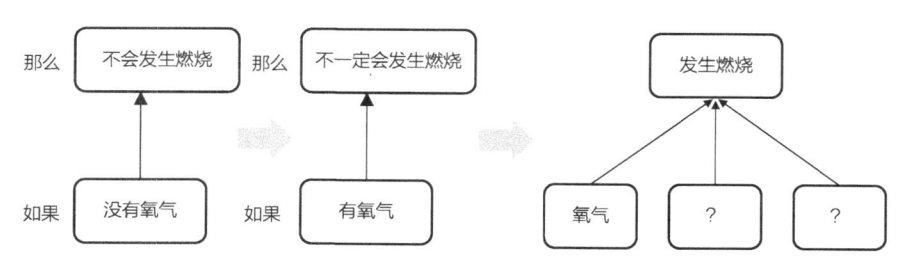

图2-15 必要条件关系示例

在清晰思考流程思维可视化工具中，只有冲突图和前提条件图是必要条件关系图，其余的图都是充分条件关系图。在充分条件关系图中用"如果……那么……"关联词进行推理，并应用因果逻辑关系进行检测。高德拉特博士为此开发了一套逻辑分类检测方法，主要有三层七类。

第1层：逻辑表述清晰性检测

逻辑表述清晰性检测用来检测实体逻辑表述和两个实体之间的因果关系，或者用来检测对可视化图中某个区域的理解，如图2-16所示。

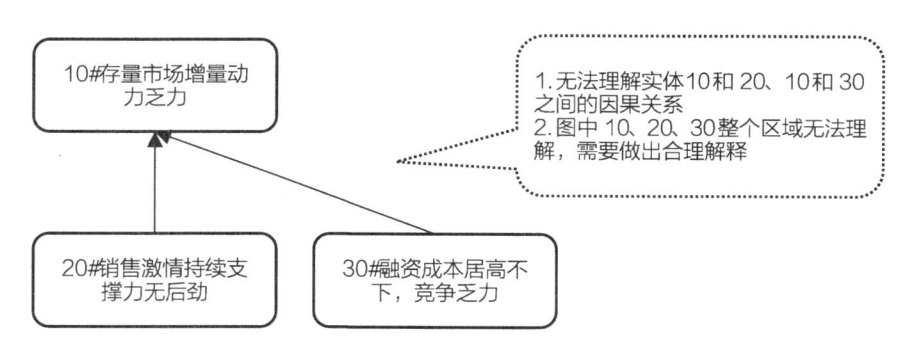

图2-16 逻辑表述清晰性检测示例

在图2-16中，所有实体描述都过于抽象，无法指向一个清晰的具体事物，让人无法理解或产生理解上的偏差。例如，实体10"存量市场增量动力乏力"，其实是想表达"存量市场增长困难"。图2-16中因为实体表述不清晰，所以很难理解实体之间的因果关系。

031

第2层：逻辑存在性检测

逻辑存在性检测包含实体存在性检测和因果关系存在性检测两类。

（1）实体存在性检测用来确定实体或其表述是否存在，如图2-17所示。

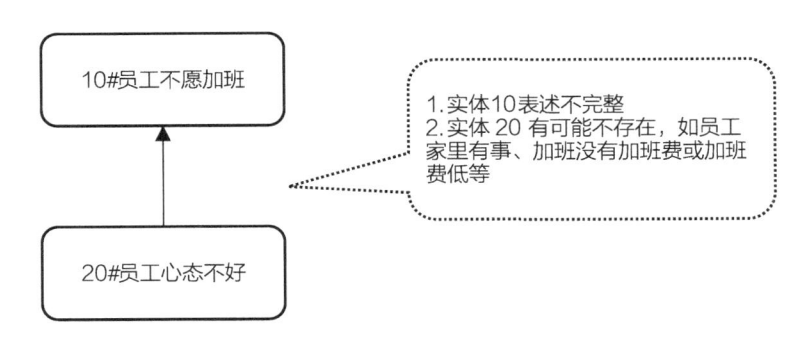

图2-17　实体存在性检测示例

在图2-17中，实体20"员工心态不好"是一个主观判断，不具备客观存在性。员工固然存在心态问题，但也不见得是实体10"员工不愿加班"的原因，因为无法做出客观判断。

（2）因果关系存在性检测用来确定两个实体之间的因果关系是否存在，如图2-18所示。

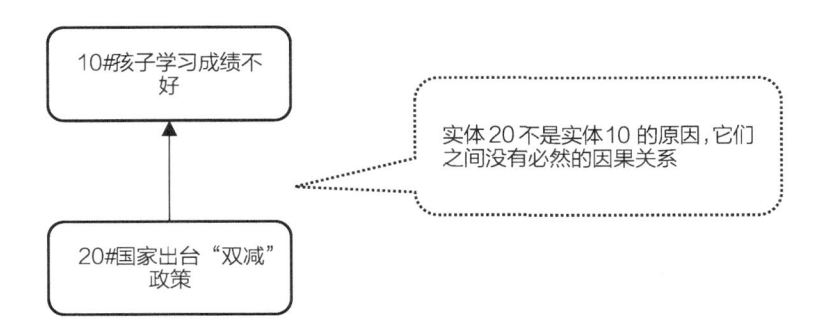

图2-18　因果关系存在性检测示例

第3层：因果关系充分性检测

因果关系充分性检测包含其他原因检测、原因不充分检测、因果关系倒置检测和预期结果存在性检测4类。特别提示，第3层检测只有在前两层检测完成后才能使用，否则就是在做无用功。

（1）其他原因检测用来确定实体结果的主要原因，也就是说，实体结果不一定由当前原因所致，如图2-19所示。

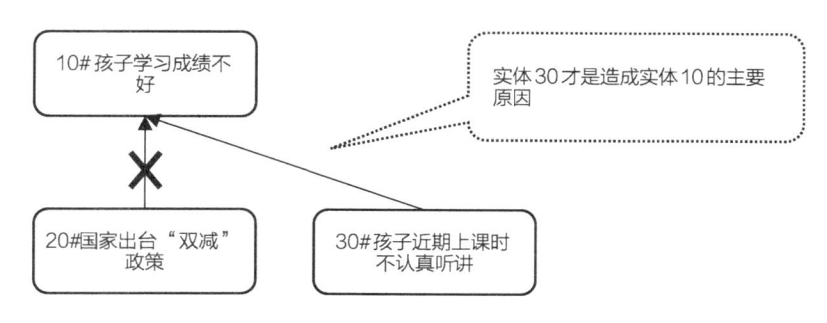

图2-19　其他原因检测示例

（2）原因不充分检测用来确定实体结果的其他原因，也就是说，当前原因不足以造成实体结果，除了当前原因，还存在其他原因导致了实体结果，如图2-20所示。

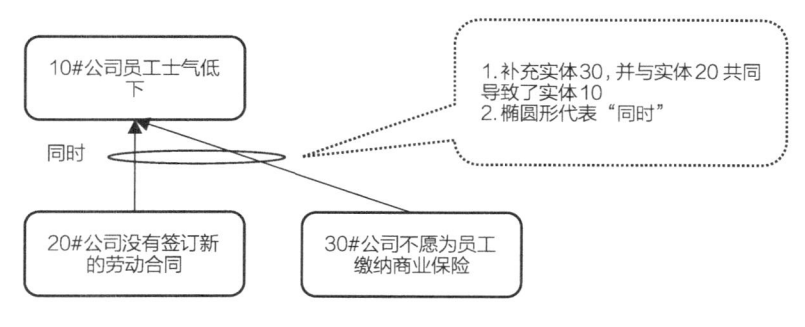

图2-20　原因不充分检测示例

（3）因果关系倒置检测用来检测实体之间是否存在原因和结果颠倒，如图2-21所示。

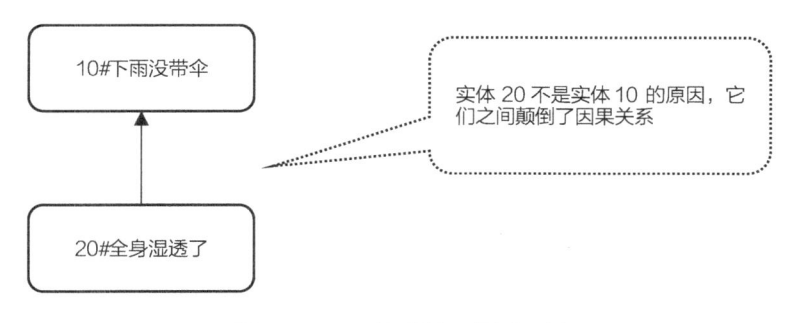

图2-21　因果关系倒置检测示例

（4）预期结果存在性检测用来检测实体原因是否导致了实体结果，如图2-22所示。该检测方法是清晰思考中最重要的方法，我会在第三章重点介绍。

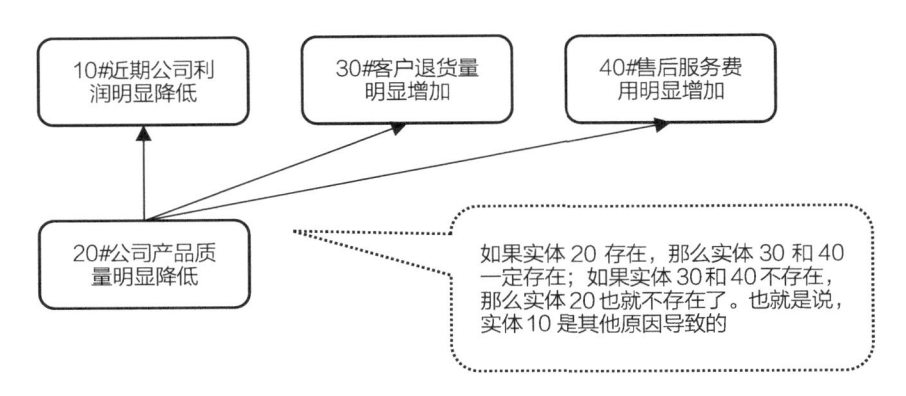

如果实体20 存在，那么实体30 和40 一定存在；如果实体30 和40 不存在，那么实体20 也就不存在了。也就是说，实体10 是其他原因导致的

图2-22　预期结果存在性检测示例

为了方便记忆以上三层七类逻辑分类检测方法，我编写了一段口诀：表述清晰为第一，实体因果两存在；他因充分不颠倒，预期结果亦存在。记住这段口诀，在使用充分条件进行清晰思考时，不仅能保障不犯基本的逻辑错误，还能提升日常逻辑表达能力。

在清晰思考流程思维可视化工具中，必要条件关系图用"为了……必须……"关联词进行推理，并把逻辑推理中的结论转为目标/需求；把条件转为必要条件/行动，如图2-23所示。

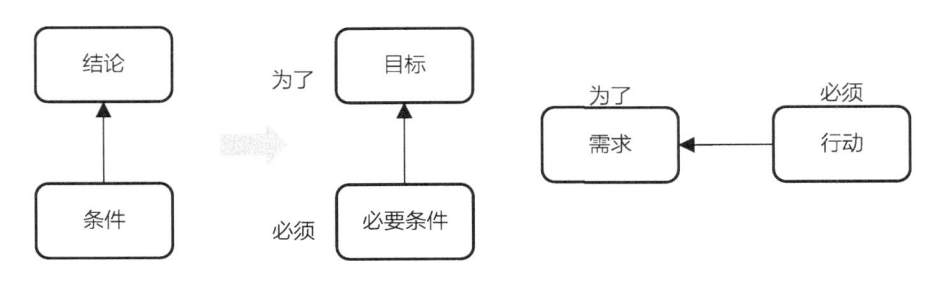

图2-23　必要条件关系示意

特别提示：一定要注意区分必要条件与充分条件，两者在思维可视化中所用的逻辑推理关联词是不一样的。充分条件关系使用的逻辑推理关联词是

"如果……那么……"；必要条件关系使用的逻辑推理关联词是"为了……必须……"。

通常情况下，把充分条件关系推理视为演绎法，即演绎推理的前提是其结论的充分条件，只要充分条件为真，那么结论必然为真；把必要条件关系推理视为归纳法，即归纳推理的前提是其结论的必要条件，只有必要条件为真，结论才有可能为真。这就引出了一个问题：归纳法是基于一定量的观察，推出一个广泛的、具有可能性的普遍规律，也就是说，人们用迄今为止观察到的有限经验来指引自己了解尚未观察到的事物，这必然会成为一种限制，让人们局限于具有达成目标的认知和方法。

举例来说，为了提升公司销售业绩，必须满足3个必要条件。请注意，这里的3个必要条件都是基于过去的认知或经验总结出来的，是使用归纳推理出来的。但是，如果过去认为有效的认知或经验因为前提条件发生变化而变得无效，那么这3个必要条件就有可能无法达成提升公司销售业绩的目标。

不过，这正是必要条件关系推理创造可能性的地方所在。我会在本书实战篇对此进行详细解释。

思维可视化、掌握最小思考单元模型和条件关系清晰是清晰思考学习的入门起势，即"入门三课"。接下来我将带领你学习入门课程。正如之前所说，掌握了"入门三课"基本上就可以解决日常生活和工作中遇到的80%的问题了。

因此，在后文的学习中，你千万不能掉以轻心。自入门课程起，我会增加适当的练习作业，只有通过刻意练习，你才能重塑大脑神经网络系统，真正掌握清晰思考的程序和方法，学以致用地解决生活和工作中遇到的问题。正所谓求知无坦途，学习无捷径。不过，我相信只要掌握了清晰思考这项认知能力，至少可以在今后求知的路上少走一些弯路。

第三章

如何探寻事物的根源及其证明

第三章
如何探寻事物的根源及其证明

逻辑学中有一个基本原理叫作充足理由律,指的是任何事物都有其存在的充足理由。这个原理也被称为因果律,它暗示着任何事物的存在都不是偶然现象,都有其自身存在的理由。我在第二章提到过,哲学上把现象之间的引起和被引起关系叫作因果关系,其中引起某种现象产生的现象叫作原因,被某种现象引起的现象叫作结果。也就是说,万物都有其根源,原因就是其结果存在的根源。

人类之所以不遗余力地探寻事物的根源,不外乎是为了控制事物的发展及其带来的影响。当然,前提是为了更深刻地了解事物,也就是知其所以然。

在探寻事物根源的过程中,一般是从结果开始的。美国哲学家查尔斯·桑德斯·皮尔士(Charles Sanders Peirce)[①]最早把这个由果溯因的过程引入现代逻辑学,称为溯因推理或溯因法,是与归纳推理和演绎推理并驾齐驱的三大推理之一。溯因法广泛应用于哲学、科学、创新、人工智能和刑侦破案等领域,在人们所熟知的《福尔摩斯探案集》小说中,主人公福尔摩斯就是采用溯因法屡破奇案的。在《什么是TOC及应如何实施》一书中,高德拉特博士首次把溯因法引入社会组织系统中。用于证明事物之间存在因果关系的方法——一种不依赖某个示例或引用文献,而依赖情况本身内在逻辑的方法,称为果因果(Effect-Cause-Effect,ECE)。

溯因法和果因果并没有本质上的区别,你不能因为名称不同而产生厚此薄彼的心理,从而限制自己学习和掌握该方法的强大应用技术。我习惯使用果因果的叫法,是出于对高德拉特博士的崇敬。在《什么是TOC及应如何实施》一书中,高德拉特博士把果因果定义为:为推测给定结果的原因,预测由同一原因引起的另一种结果的过程。简单来说,果因果在清晰思考中主要应用于以下3个方面。

[①] 查尔斯·桑德斯·皮尔士(1839年9月10日—1914年4月19日),美国哲学家、逻辑学家、实用主义创始人。其在逻辑学方面有两大贡献,一是改进了希尔代数,二是发展了关系逻辑,即引入新的概念和符号,把关系逻辑组成一个关系演算。

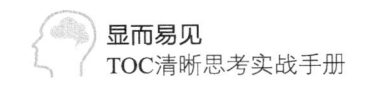

（1）探寻事物的根源及其证明。

（2）通过解释果因果来说服别人。

（3）思维可视化模型组合应用。

本章的重点是学习和掌握利用果因果"探寻事物的根源及其证明"，至于如何"通过解释果因果来说服别人"，我会在后文介绍，"思维可视化模型组合应用"则会贯穿充分条件必然性推理的所有可视化思维应用中。

如何探寻事物的根源

在《简单的逻辑学》一书中，作者给出了一个探寻事物根源的指导原则：每个原因与其结果之间必然存在根本的相似之处。作者进一步指出，所谓的原因必能导致人们所观察的结果，并会在结果上留下特定的印记。这让我想起了"法证之父"艾德蒙·罗卡（Edmond Locard）的罗卡定律："凡两个物体接触，会产生转移现象。既会带走一些东西，亦会留下一些东西。"简单来说，就是"凡有接触，必留痕迹"，类似成语"雁过留声"。换言之，每个结果都在一定程度上反映了其根源的特性。

下面举一个例子来说明。我家用的热水器是带有触控开关的即热式热水器，有一天早上我发现触控面板上积满了水，并导致触控开关浸水失灵。这是那天早上我观察到的客观事物的结果，那么原因是什么呢？原因与结果之间必然存在的根本相似之处在哪里呢？我一开始推测原因可能是触控面板电子芯片或元件故障失灵，即"触控面板上积满了水"这个结果中必然存在根源中的"触控"这个特性，如果没有人触碰过（因为晚上家人都睡觉了），那么只有一种可能，那就是"触控面板电子芯片或元件故障失灵"，从而导致"触控面板上积满了水"这个结果发生。但问题是热水器刚买不久，而且是我比较信任的品牌，不至于发生这样的故障。我虽然有所怀疑，但无法证实"触控面板上积满了水"是否由"触控面板电子芯片或元件故障失灵"导致的。

几天后，经过自然晾干，触控开关竟然奇迹般地恢复正常了，但没过几天，我又发现触控面板上积满了水，触控开关再次失灵。是什么原因呢？是因为触控面板电子芯片或元件故障失灵吗？如果是，那么为什么积水自然晾干后，触控开关还能恢复使用呢？我无法解释。于是我进一步假设，如果触控面板电子芯片或元件没有故障，那么必须有外力的作用才能引发"触控"这个特性（或结果）。"雁过留声"，现在留下的痕迹是触控面板上积满了水，那么是谁接触过面板呢？家人肯定不会（因为晚上家人都睡觉去了），有可能是我家养的猫咪干的吗？要知道猫咪具备跳上热水器和触碰触控开关的力量与条件。如果触控面板上有防控锁，那么就不可能发生猫咪触碰开关从而导致放水的现象，但我家的热水器并没有防控锁。我推测是猫咪干的，这为我探寻热水器事件的根源指出了一个可能的方向。

假设真是猫咪干的，那么猫咪为什么要这样做呢？猫咪开热水器肯定是它口渴，而且猫咪自动饮水器里没有水，其他地方也找不到水。妻子查看了猫咪自动饮水器，果然是没有水了。这样看来，这件事是猫咪干的可能性更大了。但仍然没有直接证据证明这件事就是猫咪干的。后来一天中午，妻子听见"滴滴"的声响，跑出来一看，只见猫咪正在用爪子按热水器上的触控面板，于是真相大白。

探寻事物根源的可视化模型

为了探寻事物的根源，我设计了一个思维可视化模型，如图3-1所示。

探寻事物的根源一般从结果开始。结果就是你观察到的现象。还记得之前给现象下的定义吗？只有变化的事物才是现象，只有从一种状态变成另一种状态的事物，才叫现象。如果事物没有变化（或变化未知），那只是静态的事物。以结果开始，或者说以终为始，是探寻事物根源的第一步。

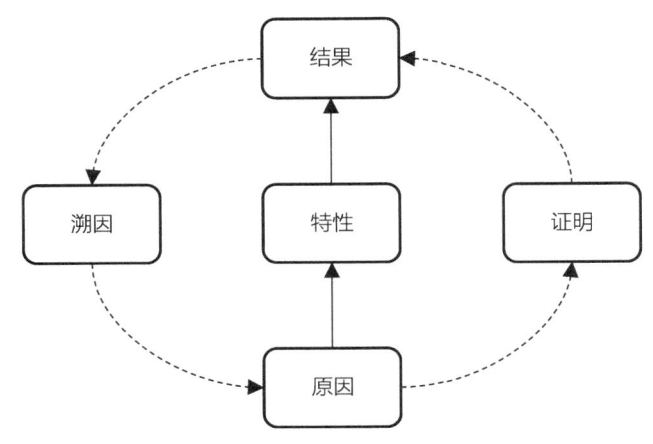

图3-1 探寻事物根源模型示意（虚线箭头表示顺序，实线箭头表示内在结构）

第二步，对于变化（或未知）的事物，人们会好奇并产生疑问：为什么这个结果会发生？是什么原因导致了这个结果发生？面对疑问，人们需要做出合理的解释。所谓合理的解释，指的是符合客观事实规律、合乎逻辑推理的解释。你不能主观臆断，凭空猜测。这就要走第三步了，此时"每个原因与其结果之间必然存在根本的相似之处"这句话就要发挥作用了。什么是根本的相似之处？必然存在又是什么意思？所谓根本的相似之处，指的是根源的某些特性在一定程度上都会反映在结果上，就是留下痕迹的意思。就像孩子身上一定会留有父母的影子一样。什么特性会留下来呢？简单来说，就是导致结果的充分条件。只有这样，结果才会必然存在。

所以，第三步其实就是探寻导致结果的充分条件都有哪些。充分条件，有之必然，无之不必然。无之不必然的意思是什么？意思是如果没有当前的充分条件，其他额外的充分条件也能够导致相同的结果发生，这是另外的"有之必然"。这样的探寻才是人类突破自身认知边界的关键所在，而从已知向未知的突破是推动社会进步的原动力。如果人们停留在探寻已知原因的结果上，那么只是在重复过去的认知而已。也就是说，在已知边界内探寻是没有任何价值和意义的，只有跨出已知的范围，才能更全面而深入地了解事物，才能获得原来还存在其他充分条件的新认知。所谓的创新，首先是创造新认知，其次才是创造新事物。新认知从哪里来？从探寻导致结果的额外充分条件来。

完成了第三步，第四步呼之欲出。探寻导致结果的充分条件无外乎两种，一是已知，二是未知。这两种结果又与人们对事物的关注度相关，关注度存在两种情况：重视和忽视。我用四象限来表示，如图3-2所示。

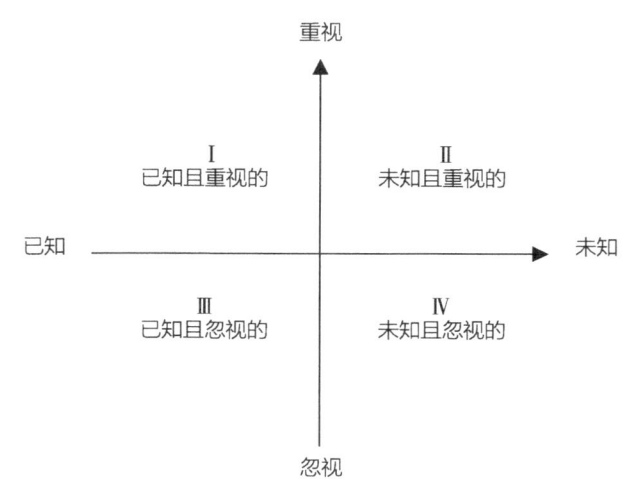

图3-2 探寻事物充分条件四象限示意

图3-2中的4个象限分别描述了充分条件的4种情形。第一象限是已知且重视的，我把这个象限称作经验，是过往经验和认知的总和。通常人们能够第一时间得出导致结果的充分条件。这样的例子在日常工作和生活中不胜枚举。当你看到一个现象或结果的，大脑能够马上对这个现象或结果进行合理化解释，因为你的大脑中存储着丰富的经验，足够解释日常发生的大部分现象。此时，你只需遵循以往的思维模式，就能快速得出导致结果的原因。

第二象限是未知且重视的，我把这个象限称作盲从，就是不明觉厉而又盲目相信的状态，通常无法用正常逻辑来解释，如迷信伪科学、运程、星座、属相、算命、玄学、权威、大师、成功人士、阴谋论等。例如，日常有些人认为工作或事业不顺，是因为年运"犯太岁"；谁和谁离婚，是因为属相冲克。这样的例子大量充斥在网络和现实生活中，正所谓哪里有需求，哪里就有市场。除了盲从伪科学，更多的是迷信权威和专家言论。当然现实中更多的时候是对权威或专家们的言论进行过度解读，或者断章取义，有选择性解读。

第三象限是已知且忽视的，我把这个象限称作疏漏，就是疏忽遗漏，或者因疏忽而产生的错误。疏漏通常由两个原因造成。一是思考深度不足。思考深度不足造成的疏漏，通常会遗漏关键细节，或者错把因果链的中间环节当作根源。事情看似合理，但时常经不起推敲。例如，某些销售人员工作踏实勤奋，就是业绩一直不佳，他们通常会错误地归因于公司产品优惠力度不够。把他们与优秀的销售人员进行比较分析，你就会发现优秀的销售人员不会因为价格而影响业绩；业绩差的销售人员往往会忽视情绪等因素对销售结果所造成的负面影响。

二是默认假设。人们会习惯性地默认过往经验中的前提假设不变，所以在探寻结果的原因时，会自动忽略前提假设的有效性从而做出误判。这一点我将在第四章重点说明。

第四象限是未知且忽视的，我把这个象限称作盲区，就是认知盲区领域，它属于有待学习和补充的新知领域，也是产生洞见和创新的区域。伊格纳兹·塞梅尔维斯（Ignaz Semmelweis）医生的故事生动地诠释了，深陷盲区象限的悲剧。

19世纪中期，在匈牙利的维也纳综合病院第一产院，不少产妇分娩之后会患上产褥热，死亡率高达18%，但当时产褥热病因不明。

1847年，塞梅尔维斯的好友在解剖尸体时不慎受伤，结果伤口引发败血症而死。塞梅尔维斯在查看好友的验尸报告后发现，好友与产褥热死亡的产妇有许多相似之处。因此，塞梅尔维斯推测，产褥热就是产妇受"尸体毒物"感染引起的。在第一产院，医师和学生会在验尸后直接为孕妇施行产检或接生。根据这一发现，塞梅尔维斯要求医师在为产妇检查之前使用"漂白水"洗手。该项制度于1847年5月中旬开始实施，6月的产妇死亡率为2.2%，7月为1.2%，8月为1.9%，而当年4月产妇的死亡率为18.3%。在这一发现之后两个月，产妇的死亡率首次为零。

1848年，塞梅尔维斯在医生公会上报告了自己的发现，但在当时，塞梅尔维斯的观点和医学界的主流观点不一致，遭到了一些权威人士的反对，最终，1849年3月，塞梅尔维斯被逐出医院。今天人们都知道，产褥热主要是因为细菌等微生物感染所致，但当时人们对细菌的了解非常少。塞梅尔维斯去世10年以后，被誉为"细菌学之父"的德国医生罗伯特·科赫才揭开了细菌和疾病之间的关系，但这对塞梅尔维斯时代的医学界而言，就是盲区。在社会发展过程中，类似的故事还有很多，如因捍卫哥白尼的日心说而被烧死的乔尔丹诺·布鲁诺。当然，TOC对国内企业界而言也是盲区之一，清晰思考流程也曾是我的盲区。

根据以上对4个象限的定义，我得出这样的推论：已知部分代表需要挖掘的领域，未知部分代表需要提升的领域。挖掘的意思就是充分利用当前已知的认知，通过对过往经验、记忆的检索和筛选，快速推测出导致结果的原因；提升的意思是扩展认知范围，通过相关领域的学习，掌握多元化新知的横向关联，获得启发性思维，大胆假设、敢于想象，创造性地推测出导致结果的原因。幸运的是，大部分导致结果的原因在已知部分都能找出来，所以我做了一个探寻事物根源的U型优先顺序四象限，如图3-3所示，仅供参考。

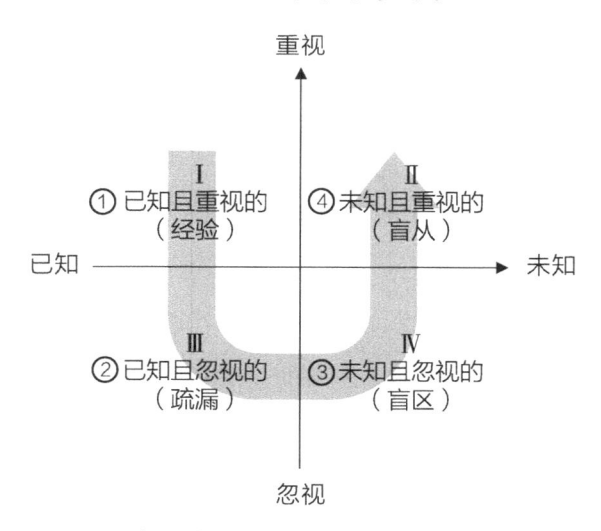

```
                          重视
                           │
              Ⅰ            │           Ⅱ
         ①已知且重视的      │      ④未知且重视的
           （经验）         │        （盲从）
  已知 ─────────────────────┼───────────────────── 未知
                           │
              Ⅲ            │           Ⅳ
         ②已知且忽视的      │      ③未知且忽视的
           （疏漏）         │        （盲区）
                           │
                          忽视
```

图3-3 探寻事物充分条件优先顺序四象限示意

在这里需要特别提示的是，第四步找出来的充分条件，即导致结果的原因仅是初步推测的原因，并不一定是真正的原因。探寻事物根源完整版详解模型如图3-4所示。请读者特别留意图中中间部分的文字描述。要想充分理解这部分文字所传递的信息，请返回到前文详细阅读。

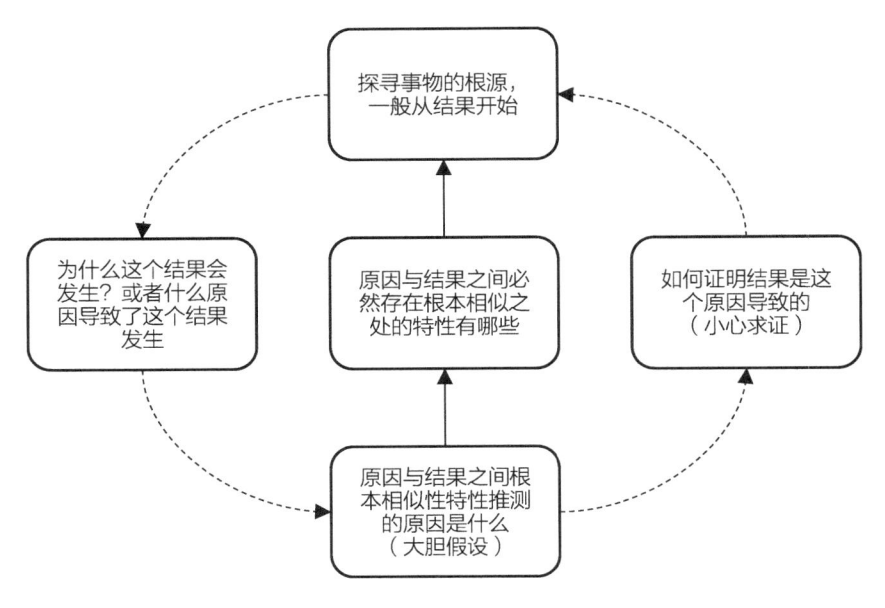

```
                探寻事物的根源，
                 一般从结果开始

  为什么这个结果会          原因与结果之间必          如何证明结果是这
   发生？或者什么原          然存在根本相似之          个原因导致的
   因导致了这个结果          处的特性有哪些           （小心求证）
       发生

                原因与结果之间根
                本相似性特性推测
                 的原因是什么
                 （大胆假设）
```

图3-4 探寻事物根源详解模型示意

如何探寻用以证明事物根源的因果关系

任何现象从结果到原因的溯因，在验证之前都是推测，甚至是毫无根据的猜测。那么，如何验证导致结果的原因是必然性的呢？我在第二章提过必然性推理与可能性推理的结论有时候是不一致的，必然性推理主要研究各命题之间的关系，可能性推理主要研究事物之间的因果关系，前者是条件关系推理，后者是因果关系推理。换言之，人们推测出来的原因与结果之间可能是条件关系，也可能是因果关系。如果是条件关系，那么在客观现实中仍然有可能不存在。也就是说，用"如果……那么……"推理出来的符合逻辑的结论，用"因为……所以……"推理却有可能不成立。这是一种情形，另一种情形则是，人们推测的原因并不一定是真正的原因，尽管有些推测的原因是导致结果的充分条件，但就导致结果的事实状态而言，其不一定是真正的原因。就像下雨是地面潮湿的充分条件，但事实状态是即使没有下雨，地面也可能是潮湿的，那么导致地面潮湿的事实原因就是其他充分条件。这里的关键词是"事实"，事实指的是事物的真实情形。这与因果关系必须考虑时间因素是一致的,原因在时间上总是先于结果发生。

要验证导致结果的原因的必然性,可以用果溯因的果因果模型,对由同一原因预测所引起的另外一个或多个结果进行验证。果因果推理过程可以简述如下。

- 待验证原因的结果为E,待验证的推测的原因为C,基于C预测的另一个结果为E1。
- 若E1被证伪,则C为结果E的假因(假的原因)。
- 若E1被证实,则C可能为结果E的真因(真正的原因)。

以C为前提,一般可以演绎出E1、E2、E3等一系列结果(推论),如果这些结果(推论)都被证实,那么C就获得了更大程度的支持,从而C为结果E的真因的可能性更大。此时,推测的原因可以视为假说。所谓假说,就是未经验证的客观事物的假定说明。一个假说的众多推论可能不会全部被证实,也不会全部被证伪。人们需要不断地对假说进行修正,或者提出新的假说,从而一步步逼近真因。简单来说,验证假说的可能性到必然性的过程,就是果因果推理的过程。下面举个简单的例子。

假设你很晚才回家,打开房门后开灯,发现灯不亮,你开始思考灯为什么不亮。

单元楼停电了?

不对,单元门口和过道的灯都是亮着的。

欠电费了?

不对,上周三才交的电费。

灯坏了?

——看看其他房间的灯是否会亮。

哎呀,其他房间的灯也不亮,莫非是跳闸了?

你走到配电箱处,借着手机照明发现果然是跳闸了。

于是,你合上闸刀,房间里的灯亮了起来。

下面用果因果模型把这一过程进行分步骤可视化,如图3-5所示。

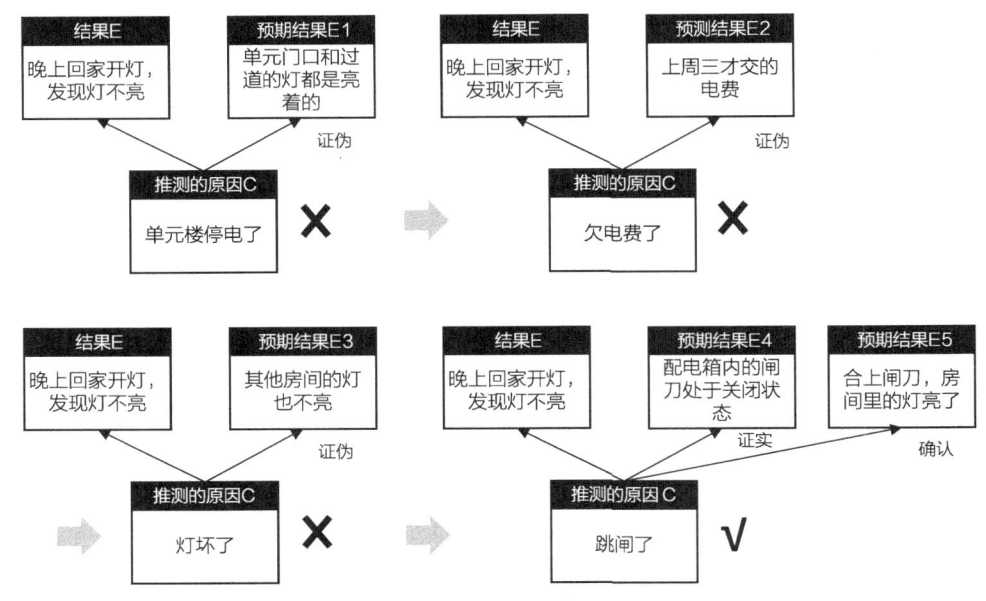

图3-5　灯不亮之果因果分步骤可视化示例

从图3-5中可以看出，第一次推测灯不亮的原因是单元楼停电了，但这个原因不一定是必然性的，因为经过进一步推测发现，如果真正的原因是单元楼停电了，那么这个原因必然导致单元门口和过道的灯也不亮，但事实是单元门口和过道的灯是亮着的，即证伪了这个原因。这个原因不是真因，即不是必然的原因。那么必然的原因是什么呢？继续推理……

果因果分析的整个过程可分为4个步骤：第一步是推测原因，第二步是证伪，第三步是证实，第四步是确认。因为推测的原因是假说，所以必须对其进行验证。那么为什么要先证伪、再证实呢？还记得第一章讲的证实性偏差障碍吗？正因为存在证实性偏差这个在所难免的障碍，所以要从机制和程序上进行规避。此外，即使有1000个理由证实推测的原因有效，但只要有一个反例，就能推翻其有效性。就像著名的"黑天鹅"案例一样，即使看到1000只天鹅都是白天鹅，也不能下结论说世界上的天鹅都是白天鹅，因为只要看到第1001只天鹅是黑天鹅，就足以推翻这个结论。当然，先证伪、再证实不仅可以提升思考的有效性，还能提高思考的效率。否则你证实半天，一个证伪就能让你的所有努力前功尽弃。

那么，为什么最后还要确认？因为无论是证伪还是证实，找出的反例或支持性证据都停留在推理层面，哪怕这些证据可以直接观察到，也不能完全排除其他原因导致某种结果的可能性。只有进一步通过行动进行检验，才能确保推测的原因的必然性和有效性。还是那句话，实践是检验真理的唯一标准。以下是对第二~四步的详细说明。

第二步：证伪。所谓证伪，就是证明推测的原因不成立。只要找出与推测的原因C有与结果E相反的事实存在，即由同一原因预测的结果E1与最初观察到的现实结果E相反，那么这个推测的原因就是无效的。还有一种情况是，找出能够直接推翻或证伪推测的原因的事实，也可以让推测的原因不成立，可视其为假因。

第三步：证实。所谓证实，就是证明推测的原因成立。如果一个推测的原因可以预测的结果越多，且可直接观察证实，则证明这个推测的原因成立的可能性越大。也就是说，这个推测的原因暂时成立，可视其为暂定的真因。

第四步：确认。所谓确认，就是通过实际行动检验暂时成立的推测的原因。换言之，如果解决或消除了这个暂定的真因，那么最初观察到的现实结果E就应该不存在。也就是说，检验证明推测的原因为真因，但如果最初观察到的结果E仍然存在，那么说明这个推测的原因仍然是无效的。以上3步如图3-6所示。

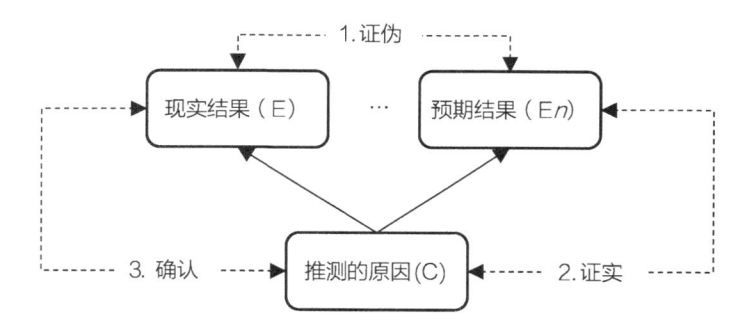

图3-6 果因果三步骤示意

为了便于可视化清晰思考和作业练习，我把果因果各步骤进行了简化，既保证了可视化图的完整性，又保留了可视化清晰思考的步骤。仍以前文的"灯不亮"果因果案例为例，如图3-7所示。

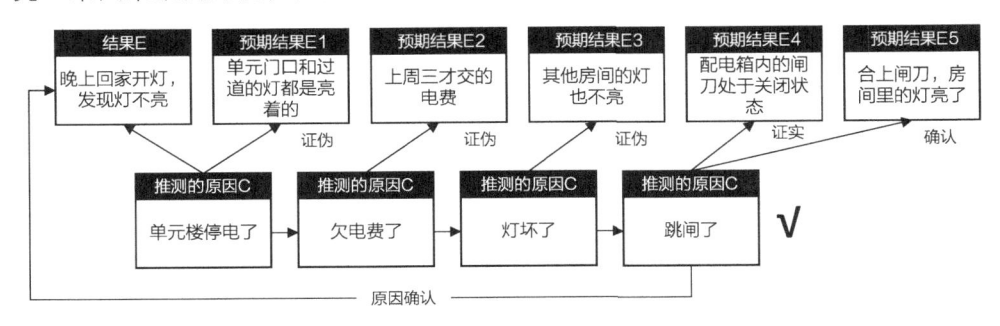

图3-7 "灯不亮"果因果案例简化版示例

在实际应用中，为了保障果因果分析的每一步不会出现疏漏，我针对每一步设计了一些引导性提问，通过自问自答的形式，让你在有效思考的同时，还能对果因果分析过程中的每个环节进行自我检测。人们探寻事物的根源毕竟不是为了玩逻辑游戏，而是为了对症下药，解决实际问题。由于人类大脑天然具有快思维的特性，所以即使按部就班地依照果因果分析步骤进行思考，也难免遭遇跳跃性思维障碍。此时，必要的引导性提问能够抑制跳跃性思维，强迫大脑慢下来思考，慢即快——不出现纰漏和返工就是快。

仍以"灯不亮"案例做示范，揭示证伪、证实和确认这3步背后引导性提问的技巧，帮助你提高清晰思考的质量和效率。

证伪引导性提问

话术1：用"如果……那么……"关联词，找出与结果相反或不一致的事实。提问句式：如果结果是推测的原因导致的，那么会存在哪些与结果相反的现象呢？或者，如果推测的原因成立，那么可以观察到哪些与结果不一致的现象呢？

示例：如果家里的灯不亮是因为单元楼停电了，那么会存在哪些与家里的灯不亮相反的现象呢？或者，如果单元楼停电了成立，那么可以观察到哪些与家里的灯不亮不一致的现象呢？

话术2：用"因为……所以……"关联词，直接推翻或证伪推测的原因。提问句式：因为什么事实存在，所以推测的原因不可能发生？

示例1：因为什么事实存在，所以不可能停电了？

示例2：因为什么事实存在，所以不可能欠电费了？

证实引导性提问

话术：用"如果……那么……"关联词，找出推测的原因共同导致的某个结果以外的其他预期结果。提问句式：如果某个结果是推测的原因导致的，那么推测的原因除了导致这个结果，还会导致哪些其他预期结果？

示例：如果家里的灯不亮是跳闸了导致的，那么跳闸了除了导致家里的灯不亮，还会导致哪些其他预期结果？

确认引导性提问

话术1：用"如果……那么……"关联词，采取行动检验推测的原因的必然性和有效性。提问句式：如果推测的原因为真，那么可以做什么来检验？

示例：如果跳闸了为真，那么可以做什么来检验？

话术2：用"只要……就……则"关联词，采取行动解决或消除了推测的原因，则结果必然不会发生。提问句式：只要采取什么行动，就能解决或消除推测的原因，则结果必然不会发生，或者与结果相反的事实就会发生？

示例：只要采取什么行动，就能解决跳闸了的问题，则家里的灯就会亮？

果因果与5Why法的关系

所谓5Why法，又称"5问法"，就是对一个问题连续用5个"为什么"来追问，最终找出根本原因。这种方法最初由丰田佐吉提出，后来丰田汽车公司在发展完善其制造方法论的过程中采用了该方法，并将其作为"丰田生产方式"入门课程的组成部分之一。我在TP教学过程中发现，不少学员会把果因果与5Why进行比较学习，也存在一些混淆和误解，所以很有必要在此做一番解释。

曹晓峰老师在《浅谈果因果分析法与5Why法的区别和联系》一文中提出：

"与深层次挖掘根因的5Why法不同，果因果方法是在水平方向上寻找真因。"按照曹老师的看法，5Why法是刨根问底式的纵深挖尽根因，而果因果方法是横向寻找真因。丰田汽车公司前副社长大野耐一曾列举了一个用5Why法来找出机器停机的真正原因的例子。

一问：为什么机器停机了？

一答：因为机器超载，保险丝被烧断了。

二问：为什么机器会超载？

二答：因为轴承的润滑不足。

三问：为什么轴承会润滑不足？

三答：因为润滑泵失灵了。

四问：为什么润滑泵会失灵？

四答：因为它的轮轴耗损了。

五问：为什么润滑泵的轮轴会耗损？

五答：因为杂质跑到轮轴里面了。

具体过程如图3-8所示。经过连续5次不停地问"为什么"，才找到机器停机的根本原因，并提出了解决方法——在润滑泵上加装滤网。其实，大野耐一列举的这个例子是一个完整的因果链，如果用果因果来解释其中的每个问答，你会发现其实无须证伪和证实，并默认每一问的答案都不证自明。换言之，此时5Why法仍然是果因果方法的应用，只是省略了推测的原因导致其他预测结果的过程，向下继续深挖根本原因。第一问成为第二问的结果，第二问结果的原因又成为第三问的结果，以此类推，直至第五问才找出根本原因。这一向下深挖根本原因的过程，其实就是TP中现状图的应用，而现状图正是多个果因果模型的组合应用。我会在本书实战篇重点向大家介绍现状图，这里不再深入展开。

曹老师所说的"果因果方法是在水平方向上寻找真因"其实是一种误解，当然这样的误解是我造成的，因为我在设计果因果可视化图的时候，刻意选择了横向排版方式，目的是再现大脑思考果因果的过程。也就是说，5Why法其实是果因果方法应用于现状图分析的一种简化版本和形式。关于这一点，王聪老师在做果因果作业练习时做了补充说明和思考。

```
1Why    机器停机了
          ↑
2Why    机器超载，保险
        丝被烧断了
          ↑
3Why    轴承的润滑不
        足
          ↑
4Why    润滑泵失灵了
          ↑
5Why    润滑泵轮轴耗
        损了
          ↑
        杂质跑到轮轴
        里面了
```

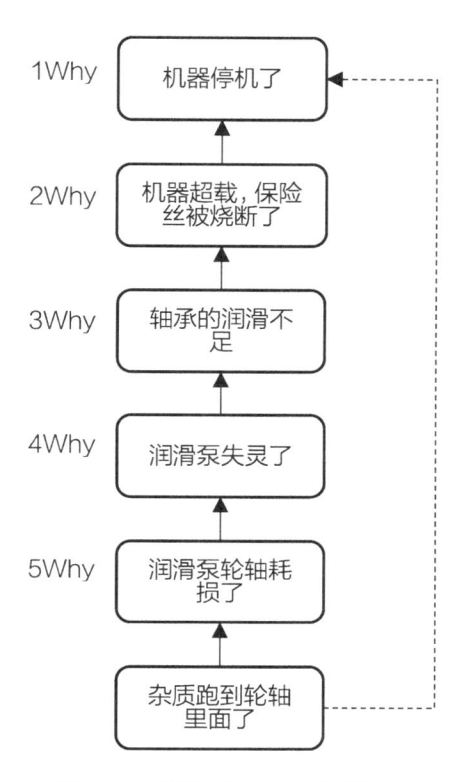

图3-8　机器停机5Why法示例

王聪老师在《"果因果"作业及思考》一文中对果因果方法与5Why法的使用提出了建议：以5Why法开始并进行果因果证伪和证实，当连续追问的答案无法证伪，即推测的原因为真时，再向下追问"为什么"，直至找出根本原因。王聪老师的建议其实就是"5Why法+果因果方法"的组合应用。此处用王聪老师给的案例进行说明：车间过道上有一摊机油的原因是什么？

一问：为什么车间过道上有一摊机油？

一答：因为设备油管漏油。

二问：为什么设备油管漏油？

二答：因为油管接口漏油。

三问：为什么油管接口漏油？

三答：因为接口的密封圈老化了。

四问：为什么接口的密封圈老化了？

四答：因为密封材质错误。

五问：为什么密封材质错误？

五答：因为采购出现错误。

通过进行5Why法分析，发现车间过道上有一摊机油的根本原因是采购出现错误。当然，还可以继续追问下去：为什么采购会出现错误？不过，这里就不用展开了，因为五答已经足以说明问题了。我用果因果简化模型对这个案例展开分析，如图3-9所示。

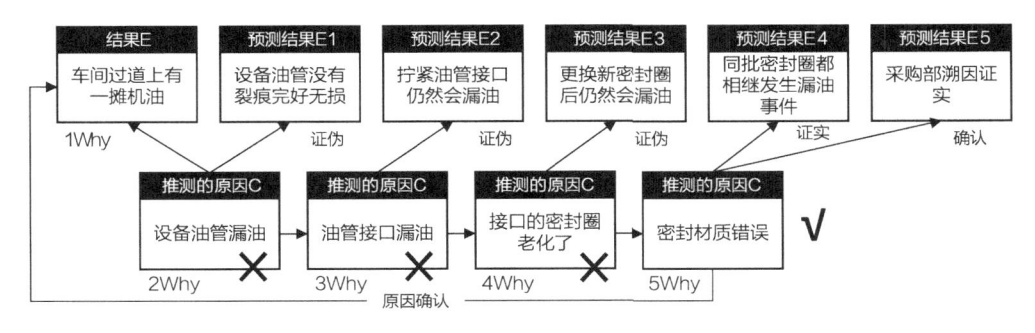

图3-9 "5Why法+果因果方法"的组合应用示例

在这个5Why法分析中，前三问"为什么"所得出的答案并没有看到证伪的痕迹，而是默认为无效的答案。为什么会默认呢？丰田生产系统强调的"现地现物"给出了一种合理的解释。所谓"现地现物"，就是亲临现场，以实事求是的态度、原则和方法去寻找问题的本质。换言之，"现地现物"其实就是果因果分析中的第三步"确认"。更准确的说法是，"现地现物"本身就囊括了果因果分析的证伪、证实和确认3个完整的步骤。由此可见，5Why法看似简单，却不容易掌握和应用。或许有人会说，不就是连续追问5个"为什么"吗？有什么难的？连续追问5个"为什么"确实不难，难的是如何清晰思考。从本质上说，应用5Why法所遇到的问题与清晰思考遇到的问题如出一辙。例如，很少有人能问出正确的"为什么",在分析原因的时候又容易陷入逻辑跳跃、循环论证、分析不全等错误中,最后又很难确定到底问到什么程度才合适。

5Why法本质上是一种经验法。这里的经验法有两层意思,一是指在经验的基础上总结出来的方法,二是指必须依托丰富的经验才能使用得好的方法。在经验的基础上总结出来的经验法并不是说不能用,更没有对错之分,唯一的不足之处在于,它仍然停留在高德拉特博士所说的相关性阶段。相关性是指两个变量的关联程度。在5Why法中,所追问的每个问题与根本原因的关联程度不仅取决于使用者的相关经验,还受现场问题的复杂程度影响。因此,使用5Why法不见得能真正找出问题的根源,或者说即使能找出问题的根源,也不见得所有人都能够复制该方法。

思维只有发展到果因果阶段,才能对相关性进行逻辑验证,不一定非得"现地现物",也可以进行思想实验。当推测的原因或假说暂时无法证伪,姑且认为其成立或有效。如果推测的原因可以通过采取行动而被消除,那么结果一定不会存在,此时可以停止5Why法分析。如果推测的原因仍然无法通过采取行动而被消除,那么可以继续向下追问"为什么",并进行证伪和证实,直至确认可以通过采取行动而被消除的根本原因。这就是说,使用5Why法到底问到什么程度取决于两个方面,一方面是推测的原因无法证伪,且能够被所观察到的预测结果证实;另一方面是推测的原因可以通过采取行动而被消除,从而解决实际问题。如果推测的原因为真因,但不在你的可控范围之内,那么你无法解决这个问题。此时,你可以继续向下挖掘一个在你的控制范围之内的原因,解决根本性问题,或者创造性地定义问题以解决实际问题。如何做?我将在实战篇向大家介绍,此处不再展开。

拓展实践:如何破解循环论证

所谓循环论证,逻辑学上是指由前提A推出结论B,又拿B做前提来证明A。

例如，有意义的生活就是好好活着，好好活着就是有意义的生活；长得胖是因为吃得多，吃得多是因为长得胖；没有鸡哪有蛋，没有蛋哪有鸡。亚里士多德把循环论证归纳为实质谬误而非逻辑谬误。实质谬误就是没有实际意义的意思，因为人们推理或探寻事物的根源是为了解决实际问题，如果没有实质意义，那么循环论证只会沦为一种狡辩，而狡辩并不能解决实际问题。高德拉特博士在《抉择》一书中指出，循环论证是清晰思考的一个障碍，因为循环论证所提问题的答案是通过所提问题本身来进行验证的，一旦接受了这样的答案，就会阻碍人们进一步找出根本原因。

循环论证并不一定意味着给出的原因是错误的，只是这个原因并不能通过直接观察来检验，即无法被证伪和证实，所以人们很容易陷入循环论证的圈套。为什么循环论证的原因无法被证伪和证实呢？因为循环论证的因果关系没有被实体化，即过于抽象，而抽象本身是一个很难被直接观察到的概念。所谓抽象，是指从众多事物中抽取出共同的、本质的特征，而舍弃其非本质特征的过程。通常循环论证听起来都很合理，正是因为其因果关系具有共性特征。例如，在"长得胖是因为吃得多，吃得多是因为长得胖"这个论证中，吃得多是所有长得胖的人的共性特征，但就单独个体而言，很难证伪和证实吃得多就是其长得胖的原因。再如，在"先有鸡还是先有蛋"的问题中，"鸡"是所有鸡类的统称，蛋是所有会下蛋的鸡所下的蛋的统称。此鸡非鸡，是名"鸡"也；此蛋非蛋，是名"蛋"也。你拿一个总括起来叫"鸡"和"蛋"的两个名称来循环论证"没有鸡哪有蛋，没有蛋哪有鸡"，不滑稽可笑吗？

如果能把抽象化的概念转化为实体化的具体现实，就能跳出循环论证的死胡同，继续寻找更深层的原因。仍以"先有鸡还是先有蛋"这个例子进行说明。为了得到一个具体的被受精的鸡蛋，姑且把它叫作C蛋（不是一个统称的"蛋"），必须有A母鸡和B公鸡，以及A母鸡和B公鸡的交配行为。这里假设A母鸡和B公鸡没有不孕不育的毛病。C蛋经过人工孵化或母鸡孵化，要么生出D母鸡，要么生出D公鸡，这里假设C蛋是100%能够孵出小鸡的好蛋。随后D母鸡或D公鸡茁壮成长到适合下蛋的年龄，必须与E母鸡或E公鸡交配，才能产生被受精的F蛋。也就是说，如果"先有鸡还是先有蛋"中的"鸡"指的是A母鸡和B公鸡；那么"先有鸡还是先有蛋"中的"蛋"指的就是C蛋。而C蛋又生出了D母鸡或D公鸡，D母鸡或D公鸡又与E母鸡或E公鸡交配，生出了F蛋。在该循环论证中，如果错误地把"鸡"等于A母鸡和B公鸡、D母鸡或D公鸡、E母鸡或E公鸡，而把"蛋"等于C蛋和F蛋，自然弄不清到底是先有鸡还是先有蛋。如果将A母鸡、B公鸡、C蛋、D母鸡或D公鸡、E母鸡或E公鸡、F蛋实体化，找出谁先谁后，谁是谁的因，谁是谁的果，不就一目了然了吗？"先有鸡还是先有蛋"这个千古难题至此可以结案了。以后如果有人拿"先有鸡还是先有蛋"这个问题来难为你，你可以告诉他：不是"先有鸡还是先有蛋"的问题，而是先有一公一母两只鸡，才能生出一个可以孵出公鸡或母鸡的蛋。可视化思维如图3-10所示。

从以上案例中可以看出，破解循环论证的关键在于把抽象化的概念实体化和具体化。也就是说，根据结果探寻的原因是需要接受果因果分析挑战和确认的东西，而不是一个抽象的概念。抽象的概念并不是实际生活本身，它只是对实际生活的一种概括和简化，当人们解决实际生活中的问题时，需要把这些对实际生活概括和简化的抽象概念还原为具体的事物和定义，只有这样才能进一步找出一个已知结果的原因导致的另一个可预测的结果。这样找出的原因，才是一个有意义的原因——一个通过果因果分析可直接被观察到、被验证的真正原因，进而才能通过消除或充分利用这个真正的原因，解决实际生活中的问题。请记住一点，人们并不是想通过循环论证来辩出输赢，而是想通过破解循环论证，解决实际问题，获得赢的结果。你是想辩输赢，还是想赢呢？

因为循环论证所提问题的答案是通过所提问题本身来验证的，所以人们并没有回答所提问题本身。在《抉择》一书中，高德拉特博士举了一个示例。

"他们输掉了比赛，因为他们没有足够的取胜动机。"

"为什么接受这个说法？我们怎么知道球队没有足够的动机？"

"他们输掉了比赛，不是吗？"

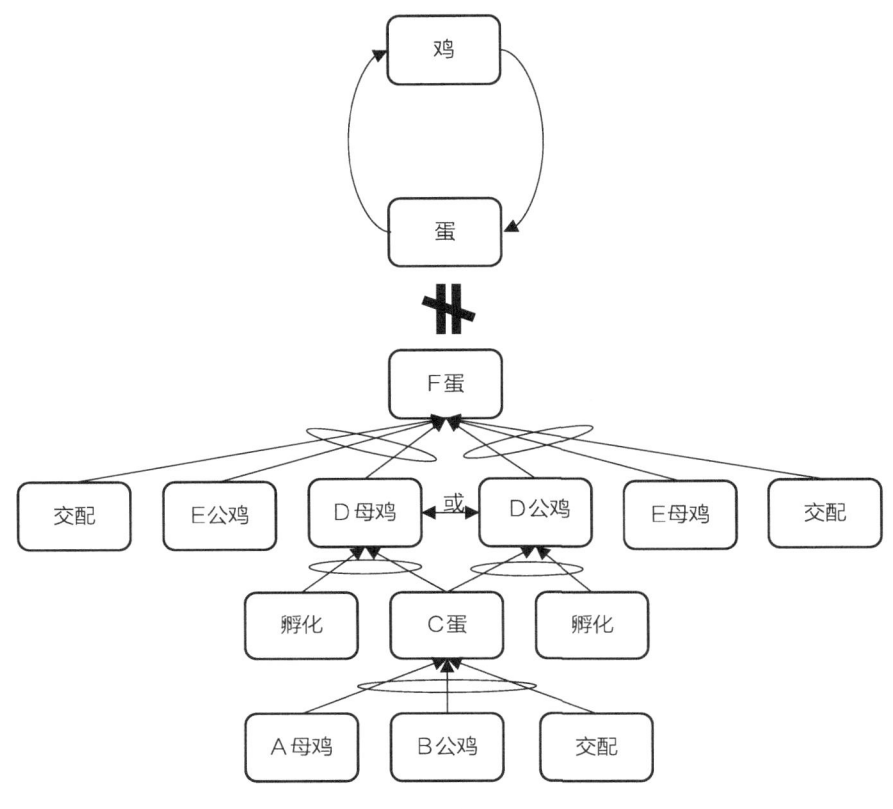

图3-10　"先有鸡还是先有蛋"循环论证破解示意

示例中，所提的问题是：球队为什么输掉了比赛？所提问题的答案是：他们没有足够的取胜动机。进行验证的问题是：为什么接受这个说法？我们怎么知道球队没有足够的动机？验证得到的答案是：他们输掉了比赛。所提的问题"球队为什么输掉了比赛"并没有得到答案，球又被踢了回来。为什么会发生这样的情况呢？为了避免循环论证所答非所问，必须找出循环论证的根本原因。换言之，要用果因果模型来探寻循环论证的根本原因并加以验证。发生循环论证的根本原因是什么呢？是证明论点的论据本身的真实性要依靠论点来证明，即论证的前提是论证的结论。例如，在上例中，证明论点"球队输掉了比赛"的论据是"球队没有足够的取胜动机"，但并没有论证"球队没有足够的取胜动机"的真实性，而是直接拿"球队输掉了比赛"这个论点来证明"球队没有足够的取胜动机"这个论据的真实性。用果因果模型试分析如下。

如果循环论证的根本原因是依靠论点来证明论据本身的真实性，那么这个原因还会引起哪些可观察到的其他结果呢？一个其他结果就是"论点成为证明论据真实性的论据"，即论点替换论据。而要证明该论据的真实性，又要用原论据进行证明，即论据替换论点。无限循环，没完没了。换言之，证明论据本身的真实性并没有产生新论据，而是在重复论点进行证明。循环论证果因果示意如图3-11所示。

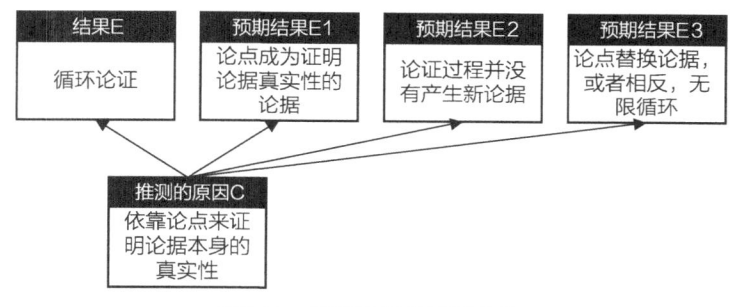

图3-11　循环论证果因果示意

如果用果因果模型论证了证明论据本身的真实性，就可以避免循环论证的实质性谬误。例如，在上例中，只要论证了"球队没有足够的取胜动机"的真实性，就可以确认它是"球队输掉了比赛"的真正原因。但通过果因果分析你会发现，如果"球队没有足够的取胜动机"，那么球队为什么还要参加比赛呢？比赛不就是为了胜利吗？哪支球队是为了输球才参加比赛的呢？根据果因果分析，只要找出同一原因导致的另一个相反的可观察的结果，就可以证伪推测的原因的真实性。也就是说，需要进一步推测真正的原因，然后进一步进行证伪和证实，从而真正确认原因。

但有一个问题长期困扰着我。高德拉特博士在《抉择》一书中警告人们，当面对的推测的原因是一些不能通过直接观察核实的抽象事物时，要小心落入循环论证空谈的陷阱。为什么人们很容易就会把推测的原因概括为抽象事物呢？我在实践和教学中发现，人们之所以会把推测的原因概括为抽象事物，是应用了归纳推理的缘故。通常情况下，归纳推理就是基于一定量的观察，推导出一个广泛的、具有可能性的普遍规律的过程。它通常是一个从具体到抽象、从零散到概括、从特殊到普遍，或者从一个普遍的过往经验性命题出发，推导出一个特殊的过往经验性结论的过程。当人们推测事物的原因时，正是应用了归纳法对过往的认知进行概括，得出一个抽象的原因，用以解释事物之间的因果关系。归纳法的局限性也在此，人们过往的认知总是有局限性的，归纳推理过程涉及的认知只是"部分"而非"全部"，如果超出"部分"，其必然性并不一定成立。也就是说，归纳推理只是一种可能性推理，所以必须对其得出的结论进行验证。这里需要澄清一点并不是说推测的原因不能是抽象事物，而是要防止用抽象事物以偏概全或一概而论。如何防止呢？简单来说，就是把抽象事物实体化或具体化。

从严格意义上说，使用果溯因之果因果模型推测原因时，并没有采用归纳法，而是提出可以解释现象的假说，是对现象发生原因的试探性推测。归纳法是对已知的总结，果溯因法是对未知的探索；归纳法经常是根据过去的规律来推导出未来的规律，果溯因法是对未知规律的大胆推测或猜测，因此也是唯一能够引入新观念的一种逻辑推理；归纳法需要足够数量的观察和总结，果溯因法需要很强的直觉和丰富的想象力。不过两者都有一个共同之处，那就是从前提到结论的推导仅具有可能性，因此都需要进行验证。果因果分析中完整地包含了逻辑推理的3种类型，推测假说部分是溯因推理，由假说形成推论是演绎推理，而对推论的实证检验就是归纳推理。

练习题

练习题是本书的重要组成部分之一，多做练习多受益。当然，如果再加上必要的及时反馈，那么你一定会少走一些弯路。我在全国创建了十几个清晰思考学习群，或许它们会成为你练习路上的良师益友。如何找到我们？本书后记有联系方式。

第三章 如何探寻事物的根源及其证明

1. 请参考下面的示例，并根据日常生活和工作中看到的现象进行果溯因练习，练习不少于20题，请注意尽量避免将推测的原因概括为抽象事物。

示例1

现象/结果：有人过街横穿马路。

提问话术：为什么这人过街不走人行横道？

推测的原因：因为过街走人行横道要多走100多米。

示例2

现象/结果：小李这段时间经常迟到。

提问话术：为什么小李又迟到了？

推测的原因：因为从小李家到公司的必经之路在修整。

示例3

现象/结果：孩子玩到很晚才做作业。

提问话术：为什么孩子玩到很晚才做作业？

推测的原因：因为作业不多。

2. 请根据第1题的果溯因练习选择3~5题进行果因果分析，完成证伪、证实和确认的完整步骤及过程。练习模板如图3-12所示，你可以自行用PPT画图，也可以申请加入微信学习群，获取统一的练习模板。（注：练习模板的内容可自行增减。）

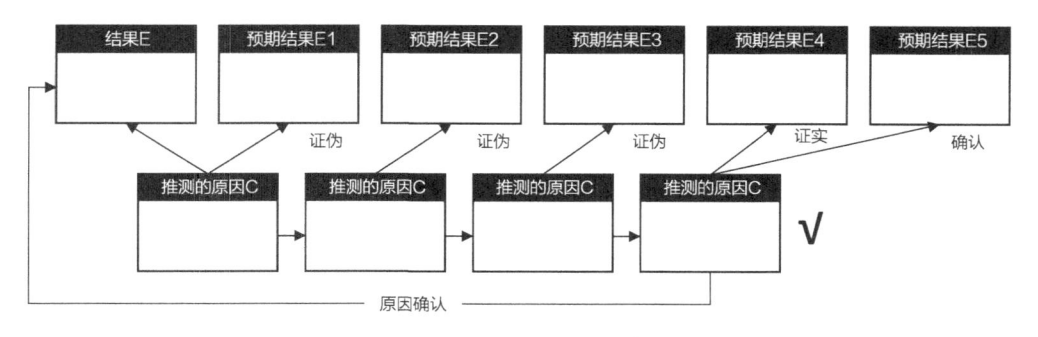

图3-12 果因果分析练习模板

3. 请根据以下两篇文章提取果因果关键要素，完成果因果分析和练习，练习模板请参考第2题。由于文章《科学家的司机》篇幅较长，请读者自行搜索，或者申请加入微信学习群获取。

文章1：《科学家的司机》，作者商周，原文载于《知识分子》网站，发表时间2018年11月3日。

文章2：《日安！克尔纳尔博士先生》，作者不详，文章内容摘抄如下。

日安！克尔纳尔博士先生

维也纳火车站，售票处。一个犹太人掏钱买一张去皮尼乔夫的火车票。他看到一位穿着时髦的绅士也买了一张去皮尼乔夫的火车票。犹太人不敢相信，以为自己看错了。于是他跟在那位绅士身后，发现对方果真登上了去皮尼乔夫的那趟车。犹太人坐到这位绅士对面，心里开始琢磨："他不是皮尼乔夫本地人，那儿的人我都认识。那他去皮尼乔夫干什么？"

也许他是去结婚的？那么同谁结婚呢？有钱的道利纳的女儿不久前结的婚，眼下还有谁呢？没有一个配得上他的。也许他是去做生意的？不会，眼下在皮尼乔夫没有生意可做。那他是去干什么的呢……嘿，我知道了！萨尔门·卡罗，那个老流氓，又要同他的债主们清账了，现在是第三次，没有法律顾问他是办不了的。这么说来，这位绅士是卡罗的律师……从维也纳请律师——这可是一笔大花费呀！卡罗这个吝啬鬼真愿意出这笔钱吗？嘿，我知道了，卡罗有个侄子，他父母双亡，在维也纳学法律。卡罗替他管理他父母的财产。这个老流氓从中捞得可不少，让我去挣，恐怕要10年时间才能挣回来。卡罗自然会让他的年轻侄子相信，他为这件事跑断了腿，侄子理应感激他。看来他侄子相信了他的话，现在免费来替他当法律顾问，帮他摆脱困境……

这个年轻人叫科恩，我记得很清楚……不过，据说他青云直上，当了枢密官……那他肯定早已受了洗礼……如果他受了洗礼，那么，他早就把科恩这个姓氏改了……那他现在姓什么呢？也许叫科纳尔？这同原来的姓太接近，容易被人猜出老底儿。也许叫科尔纳尔？还是太像原来的姓。也许叫克尔纳尔？行了，这大概行了！

"日安！克尔纳尔博士先生！"

"日安！不过我不认识您。您是怎么知道我的姓氏的呢？"

"是我琢磨出来的……"

4. 判断题，请判断以下问答是否为循环论证。

示例1

——你为什么上课睡觉？

——老师，我考试没考好，心里很难受。

——你为什么这次考试没考好，心里很难受？

——老师，因为我上课睡觉。

示例2

——为什么这家餐馆的菜好吃？

——因为顾客多。

——为什么这家餐馆顾客多？

——因为菜好吃。

示例3

——为什么这个月你的业绩这么差？

——因为我运气比较差。

——何以见得你运气差呢？

——业绩这么差，不是吗？

示例4

——你见客户为什么这么紧张？

——因为我不知道要说什么。

——为什么你不知道要说什么呢？

——因为我太紧张了。

示例5

——我没有好好读书，是因为从小家庭条件不好。

——为什么你小时候家庭条件不好？

——因为父母没有什么本事。

——你父母为什么没有什么本事？

——因为他们小的时候家庭条件不好，没有好好读书。

示例6

——经理为什么骂你？

——因为我不听话。

——为什么你不听他的话呢？

——因为他骂我。

5.请根据第4题判断的循环论证，选择1~2题参考下面的示例用果因果模型进行破解。

示例1

——你见客户为什么这么紧张？

——因为我不知道要说什么。

——为什么你不知道要说什么呢？

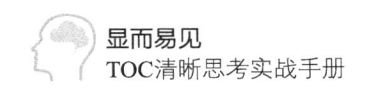

——因为我太紧张了。

破解方法1

——你见客户为什么这么紧张？

——因为我不知道要说什么。

——你不知道要说什么，那么你见客户的目的是什么？

——目的是签单。

——客户为什么不签单？

——因为客户嫌我们产品价格高。

——你向客户解释为什么我们产品价格高了吗?

——解释了,但客户不接受。

——你不知道如何让客户接受,怕客户拒绝签单,所以很紧张,是吗?

——是的。

破解方法2

——你见客户为什么这么紧张?

——因为我不知道要说什么。

——不知道要说什么?这可不像你的风格呀!

——这个客户上次没谈好,所以我有点怵。

——上次没谈好是因为什么?

——是因为……

第四章

为什么因果关系成立

第四章
为什么因果关系成立

第三章讲述了为什么结果会发生，以及如何用果因果模型进行验证，但并未讲述为什么原因必然会引起结果的发生，即为什么因果关系成立。这一章继续这一话题，把因果关系讲透彻。虽然人们可以用果因果模型透过共同原因预测其他可观察的结果，以此来验证事物发生的真正原因，但是并未回答"为什么"。你不仅要"知其然"，而且要"知其所以然"，更重要的是要知道"为何所以然"。为什么呢？因为因果关系并不总是成立的，除非你知道因果关系成立的原因并进一步对其验证，否则你的思想会被某些似是而非的因果关系所禁锢。

在TP中，因果关系存在的原因称作假设，假设是对因果关系的解释，是支撑并连接原因与结果的理由和信念，假设通常是未经验证的、假定的事实。假设并没有对错之分，只有有效或无效的区别。在因果假设模型中，默认假设隐藏在"因"与"果"的连接箭头中，只有让隐藏的默认假设浮现出来，才能检验其有效性。所谓默认假设，指的是人们倾向于默认某个假设的存在是理所当然的。问题是你之所当然，并不一定理所当然。这里所谓的假设，其实大部分来自你对事物确信的看法和观念，即对事物确信的信念。然而这些信念也有不靠谱的时候，因为它们大多来自你自身直接或接近的"感受—观察—学习—反思"行为模式，很难不受既有认知、自身情绪和客观环境的影响，难免得出与事物客观规律不一致的认知和判断。因此，本章的重点是介绍如何揭示因果关系背后的假设，以及如何验证假设的有效性。

如何揭示因果关系背后的假设

要揭示因果关系背后的假设，先要弄清楚逻辑推理中的3个基本概念：论证、前提和结论。什么是论证？论证是逻辑推理最基本的构成单位，是由前提到结论的推理过程。什么是前提？前提就是在推理中可以推导出一个新判断的原始判断。例如，每个人终究会死（前提），所以苏格拉底终究会死（结论）。"每个人终究会死"是原始判断，新判断是"苏格拉底终究会死"。这个新判断就是结论。顾名思义，结论就是由论证得出的结果，是经过一个或一系列推导得出的最终结果。

但是问题来了，为什么可以根据一个原始判断推导出一个新判断呢？例如，为什么每个人终究会死，所以苏格拉底终究会死呢？因为苏格拉底是一个人。也就是说，原始判断中必然包含新判断的条件，否则就无法推导出一个新判断（结论），即"苏格拉底是一个人"，必然包含在"每个人"这个集合中，所以才会有"苏格拉底终究会死"的结论。众所周知，这其实是一个三段论推理的结构，我引用的正是著名的"苏格拉底三段论"，只不过省略了小前提。在逻辑推导中，把没有表明关键性前提的论证称为"省略三段论"，可以省略大前提，也可以省略小前提，还可以省略结论。例如，上例中省略的大前提就是"苏格拉底是一个人，所以苏格拉底终究会死"。这里暗含的大前提是"每个人终究会死"。

在因果关系中，把省略三段论中被省略的大前提部分称为假设，小前提称为原因，结论就是结果。揭示因果关系背后的假设，就是揭示被省略的大前提。为什么要揭示呢？因为省略三段论让人们表达思想更经济和简洁的同时，也会掩盖推理中的错误和被省略的大前提的虚假性。下面举一个例子来看省略三段论是如何掩盖推理中的错误的。有人说："我不当老板，所以我不需要学习清晰思考。"这个省略三段论中省略了大前提，把它补充完整："当老板需要清晰思考，我不当老板，所以我不需要学习清晰思考。"很显然这是一个错误的逻辑，是否需要清晰思考与是否当老板没有任何关系。

再举一个例子来看省略三段论是如何掩盖推理中被省略的大前提的虚假性的。有学员说："清晰思考让我受益匪浅，所以需要大力推广清晰思考。"这里同样省略了大前提，我问这位学员："为什么清晰思考让你受益匪浅就要大力推广它呢？"他说："因为清晰思考可以让更多的人受益。"把它补充完整："清晰思考可以让更多的人受益，清晰思考让我受益匪浅，所以需要大力推广清晰思考。"这个大前提的逻辑是不是似曾相识？"好东西就要分享给更多的人""好产品就要让更多的人知道""好书就要推荐给更多的人阅读"……其实这些看似有道理的大前提都是假设，而这些假设都经不起推敲。为什么经不起推敲？因为你所认为的好东西是基于个人认知价值的主观判断，并不一定能够得到更多的人认同。

学习清晰思考的一个功效就是降低传统逻辑推理的复杂性，如果要用省略三段论来揭示大前提，我想大部分人都会望而却步。因此，将其转换到因果假设的逻辑上来，会让找出假设更容易一些。很显然，要找出因果关系背后的假设，首先需要有一个因果关系的可视化。然后需要询问为什么某个原因会导致某个结果，即要解释因果关系成立的理由是什么。最后需要对因果假设进行检测，更进一步的话，需要对有所怀疑的假设进行挑战。因果假设分析的步骤如下。

第1步：推测原因

详情见第三章，如图4-1所示。

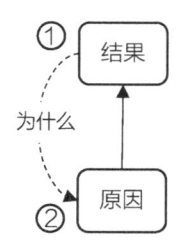

图4-1　因果假设分析第1步：推测原因

首先根据结果推测原因，然后通过果因果分析验证原因的真实性。通常人们会省略果因果分析的步骤，这里默认经过了果因果验证，或者经过了因果关系存在性检测（详见第二章）。

可以用类似的提问来引发思考：导致这个结果的原因有可能是什么？或者，为什么会发生这个结果？

第2步：找出假设

找出假设就是找出因果关系存在的原因，而不是找出导致结果原因的原因。这里经常会发生混淆，请注意区分。通常情况下，可以通过提问快速找出假设，常用的提问如下。

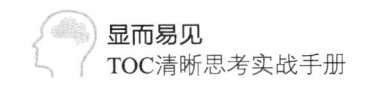

提问1：为什么某个原因会导致某个结果？

提问2：某个原因之所以会导致某个结果，是因为什么？

提问3：如果有某个原因，那么一定有某个结果，是因为什么？

如图4-2所示，请留意图中的序号。以上提问可以重复使用。

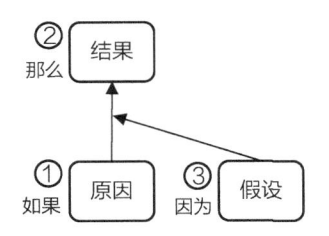

图4-2　因果假设分析第2步：找出假设

这里有3个小技巧可以帮助你快速找出假设。

技巧1：读出声来。无论是自我引导设问，还是发问引导别人回答，都尽量读出声来。千万不要默读，因为默读是大脑习惯偷懒的默认状态，只有读出声来，才能激活大脑，屏蔽外界干扰，保持专注力，聚焦于对所提问题的思考。

技巧2：暂停片刻，让大脑有足够的思考时间。特别是在引导别人回答问题时，一定要学会耐心等待，千万不要急于追问。如果自己或对方一时间无法回答出来，那么可以换一种问法，尝试其他可能的提问。因为你习惯的提问模式和语境或许对对方来讲并不习惯或比较陌生，所以尝试换一种问法往往会有出其不意的效果。

技巧3：当自己或别人提出一个假设时，不要试图去评判对错，而是进行复述，让自己或对方确定复述是否合乎逻辑。复述话术："如果原因，那么结论，因为假设。"有时候你自己读起来很通顺的逻辑，别人复述一遍后你就会发现逻辑好像不通。为什么会出现这样的状况呢？因为你自己读的时候，语言表达总是跟不上大脑的运转速度，被你的大脑合理化的逻辑经过别人的复述，会与你的表达有一定的出入。别人复述相当于给你做"回音壁"，接收到反馈之后，你才知道有没有清楚地表达自己的逻辑。

下面举两个例子进行说明。

第四章
为什么因果关系成立

例1：12月公司销量同比下滑20%，原因是竞争对手推出了大量折扣优惠。这一因果关系背后的假设是什么呢？为什么"竞争对手推出了大量折扣优惠"就会造成"12月公司销量同比下滑20%"呢？因为竞争对手的折扣优惠吸引了大部分消费者，他们更倾向于在竞争对手处购物而非选择你公司的产品。下面完整地复述一遍这个因果假设逻辑：如果"竞争对手推出了大量折扣优惠"，那么就造成"12月公司销量同比下滑20%"，因为"竞争对手的折扣优惠吸引了大部分消费者"，如图4-3所示。

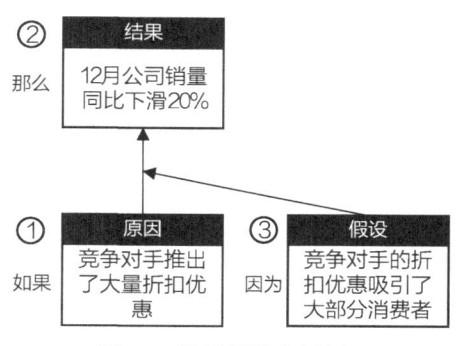

图4-3　因果假设分析例1

例2：月底被扣工资，原因是上班迟到。为什么"上班迟到"就要"月底被扣工资"呢？因为违反公司劳动纪律会受到处罚。复述：如果"上班迟到"，那么"月底被扣工资"，因为"违反公司劳动纪律会受到处罚"，如图4-4所示。

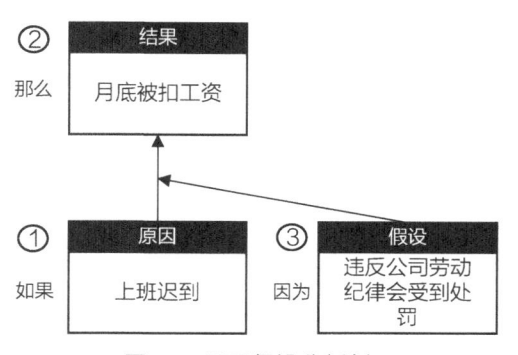

图4-4　因果假设分析例2

如果通过提问和使用以上3个小技巧仍然无法找出假设，那么还有最后一招：搭桥法。其基本原理来源于三段论推理的根据，首先确定某一部分属于整

069

体，然后得出某一部分的组成部分也属于整体的结论。举个例子，如果销售部属于公司，那么你是销售部成员，你也属于公司。还原成三段论就是，"销售部属于公司"是大前提，"你是销售部成员"是小前提，"你也属于公司"是结论。再转换为因果假设就是，如果"你是销售部成员"（原因），那么"你也属于公司"（结果），因为"销售部属于公司"（假设）。所谓搭桥法，就是把原因放到一个更大的范畴中去寻找其与结果连接的条件，就像搭建桥梁一样把原因与结果连接起来，从而快速找出假设。搭桥法的具体操作步骤如下。

第1步：复述主因。复述主因在什么前提条件下能够导致结果发生。通常这些前提条件包含"怎么样""有什么性质""处于什么状态"3种情形。主因就是小前提（原因）中的谓语部分，因其是大前提（假设）中的主语部分，故叫主因。例如，在上述示例2中，原因"上班迟到"中的"迟到"就是谓语部分，只是省略了主语"我"。记住，原因中的谓语就是假设中的主因。一旦明确了主因，就可以依次设问3种前提条件，直到找出假设为止。例如，迟到了会怎么样？迟到会违反公司劳动纪律。违反公司劳动纪律与结果有什么关系？违反公司劳动纪律会受到处罚——假设被揭示。完整地复述该假设就是：迟到违反公司劳动纪律会受到处罚。

又如，"竞争对手推出了大量折扣优惠"中的"推出了大量折扣优惠"是谓语部分。那么，推出了大量折扣优惠会怎么样？推出了大量折扣优惠会吸引大部分消费者。那么，吸引大部分消费者一定会造成结果"12月公司销量同比下滑20%"吗？不一定，只有公司应对不及时，才会导致这个结果发生。完整地复述该假设就是：竞争对手的折扣优惠吸引了大部分消费者，且公司的应对措施滞后。

第2步：省略主因。省略主因就是把复述中的主因省略掉，从而得到假设的完整表述。

使用搭桥法找出假设的步骤如图4-5所示。

第四章 为什么因果关系成立

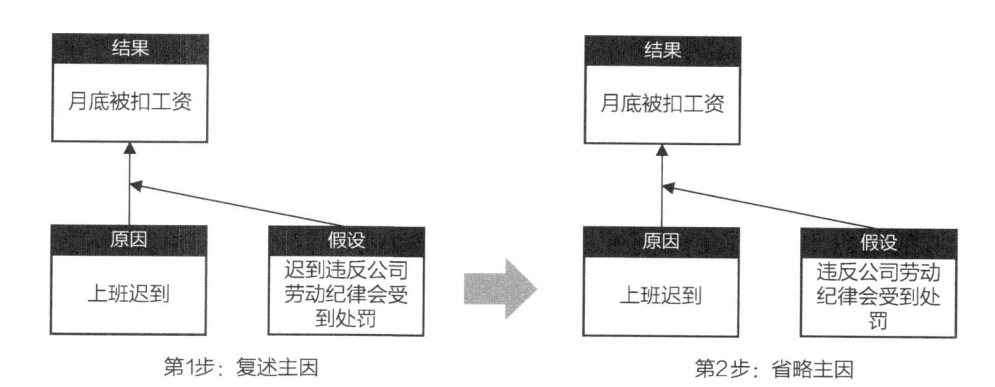

图4-5 使用搭桥法找出假设的步骤示例

第3步：检测假设

为了确保所找出的假设合乎逻辑，必须对假设进行检测。检测的句式为："如果原因，同时假设，那么结果。"如果读起来通顺，即可视其为合乎逻辑的假设。这一步如图4-6所示，按照序号顺序进行检测。

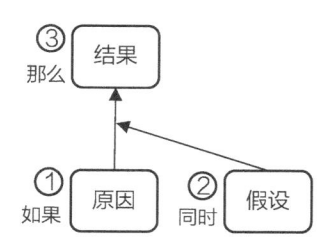

图4-6 因果假设分析第3步：检测假设

如果读起来不通顺，那么至少违反了以下3个规则之一。

- 规则1：不是在重复解释原因或结果。
- 规则2：假设中一定包含一个新实体。
- 规则3：读起来通顺，不需要做过多的解释。

违反规则1是部分学员经常犯的错误之一。如图4-7所示，假设"上班迟到要被扣钱"是在重复解释原因和结果。该假设同时违反了规则2，因为该假设中并未包含任何新实体。另一个常见的错误是解释原因或结果，如"上班迟到是因为路上塞车""月底扣工资就是以罚代管"。

071

[图：结果"月底被扣工资"，原因"上班迟到"，假设"上班迟到要被扣钱"，标注 ✗]

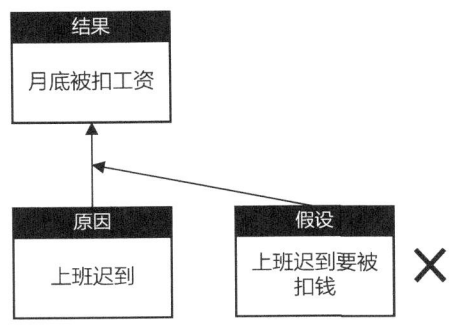

图4-7　检测假设违反规则1示例

符合规则2的情况如图4-8所示。该假设中包含"违反公司劳动纪律"这一新实体。所谓新实体，在这里是相对原因与结果部分的原实体中新增加的实体内容。从因果假设模型中的3个实体框中可以看出，每个实体框中至少要包含一个相对独立的实体内容。即使浓缩整句因果假设的描述，也不会影响其清晰的逻辑关系。例如，在上例中可以把整句浓缩为"迟到违反公司劳动纪律扣工资"。也就是说，如果"假设"实体框中的假设没有增加新实体内容，那么违反了规则1，即重复解释原因或结果。换言之，规则2其实是对规则1的补充。

[图：结果"月底被扣工资"，原因"上班迟到"，假设"违反公司劳动纪律会受到处罚"，标注 ✓]

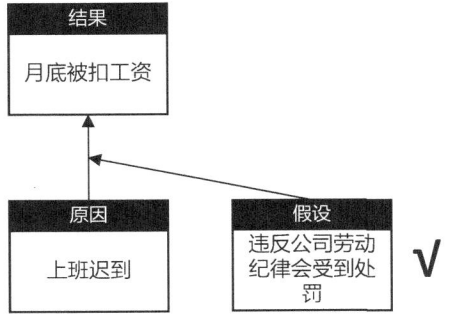

图4-8　检测假设符合规则2示例

违反规则3的情况如图4-9所示。该假设是"公司主管假公济私报复"，这个假设虽然读起来通顺，但需要做出进一步的解释。为什么公司主管会假公济私报复呢？这里面有什么不便公开的隐情吗？这是当事人的主观臆断还是客观事实？这个假设中有很多疑问，如果需要对假设做过多的解释，只能说明假设不够直截了当，需要重新思考。人们找出假设的目的是论证因果关系的可靠性，以及解释因果关系存在的原因。当然，更重要的目的是避免自己不想要的结果。如果假设不够直截了当，说明假设背后还有很长的因果链，即使验证该假设成立，也无法因为消除该假设而解决根本性问题，让不想要的结果不发生。

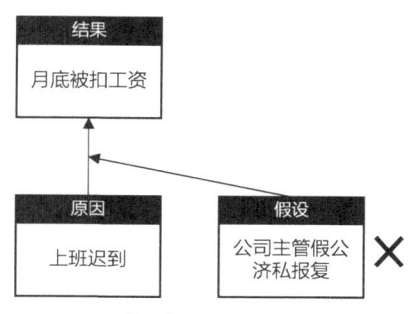

图4-9 检测假设违反规则3示例

如何验证假设

经检测的假设合乎逻辑，并不代表假设成立或有效，还要对假设进行验证。如果假设无效，那么会存在两种情况，一种是因果关系不成立，但结果真实存在，说明原因是一个伪因，需要重新探寻其他原因，并揭示其假设；另一种是因果关系成立，需要把无效假设修改为有效假设，或者重新找出假设。下面举例说明这两种情况。

例如，"上班迟到（原因），月底被扣工资（结果），因为我与主管关系不好（假设）。"如何证明这个假设无效呢？还记得第三章讲的证伪吗？只要找出由同一个原因导致的不一致的结果，就能证明这个假设无效。这里的假设是，"与主管关系不好"是因果关系的原因。如果与主管关系好的小李同样"迟到被扣工资"，那么证明这个假设无效，即与主管关系的好坏不是因果关系的原因；或者说明另有原因，如工作失误造成损失，即上班迟到是月底被扣工资的伪因。

如果假设有效，那么只要消除了原因，就能让不想要的结果不发生。但还有另一种情况存在，就是虽然假设有效，但是消除了原因之后结果依然存在，这说明什么问题？说明另有原因。还记得充分条件的定义吗？有之必然，无之不必然。例如,"上班迟到(原因),月底被扣工资(结果),因为违反公司劳动纪律会受到处罚(假设)。"如果以后杜绝了迟到行为,那么自然不会被扣工资。但是如果违反公司其他劳动纪律,依然会受到处罚。也就是说,被扣工资不只是由迟到这一个原因导致的,也可能有其他原因,如早退或旷工。

以上给出了假设有效和无效的不同情形和对策,关键是掌握验证假设的方法。以上也给出了提示,依然用果因果法进行验证,足见果因果法在清晰思考中的重要性。不过,要对验证或挑战假设的方法做适当的简化,让果因果法更接地气,更易于使用。

验证或挑战假设经典三问如下。

第1问:是真的吗?

第2问:总是真的吗?

第3问:有没有例外?

如图4-10所示,验证或挑战假设经典三问按照图中所示的顺序展开。

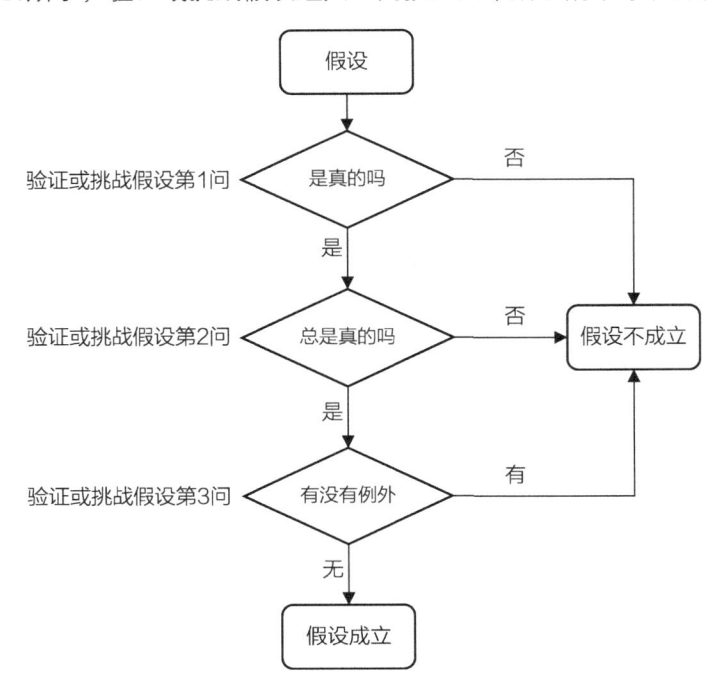

图4-10 验证或挑战假设经典三问展开的顺序示意

第四章
为什么因果关系成立

这里要特别说明，第3问其实是第2问的补充，只有第2问回答"总是真的"时，才有第3问。通常情况下都不会使用第3问，可将其视为验证或挑战假设时的"后手"。这三问看似简单，却暗藏无穷的威力，在实际应用中也是最不容易把握好分寸的关键技巧之一。如果使用不当，无论是自问自答，还是询问别人，都会引发抗拒情绪。清晰思考是理性的产物，但理性对人们的影响与感性相比，是小巫见大巫。我会在后文详细讲解TP感性应用之妙，此处不再展开。

验证假设需要把因果假设逻辑完整地读出来，再提出第1问："是真的吗？"例如，如果"上班迟到"，那么"月底就会被扣工资"，是因为"我与主管关系不好"，是真的吗？或者，因为"与主管关系差"，所以"迟到就被扣钱"，是真的吗？这里有一个小技巧，可以帮助你快速进入问答思考状态，那就是要把书面文字转化成口语读出来。因此，可以对所转述的语句进行适当的修改，只要意思保持一致就行。如果你的口语习惯用方言表达，那么最好用方言进行问答和思考，然后转换为普通话或书面语言，便于别人听懂。语言是思考的工具之一，"口语化+可视化"是清晰思考的秘诀。

如果"上班迟到"，那么"月底就会被扣工资"，是因为"我与主管关系不好"，是真的吗？如果回答"不是真的"或"不一定"，证明假设站不住脚，可以要求对方进一步解释。如果回答"是真的"，那么继续第2问。即使第1问的回答让你感觉有点犹豫和不够坚决，也不要纠缠，继续追问就行。

第2问："总是真的吗？"这里有一个关键技巧，如果简单地追问"总是真的吗"无法获得答案，那么可以扩大假设的范围，即让假设在所有情况或所有环境下进行，"总是为真"的质疑。例如，在所有情况下只要"与主管关系不好"，"迟到"就总是会"被扣工资"吗？或者，"上班迟到月底就会被扣工资"，所有的情况下都是由"与主管关系不好"造成的吗？至于哪种语言组织方式更适合，你可以自行摸索和总结，通常情况下，只是简单地询问"总是真的吗"，就能达到质疑假设的效果。

如果对第2问的回答是"并不总是真的"或"不一定"，可以让对方进一步解释，即验证了假设的无效性。如果回答"假设总是真的"，也不要轻易相信，这时可以启用第3问："有没有例外？"例外就是超出常规惯例之外的意思，也可以理解为特例。例如，在上例中，有没有虽然与主管关系不好，但并没有因为迟到而被扣工资的特殊情况呢？如果有，就是例外，即推翻了假设；如果没有例外，那么假设成立。

现在你已经知道了，假设是因果关系成立的前提条件，第1问"是真的吗"其实就是通过经验和认知来验证前提条件是否成立或存在。换言之，假设构建了因果关系存在的范围和边界。第2问"总是真的吗"其实是在试图突破假设的边界，探索更大范围内的假设是否还有效。而第3问"有没有例外"只是在这个更大的范围内进行搜索，寻找可能的特例，试图推翻假设。假设验证三问示意如图4-11所示。

从果因果到因果假设，人们总是试图去质疑或推翻原因和假设的真实性，而不是试图去证明它们的存在性。质疑并不是为了否定，而是为了更笃定；质疑并不是为了否定而否定，而是为了探寻事物不可能中的可能性。所谓突破认知边界，不在于获得了多少新知和新观念，而在于是否勇于质疑已有的认知。总去质疑，就总能发现自己的无知，以及新的可能。

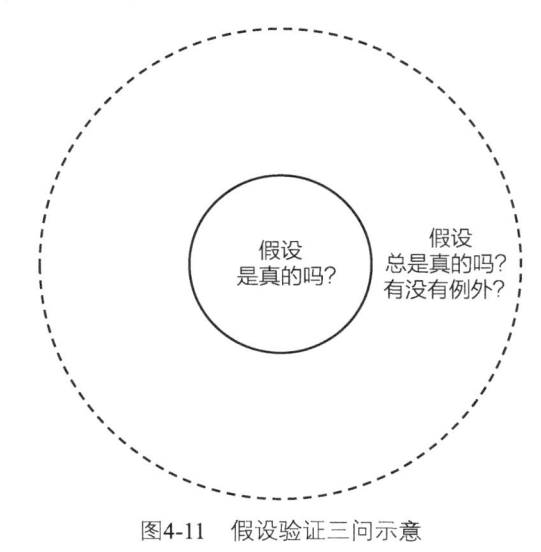

图4-11 假设验证三问示意

第四章 为什么因果关系成立

💡 拓展实践：如何理解别人

如何理解别人？答案不外乎要学会站在别人的角度看问题，即换位思考、设身处地、将心比心等。道理都明白，但很多人就是不会操作。所以，大家很多时候都是奉劝别人从善如流，自己多半还是纸上谈兵。要想理解别人，首先要搞清楚为什么要理解别人，以及为什么理解别人那么困难。尤瓦尔·赫拉利在《人类简史》（Sapiens）一书中讲到，人类凭借各式各样的灵活合作而统治了世界，理解别人的底层逻辑还是为了合作。需要你理解的"别人"所在的范围，大致不会超出你的人际交往圈子，超出了就不关你的事了。所以，我把"如何理解别人"界定在这个狭小的范围内，是为了减少信息不对称，方便说明。当然，你也可以把"别人"的范围扩展至你关心的明星、专家、热点事件的当事人等，前提是你能够掌握一手资料，或者会反刍二手信息。

为什么理解别人那么困难？当然这是一个对称性问题，别人理解你同样困难。通常的解释是：双方不在同一个频道。我在《TOC知识诅咒》一文中对这一问题的解释是：双方无法做到认知平流。认知平流是指人们的认知倾向于在相同和平行的认知维度之间流动，维度太高或太低都不利于认知的流动。因为人与人之间的认知差是客观存在的，就像世界上没有两片完全相同的叶子，你同样找不出两个完全相同的大脑。存在认知差的两个大脑之间无法做到认知平流，即认知维度较高的大脑无法将自己的认知传递给认知维度较低的大脑，反之亦然。

无法做到认知平流，就很难理解别人。那么，如何做到认知平流？我在《TOC知识诅咒》一文中给出的答案是：移除对方的认知限制，充分利用对方已有的认知来减少和消除彼此的认知差，让知识和信息平行流动起来。现在来看，这篇文章在操作层面仍显不足，因果假设才是理解别人的基础。所谓大脑之间的认知差，关键还是基于假设认知的不一致。如果你能够充分了解别人行为处事的因果关系背后隐藏的假设，就能更容易地理解别人行事的逻辑。

通常情况下，人们会想当然地默认别人行事逻辑背后的假设与自己一致，所以当结果与预期之间有差距时，人们往往无法理解对方为什么会这样做或这样认为。于是人们通过发泄情绪和责备表达自己的不满，并试图迫使对方改变其行事方式，继而引发对方的抗拒情绪并激发"战-逃模式"，进一步增加理解对方的难度，双方之间的关系也会进一步恶化。责备把人们引向一个错误的方向，"两个大脑之间存在认知差"这一假设却无人理会。在家里，家长向孩子咆哮：怎么这么笨，这么简单的数学题为什么不会做？在公司，销售经理埋怨销售员：只会申请价格折扣，如果能低价销售还要你们干吗？在公路上，后面的驾驶员不停地抱怨：前面这家伙为什么开得这么慢？那个家伙为什么开得这么快？等等案例，不胜枚举。

如何理解别人？首先要揭示别人行事逻辑背后的假设是什么，其次要揭示自己的行事逻辑背后的假设是什么，再次要试探性地验证彼此假设的有效性，最后能不能理解别人就取决于对方所行之事与你相关的程度，以及对方与你相关的程度，由此可决定双方是否有必要进一步坦诚沟通。双方因果假设模型示意如图4-12所示。

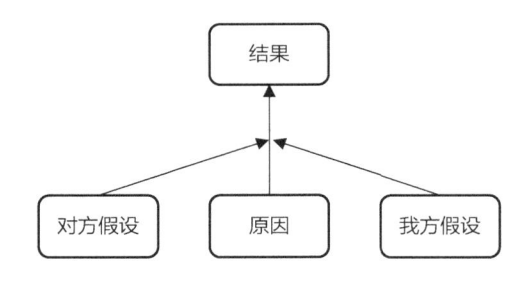

图4-12 双方因果假设模型示意

举一个发生在我身上的真实案例来说明。许多年前，我与妻子为了一饼普洱茶发生了一段不愉快的争执。当年一位TOC老师来昆明出差，我有幸去拜访他，并向他请教TOC知识，临别时我想赠送他一份拿得出手的礼品。家里正好有一饼珍藏了十多年的上等古树生普洱茶，但遗憾的是缺了一角。原因是我收藏时曾品尝鉴定过，发现果然是难得一见的好茶，从此便一直舍不得喝。我打算将这饼普洱茶赠送给这位尊敬的老师。

妻子得知后，认为送礼应该送完整的，否则不符合礼数，坚决不让我送这饼茶。无论我如何解释，她都无法理解，还翻出另一段陈年旧事向我抱怨。有一年我回老家过年，返程时大哥送了我一块自家腌制的咸肉，说是农村养的土猪肉，因为腌制时间不久，让我回去再挂起来晾一下。我回家后就把这块咸肉拿出来挂在阳台上，妻子看见后非但不高兴，反而向我抱怨起来，因为咸肉被割了一刀，看上去不完整。妻子认为这块咸肉是大哥家吃剩的东西，不好才送我的。我解释说估计是大哥怕我嫌弃，所以把不好的部分割掉了，或者是因为腌制品容易招惹苍蝇产卵，所以把不好的部分割去，把好的部分送给我。

后来，我还是送了那饼茶给那位老师，却不知他是否也能理解我这份情义。

下面用双方因果假设模型把这个"案中案"可视化，如图4-13所示。

有关送茶这部分留给读者做练习，详见练习题。很显然我妻子的假设并不成立，她只是借题发挥，表达对我的不满而已。人们总是可以探究出别人行事逻辑背后的假设，而不用站在对方的角度就能理解对方的行事逻辑。任何一件事情的发生都不是"存在即合理"，而是"存在有其理"。这个理就是：事物存在的前提假设一定有其理由。当前提假设不成立时，很多误解也就烟消云散了，没有必要去纠结谁对谁错。还是那个问题：你是为了辩论赢，还是为了赢？想清楚这个问题，就不再是退一步海阔天高了，而是进一步揭示因果关系背后双方的假设——进一步天高云淡。

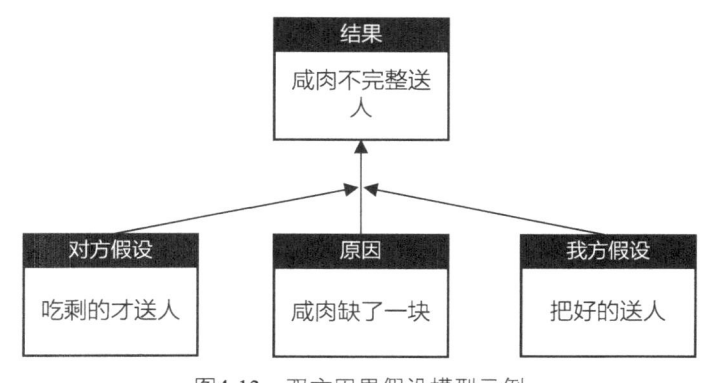

图4-13 双方因果假设模型示例

练习题

1. 请参考下面的示例（见图4-14），从第三章练习题第2题中选出3~5个因果关系来找出假设，或者根据日常生活和工作中的因果关系来找出假设。要求按照因果假设空白模板（见图4-15）来练习，并用"如果原因，同时假设，那么结果"句式自行检测。

示例

结果：孩子玩到很晚才做作业。

原因：作业不多。

假设：孩子心里有底。

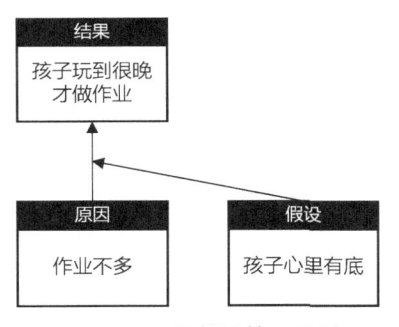

图4-14　因果假设练习示例

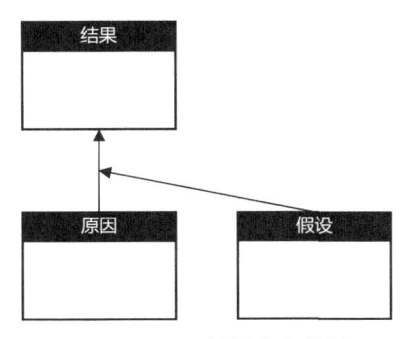

图4-15　因果假设空白模板

2. 判断题，请根据检测假设的3个规则判断以下因果关系中的假设违反了哪条规则。

因果关系1

结果：主管对你有负面看法。

原因：你踩着点下班。

假设：别人都没走。

因果关系2

结果：男人变坏。

原因：男人有钱。

假设：男人有钱就变坏。

因果关系3

结果：孩子沉迷于刷手机短视频。

原因：家长很少陪伴孩子。

假设：家长做生意比较忙。

因果关系4

结果：商家发货延迟。

原因：发货地发生水灾。

假设：水灾导致发货推后。

因果关系5

结果：公司员工离职率高。

原因：公司薪酬偏低。

假设：员工挣不到钱。

3. 请参考下面的示例（见图4-16和图4-17），从第1题中选择1~3个因果假设，对假设进行验证，要求按照因果假设验证空白模板（见图4-18）来练习。

示例1

如果"作业不多",那么"孩子玩到很晚才做作业",是因为"孩子心里有底"。

示例2

如果"跑步姿势不正确",那么"跑步很容易伤膝盖",因为"膝盖不弯曲无法承受身体的重量和地面的反弹力"。

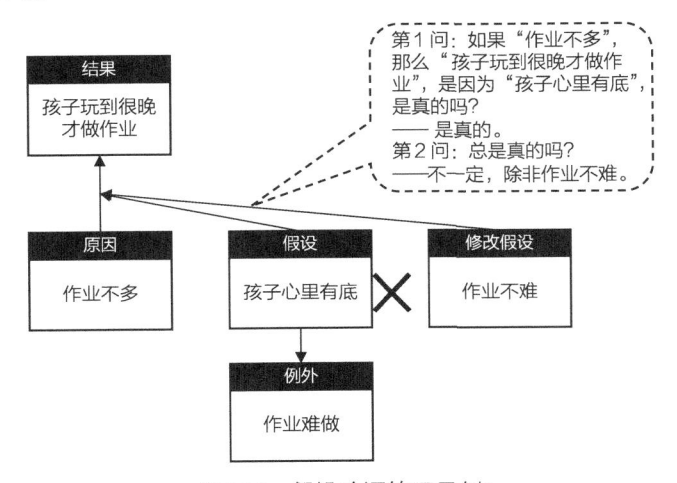

图4-16 假设验证练习示例1

说明:图中的X和√表示的不是错与对,而是假设不成立或无效与假设成立或有效,以下相同。

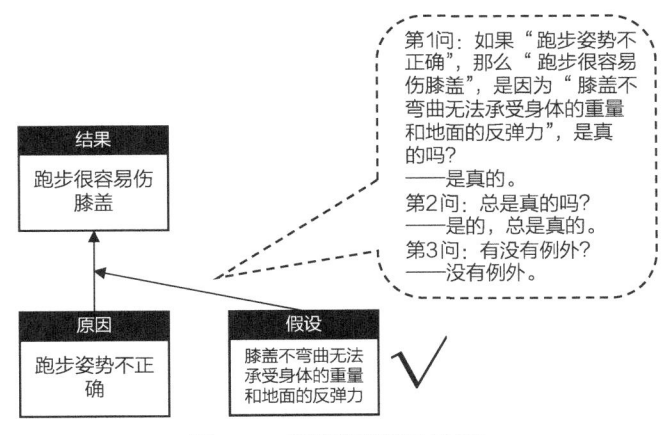

图4-17 假设验证练习示例2

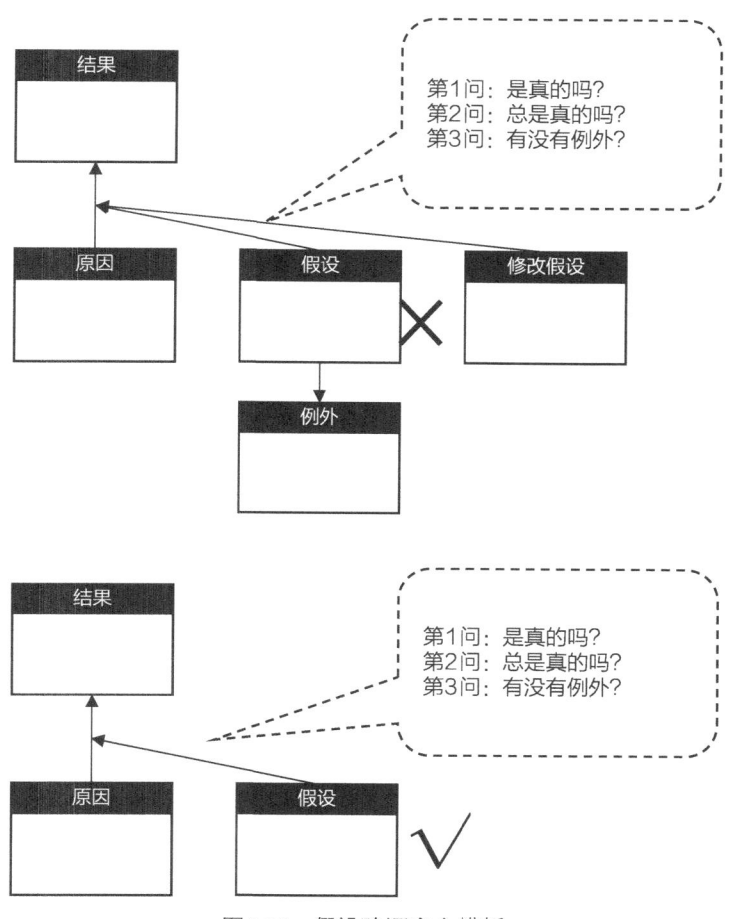

图4-18 假设验证空白模板

4. 请根据本章拓展实践中讲述的送茶的案例，参考图4-19做双方因果假设练习。

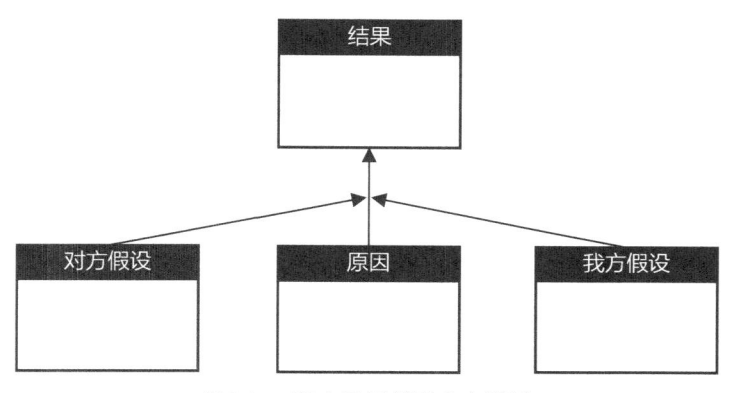

图4-19 双方因果假设空白模板

第五章

果因果正负分析法

第五章
果因果正负分析法

前面几章从结果到原因，又从因果到假设，终于把因果关系讲清楚了。逻辑推理常见的归纳法、演绎法和溯因法最终都隐含在因果假设模型之中，并构成了逻辑推理最基本的结构。在从结果到原因的探寻中，为了验证因果关系的有效性，采用果因果模型，基于共同的原因预测的另外可观察的结果进行证伪或证实，此时果因果模型是向外求证因果关系的法宝。在从因果到假设的探寻中，为了验证因果关系的有效性，采用因果假设模型，基于假设适用边界的有效性进行验证，此时因果假设模型是向内求证因果关系的"绝杀招"。对因果关系的向外求证和向内求证，确保了因果关系论证的可靠性。

对因果关系向外求证，你就会发现一因多果。或者反向求因，你就会发现很多结果或现象都会向下收敛至共同的少数原因，高德拉特博士把这一现象称为"复杂事物内在的简单性"。因此，果因果模型可以向上和向下拓展应用来呈现复杂事物之间的因果逻辑关系，最终找出核心原因，从而让改善成为必然。我会在本书实战篇对此进行详细讲解。因果关系的探讨并未结束，本章将拓展一因一果为一因多果，在丰富因果关系实际应用模型的同时，拓展清晰思考的维度，让你向整体思维更进一步。

到目前为止，本书探讨的仍然是充分性因果逻辑，因此多因一果或多因多果不在这里探讨。在现实世界中，由单一原因导致单一结果的情况并不罕见，但有一点必须澄清，那就是现实世界中一因一果并不是处于真空状态的，可以把一因一果的两个事物完全远离外界各种因素的干扰。所以，一因一果通常情况下指的是一个主要原因导致的一个主要结果。同理，一因多果也是这样。无论是一因一果还是一因多果，假设都是因果关系存在的内在原因，无论在任何时候，向内求证都与向求外证一样重要。这就像硬币的正反面一样，你不能说哪一面更重要。本章重点探讨果因果模型下正负两种结果的一因多果，以及对共同原因做和不做两种情形下的改变四象限。前者让人们明白事物与生俱来的两面性特征，后者让人们做决策时有更多参考维度。

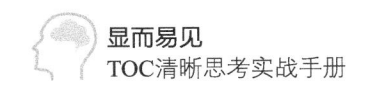

果因果正负分析法模型

前文使用果因果模型更多的是为了验证原因的有效性，先由结果逆推原因，再由原因顺推另外的结果，并验证原因的有效性。果因果正负分析法则是由原因开始推理正面和负面两种结果，再补充各自因果关系的假设。也就是说，在此时的果因果中，一个果是正面结果，另一个果是负面结果。正面结果用+号表示，负面结果用−号表示，将原因重新定义为行为或决定。也就是说，一个具体的行为或决定是导致正负两个结果的共同原因。果因果正负分析法模型如图5-1所示。

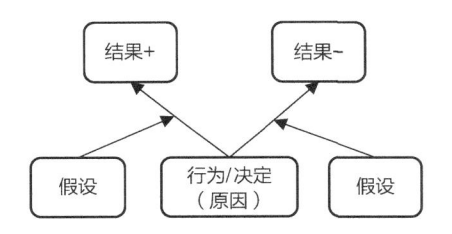

图5-1 果因果正负分析法模型

由图5-1可以看出，果因果正负分析法模型其实是果因果模型和因果假设模型的结合体。因此，如果你对这两个模型的知识点掌握得不牢固，那么我建议你重新阅读相关知识点。或许有人会说，正负分析不就是日常使用的利弊分析吗？没错，正是利弊分析。那么做利弊分析有什么好处和坏处呢？好处就是通过权衡利弊做出最有利的选择；坏处就是费脑力。本章接下来将补充利弊分析导致正负面结果的假设。为什么做利弊分析就能够做出最有利的选择？因为问题考虑得周全。为什么做利弊分析就会费脑力？因为需要保持专注。图5-2为一个果因果正负分析法示例，是不是很简单？

在图5-2中，你看出正负分析与利弊分析的区别了吗？是的，区别就在于正负分析不仅补充了假设，而且只要有正面结果，就必然存在负面结果。为什么只要有正面结果，就必然存在负面结果呢？背后的假设是什么？因为负面只有在正面已知的情况下才可以被确认为负面，反之亦然。这个道理再简单不过了。例如，没有白，哪有黑？没有好，哪有坏？请注意，在这里不是正面结果导致了负面结果，正面和负面结果都是由原因导致的。也就是说，正面和负面结果必然是同时或相继发生的两种不同的结果，而不是要么正面结果发生，要么负面结果发生。这两种结果不是非此即彼的关系，而是共存关系，反映在时间维度上，有同时发生和相继发生两种情况。所以我在正、负两个实体框之间用&进行关联。这一点请特别留意，这是很多学员做练习时经常出差错的地方，我会在下一节重点强调。还有一点要说明，这里的原因不是只能导致两个正、负面结果，只不过我选取了最重要的两个正、负面结果做代表，在实际生活和工作中应用该方法时请举一反三，不要被模型本身限制了思维。

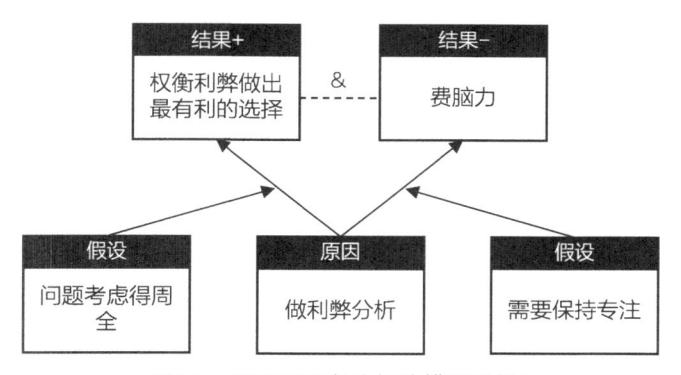

图5-2 果因果正负分析法模型示例1

为了正确填写各实体框中的内容，首先要正确定义各实体框。

"原因"框：某个具体的行为或决定，必须包含一个动词。

"结果+"框：某个具体的行为或决定有可能导致的正面结果或结论，具体而言，就是可以获得什么好处、收益或机遇。

"结果-"框：某个具体的行为或决定有可能导致的负面结果或结论，具体而言，就是会面临什么风险或障碍，或者需要付出什么额外的代价。

"假设"框：因果关系存在的原因或信念，具体而言，就是因果关系的理由和支持点是什么，以及你凭什么相信该假设。

果因果正负分析法模型中各实体框内容的具体说明如图5-3所示。

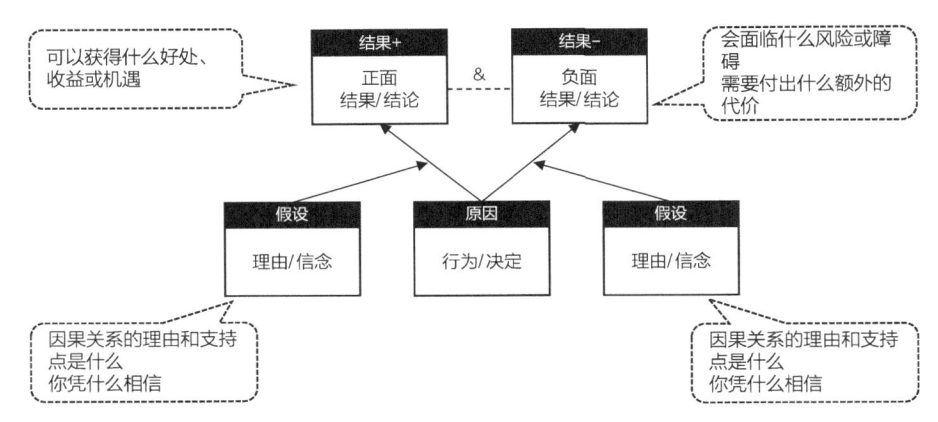

图5-3　果因果正负分析法模型中各实体框内容的具体说明

再举一个生活中的例子：戴口罩有什么正负结果？它们的假设又是什么？如图5-4所示。

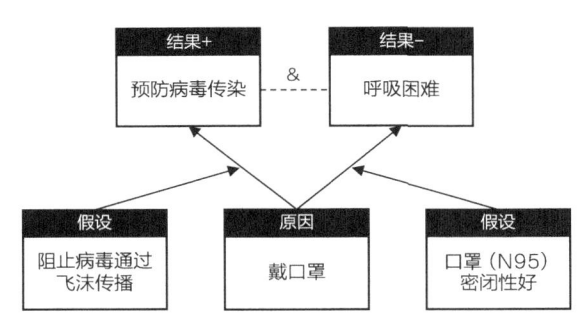

图5-4　果因果正负分析法模型示例2

使用果因果正负分析法时的常见错误

在实际教学中，我发现部分学员经常对"结果-"有理解偏差，很容易把"结果-"理解为不做某个行为或决定的坏处，或者将其理解为"结果+"的对立面。下面针对这两种错误的理解分别举例说明。

"结果-"是指某个行为或决定有可能发生的风险或障碍，或者需要额外付出的代价。不做某个行为或决定的坏处，其实是无法获得"结果+"。不做某个行为或决定只会面临当下的威胁，即无法通过做某个行为或决定来解决当前的某个问题。也就是说，不发生某种行为，就不会存在某种风险或障碍。这一点我会在后续章节展开论述。下面来看图5-5。

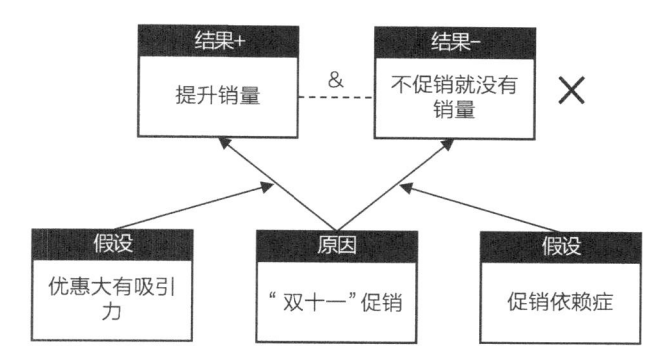

图5-5　使用果因果正负分析法时的常见错误示例1

在图5-5中，原因是"'双十一'促销"，"结果-"是"不促销就没有销量"，这是不做原因（不做"双十一"促销）的坏处，而不是它的"结果-"。换言之，不做"双十一"促销的坏处，就是失去做"双十一"促销的"结果+"。那么正确的"结果-"应该是什么？应该是利润降低，当然假设也要跟着结果进行调整，改为"降低售价"。修改如图5-6所示。

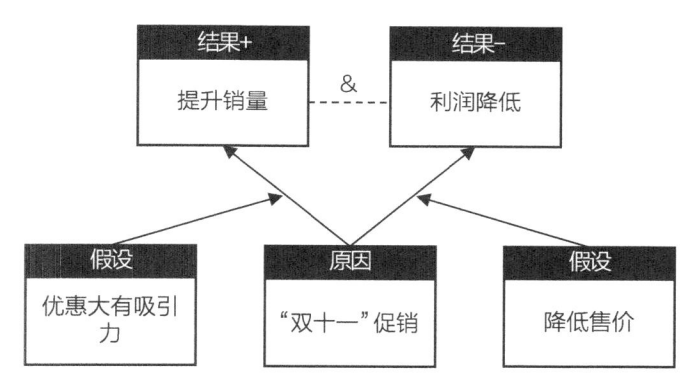

图5-6　使用果因果正负分析法时的常见错误示例1修改

再看另一种错误的情况，就是把"结果-"理解为"结果+"的对立面，如图5-7所示。

在图5-7中，原因是"辞职创业"，"结果-"是"失败"，正好与"结果+""成功"对立。为什么会出现对立的情况呢？前文说过，"结果+"与"结果-"是某个行为或决定（原因）导致的正面和负面两种结果，它们不是非此即彼的关系，而是共存关系，反映在时间维度上，有同时发生和相继发生两种情况。也就是说，"辞职创业"这个行为或决定只会发生成功或失败这两种结果，但不会同时发生既成功又失败这种结果，成功是一种结果，失败是另一种结果。之所以出现"结果+"与"结果-"对立的情况，是因为把原因不同的情况混为一谈了。所以，只要留意"结果+"与"结果-"都是在同一个原因下才会发生的，就能避免类似的错误。或许有人会说，成功与失败也可能相继发生呀！但请注意，相继的意思是一个跟着一个，成功与失败之间不知道连着多少个因果关系，才会导致两者看起来是相继发生的。

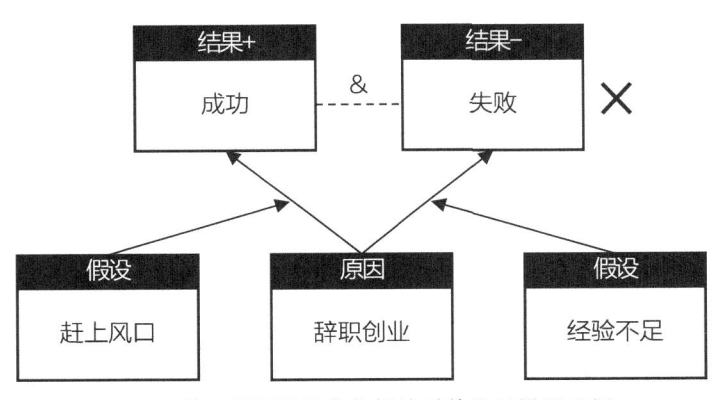

图5-7 使用果因果正负分析法时的常见错误示例2

拓展实践：如何转换负面效应

负面效应就是负面结果，是指某种动因或原因所产生的不好的结果、后果或影响。前面说过，正面结果与负面结果是一种共存关系，但两者对人们产生的认知和影响却总是不均等的。如果把正面效应和负面效应分别比作手心和手背的话，那么手心手背并不都一定是肉。相比手心，人们往往更专注于手背。也就是说，负面效应比正面效应更强大。人们会因一句批评而沮丧，却视好评为理所当然；人们一眼就能辨别出陌生人中充满敌意的面孔，却不会被一张张亲切的笑脸所感动。

为什么负面效应比正面效应更强大呢？我发现一个现象，但凡与人性相关的

第五章
果因果正负分析法

弱点或劣根性，都可以"甩锅"给人类祖先为了求生存而遗传下来的自保机制，如快思维、喜欢吃糖和高脂肪的东西、能不用脑就不用脑、惰性、战-逃模式、情绪化冲动，当然也包括倾向于关注负面效应等。因为关注负面效应能使人类的祖先对致命的危险保持警惕，从而更容易在恶劣的环境中生存下来。趋利避害成为人的本性，却也容易让人们在潜意识中扭曲自己的判断，误导自己做出非理性选择。

任何一件事情都对应不同的感受和反应，在人类的潜意识深处都隐藏着一些不为他人知的连接，不同的连接赋予了一件事情正面或负面的区分和假设，因此也带来了不同的情绪反应。人们在有负面情绪和感受时反应通常会比较强烈，一方面会被情绪和感受"劫持"，形成思维遮蔽效应，做出非理性选择；另一方面非理性选择往往不会产生更好的结果，而这样的结果会反过来进一步强化负面效应的假设，并最终形成负面偏见或信念，进一步强化思维遮蔽效应，让人们有选择性地倾向于关注负面效应。例如，开车时有人违规超速抢道并线，这会让正常驾驶者措手不及，并下意识地认为不安全和危险，因此正常驾驶者会产生情绪上的强烈变化，如愤怒，于是瞬间激发"战-逃模式"应激反应，做出非理性选择，发生交通事故。交通事故反过来会让正常驾驶者对违规者形成负面偏见，往后但凡开车上路，他们眼里只会看到车速快的车，并无端升起一股厌烦和抱怨之情。

负面效应会引发负面情绪，负面情绪又会带来负面心情，负面心情会在某种程度上影响人们的思考、行动和感受。大家都有这样的经验：每当心情差时，做什么事情都提不起精神来，不仅办事效率低，而且经常出差错。其实最致命而又最容易被忽视的是，人们时常被过往糟糕的经历"劫持"，并形成人生中无法逾越的性格缺陷和人格障碍，从而在人生重要的决策时刻选择妥协或放弃。然而，最有意思的是，其实人生哪有什么重要时刻？都是一次次不经意的选择造就了现在的人生，但这一次次选择都与人们当时所处的情境和过往的情绪记忆交织在一起的状态息息相关。所有过往的情绪记忆中能够给决策带来不利影响的因素除了负面情绪还是负面情绪。这就是转换负面效应的意义和价值所在。正如高德拉特博士在《抉择》一书中所言："两个选择：一个是抱怨现实；一个是收获现实刚给我们的礼物，这就是我说的抉择的自由。"

负面效应是心理学的基本层面，也决定了人们的人生底色。但你依然可以在此基础上拥有一个更加积极的人生。高德拉特博士正是这样一位令人尊敬的转换负面效应的天才，可以说整个TOC都是转换负面效应的杰作，无论是瓶颈、制约、限制，还是不良效应、冲突、负面分支、障碍、抗拒等关键词及其方法论，都是转换和充分利用负面效应的神来之笔。在本节，我将向读者介绍转换负面效应的一个小技巧，虽然该技巧不能消除负面效应本身，但是可以让你转换思维视角，透过负面效应看到积极和正面的意义与价值的可能性，从而引发积极的情绪和感受，推动行为产生积极和正面的结果。最终你会发现，人生境遇的天壤之别，竟在转念之间。

通常人们总是第一时间看到和感受到事物的负面效应，然后把这种负面效应莫名其妙地放大为最糟糕的局面，甚至会推人及己，认为自己迟早也会成为"无辜的雪花"，甚至会根据身边人的行为预见最糟糕的结局，然后情不自禁地对这种预见的结局信以为真，于是开始焦虑、担心和后怕这样的结局发生，从而采取过激的干预行为。人们从负面效应出发，在头脑中完成了对未来最糟糕的结局的预演，却在心理上遭遇不同程度的伤害和折磨，如同这个结局真实发生过一样。所以，当人们第一时间看到和感受到事物的负面效应时，唯一正确的做法是停止放大对负面效应的想象，这是转换负面效应的第一步。

第二步，推测导致负面效应或结果的原因还有可能导致什么积极的、正面的结果发生。把你的所有精力转换并聚焦在正面结果上，总能发现事物的多面性和积极性。事情其实并没有你想象得那么糟糕，当然也没有你想象得那么美好。一切取决于你如何赋予所见所闻某种意义。那么，为什么不赋予其能够影响你的情绪和心情的意义呢？请留意，这里不是让你对负面效应视而不见或充耳不闻，也不是掩耳盗铃，更不是以偏概全，让其占据你的整个大脑，而是将其放在应该在的位置。

第三步就简单了，就是把假设补充上。下面举一个例子来说明。

我时常看到一些老年人过马路闯红灯，在红灯闪烁、绿灯尚未亮时，就开始过马路。此时的危险在于，如果正好有抢时间过绿灯的车辆快速通过，后果将无法想象。我刚开始也看不惯这样的行为，几秒钟都等不了吗？后来，我用果因果正负分析法转换负面效应分析，看法从此完全改变。当然，改变的不是认可和鼓励老年人闯红灯这样的违规行为，而是对他们有了更多的理解和宽容。分析过程如图5-8所示。

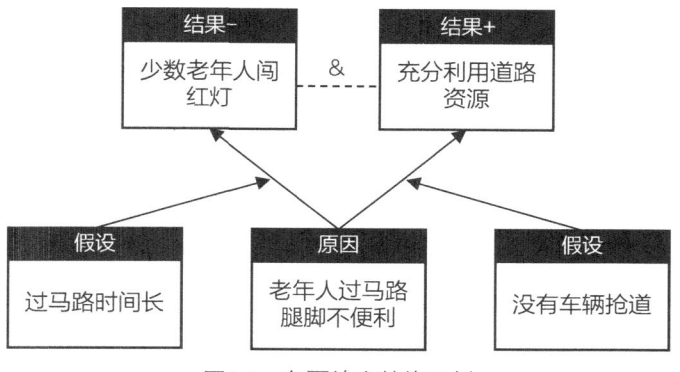

图5-8 负面效应转换示例

请留意，在该负面效应转换示例中，"结果+"和"结果-"换了位置，不要被模型禁锢了思维，可以灵活应变。在充分理解老年人的前提下，将"少数老年人闯红灯"的负面结果转换为"充分利用道路资源"的正面结果，当然前提假设是"没有车辆抢道"以确保安全。通过转换思维视角，不仅看待事物的角度发生了根本性的转变，而且能进一步发现造成问题的根源。例如，在上例中，问题的根源可能是设计红绿灯时长时考虑的因素不够充分。

改变四象限

学习清晰思考的目的不是成为学者或思想家，而是解决生活和工作中遇到的问题。要解决问题，就要知道问题产生的因果关系及其根源，所以通过果因果模型与因果假设模型分别向外和向内求证，只是确认问题根源无误的手段和方法。

至于如何真正解决问题根源，将在本书实战篇进行详细介绍。不过，本章内容已经有实战的"火药味"了，正负分析（或者叫利弊分析）已经开始"擦枪走火"了，并且一度成为人们所推崇的解决选择困难症的制胜武器，但相较改变四象限而言，正负分析仍然是小孩子手中的弹弓玩具。

在《行为设计学：掌控关键决策》（*Decisive: How to Make Better Choices in Life and Work*）一书中，作者奇普·希思（Chip Heath）讲述了一个故事。1772年秋，一个名叫约瑟夫·普里斯特利的男人正面临一个艰难的职业决定。普里斯特利是一位神学家、化学家、教育家和政治理论家，还是一个丈夫和父亲。他出版了150多部作品，内容广泛，既涉及电力发展的历史，又有关于英语语法的开创性工作。他甚至发明了苏打水。但是他作为牧师的收入——一年100英镑，不足以让8个孩子过上富足的生活。于是，他开始寻找其他机会。他的同事将他引荐给谢尔本伯爵做家庭教师和提供政治建议，一年250英镑，但是要搬去伦敦。普里斯特利写信请教了本杰明·富兰克林，富兰克林在回信中向他提供了著名的利弊清单法以帮助他分析和做判断。

富兰克林回信说："这种方法就是在纸上画出两栏，分别写上'利'和'弊'。在接下来的三四天，我会把想到的利弊因素随时记录在两栏中。当所有利弊一目了然时，我会努力去估量它们各自的重要性。检视两栏中的内容，如果有看似同等重要的'利'和'弊'，我会把两项都画掉；当一个'利'与两个'弊'对应时，我会把这三项画掉；如果两个'利'与三个'弊'对应，那么我就画掉这五项。通过这样的做法，我最终会找到其中的平衡点。如果一两天后发现两栏中都没有新增加的内容，我便可以做出相应的决定了。"

这就是著名的富兰克林利弊清单法，普里斯特利运用这个方法分析了新工作的有利之处：钱多，对家庭有更好的保障。不利的因素也有很多，这份工作可能要求他搬去伦敦，这让普里斯特利头疼不已，因为他说自己"很喜欢待在家里"，不愿远离家人。他还担心自己与谢尔本伯爵的关系，以及如果承诺了这件事情，会使他不能专注于其他更重要的工作。用利弊清单法来分析的话，接受这份工作看起来是一个非常糟糕的决定。实际上只有一个大的"利"——高薪酬，以及一堆严重的"弊"。

最后，普里斯特利并没有按利弊清单法做决策，而是跳出两难选择的困境，破解冲突，获得了双赢的解。他和谢尔本伯爵达成协议：只在伯爵需要他时才去伦敦，其他时间他都待在家里，并且谢尔本伯爵同意每年支付他150英镑，即使他们的雇佣关系终止。

奇普·希思说道，利弊分析法为人熟知，已经是一种常识，但也存在巨大的缺陷。在过去40多年，心理学研究已确定人们在思考过程中存在一系列偏见，这些偏见注定了决策中的利弊模式会失败。奇普·希思进一步指出，阻碍有效决策的四大思维陷阱分别是思维狭隘、证实倾向、短期情绪和过度自信。奇普·希思最后用普里斯特利的故事总结了如何跳出这四大思维陷阱，不过在我看来这些都是解释性说明，真正帮助普里斯特利做出双赢决策的，其实是改变四象限的思维模式。有人会说：这难道不也是一种解释性说明吗？如果仅停留在解释上，那么并不能真正解决问题。

改变四象限是在果因果正负分析法基础上的拓展应用，果因果正负分析法仅选取了采取某个行为或决定（做出改变的行为或决定）的利和弊这两个维度进行分析，容易忽视做出改变的行为或决定到底要解决什么问题，以及会失去什么，这正是改变四象限的拓展应用之处。也就是说，果因果正负分析法只是对改变的结果进行正面和负面两个维度的分析，改变四象限则增加了从时间维度看待改变这件事情，让决策分析更充分、更全面和更清晰。

在普里斯特利的故事中，富兰克林利弊分析法其实已经包含了改变四象限，只是没有区分利与弊的时间维度，而是把当前和未来的利弊得失混在一起来分析，如此自然无法做到清晰思考和决策。通常情况下，果因果正负分析法对做出某个改变的行为或决定的利弊进行权衡，代表的是未来有可能发生的预期结果。然而，做出某个改变的行为或决定也会受到当前利弊得失的影响。也就是说，改变四象限分析包括未来和当前两种情形下对利弊得失的4种结果预期。例如，对于普里斯特利的故事，如果用改变四象限分析，未来和当前的利弊得失一目了然。

当前需要做出的决定：要不要去伦敦工作。

改变对未来的影响：利——钱多；弊——担心和谢尔本伯爵的关系。

改变对当前的影响：利——解决8个孩子养育负担重的问题；弊——远离家人搬到伦敦。

普里斯特利最终之所以能做出明智的决策，不是因为他权衡了利弊，而是因为他同时获取了当前和未来的利，同时消除了当前和未来的弊。这是一种"既要……又要……还要……"的最佳策略，也是一种双赢的决策，不仅满足了普里斯特利的需求，也满足了谢尔本伯爵的需求。当然，解释性说明总是轻描淡写，如何实现双赢的解，才应该是读者最关心的问题。关于这部分内容，我会在实战篇详细阐述，不过改变四象限仍然是基础知识。

简单来说，改变四象限是果因果正负分析法模型的镜像和翻转。从理论来说，会用果因果正负分析法模型就会使用改变四象限，但后者不只是增加了两倍以上的信息量和难度。为了讲清楚，下面还是以一个小故事开始，只是这个小故事的主角变成了读者——你。

假设你的生活或组织正在思考是否要改变（一个行为或决定），你可以把改变的行为或决定想象成攀登一座高山。在决定爬山之前，你应该会考虑有什么得失，以及为什么。一方面，攀登高山的原因一是山顶有一罐金子，这是改变的好处，是改变的理由之一；二是山脚有一条凶恶的鳄鱼，这是不改变的坏处，也是改变的理由之一。

另一方面，不攀登高山（不改变）的一个原因是攀登需要付出额外的代价或有摔断腿的风险，是改变的坏处，也是反对改变的理由之一；另一个原因是你舍不得离开身边美丽的美人鱼，这是不改变的好处，也是反对改变的理由之一。

这就是你的故事。当你面对纠结或冲突的选择时，有4个理由让你做出某种行为或决定变得很艰难——改变对未来的利弊得失和不改变对当前的利弊得失，如图5-9所示。

接下来把改变四象限转换为思维可视化工具。在此之前，先把四象限中各元素的具体内容说清楚。

图5-9 改变四象限示例

象限1：改变的好处（金子）

- 改变可以得到什么新的好处或收益？
- 改变可以带来什么新的机遇？

金子是改变的理由之一。这里的假设是，人都是趋利的。因为金子代表未来的收益，所以可以把它理解为未来预期的收益。因为是未来预期的收益，所以必然是新的好处、利益或机遇。所谓新的，指的是过去没有的。为什么要强调新的？一是为了区别美人鱼这一现有的好处，二是为了避免与鳄鱼对立，犯常见的错误，后面会有详解。

象限2：改变的坏处（拐杖）

- 改变会面临什么风险？
- 改变会存在什么障碍或困难？
- 改变需要付出什么额外的努力或代价？

拐杖是改变必然面临的负面效应，它也是对未来的预期，是对未来可能存在的不好的方面的估计。拐杖代表人们厌恶风险的心理倾向，是改变的阻力之一。

拐杖包括风险、障碍或困难，以及付出额外的努力或代价，请留意它们之间的区别。风险指的是改变后发生的负面结果（或称为后果），障碍或困难指的是改变过程中遇到的阻力和麻烦。前者是事后的负面效应，后者是事中的负面效应。付出的额外的努力或代价指的是改变必然要付出的超出常规水平的成本，包括金钱、时间、精力和关注度等。

象限3：不改变的好处（美人鱼）

- 改变会失去哪些好处或优势？或者，不改变会保留什么好处或优势？
- 改变会影响哪些重要关系？或者，不改变会继续维系哪些重要关系？
- 改变会减弱或丧失哪些期望？或者，不改变会让哪些期望如期而至？

美人鱼是现有的好处或优势，如果改变意味着有可能失去，不改变则会保留这一好处。美人鱼代表人们厌恶损失的心理倾向，是改变的阻力之一。也可以将美人鱼理解为舒适区和关系圈内的熟悉与稳定状态，如个人生活习惯、与他人和社群的重要关系等。美人鱼中最难理解的是期望，简单来说，就是对某人或某事物未来结果的等待和希望。例如，你期望留住某位员工，但如果做出某项改变，你的期望就会落空。

象限4：不改变的坏处（鳄鱼）

- 现在面临哪些问题或挑战？或者，不改变会遇到哪些问题或挑战？
- 想消除或减弱哪些不良效应？

鳄鱼是改变的理由之一。这里的假设是，人都是避害的。鳄鱼是当前面临的问题或挑战，你可以简单地将鳄鱼理解为痛点，而且是核心痛点，否则解决鳄鱼就是在做无用功。另一种鳄鱼叫作不良效应，不良效应指的是组织为了达成目标而不愿意看到的不好的现象。不良效应并不是问题，它是问题的表面现象。所以，鳄鱼只有两种类型，一种是需要解决的鳄鱼，另一种是可以远离的鳄鱼。换言之，鳄鱼代表当前面临的威胁，改变就是要解决威胁，但解决威胁可以采用战斗的方式，也可以采用逃跑的方式。

第五章
果因果正负分析法

在应用改变四象限进行可视化分析时，各元素的具体内容可以只选取一项最重要的填入实体框，目的是培养大家建立改变四象限的思维模式。具体应用改变四象限时，需要进一步拓展其他清晰思考的工具，如冲突图和改变的说服流程。我会在后面的章节中介绍这些内容，在此不再展开。改变四象限可视化模型如图5-10所示。

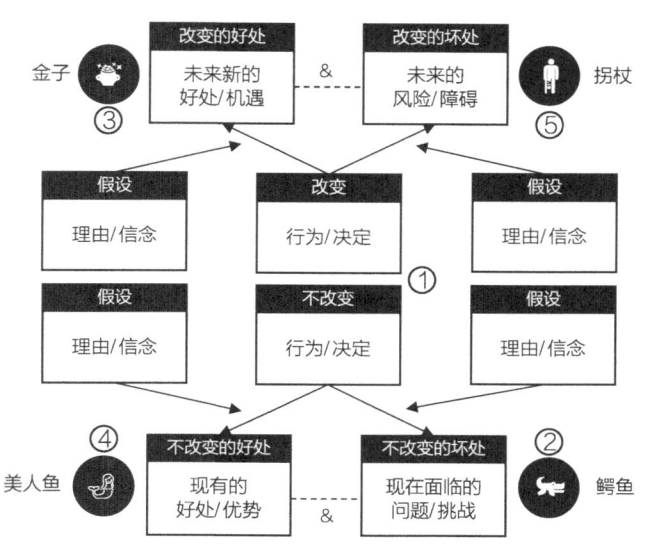

图5-10　改变四象限可视化模型

改变四象限可视化分析的顺序一般为：①改变→②鳄鱼→③金子→④美人鱼→⑤拐杖。为什么要按这个顺序分析呢？因为这是以问题为导向的思维逻辑，首先分析改变要解决什么鳄鱼，然后分析解决了鳄鱼会得到什么金子。这两步可以简称为"威逼利诱"。但是为什么还不改变呢？接着分析。首先分析改变会失去什么美人鱼，其次分析改变会面临什么拐杖。这两步可以简称为"畏首畏尾"。当然在分析过程中要把假设补充完善，这样才有支撑点。下面拿普里斯特利的故事做一个示范，如图5-11所示。

在这个示例中，由于所采集的信息有限，所以并不能保障分析的严谨性，仅供读者参考。下面举一个我经历的真实案例。2018年8月，我开始在微信群分享TOC的清晰思考课程，当时我同样面临决策上的纠结，我在开发课件的过程中把这个纠结用改变四象限记录了下来，如图5-12所示。

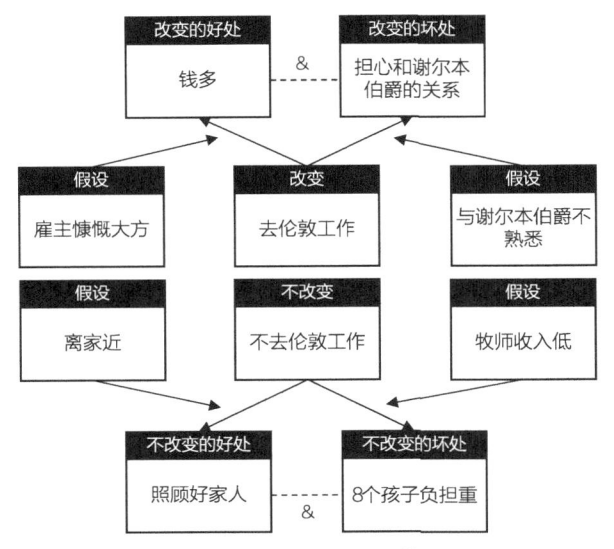

图5-11 改变四象限可视化模型示例1

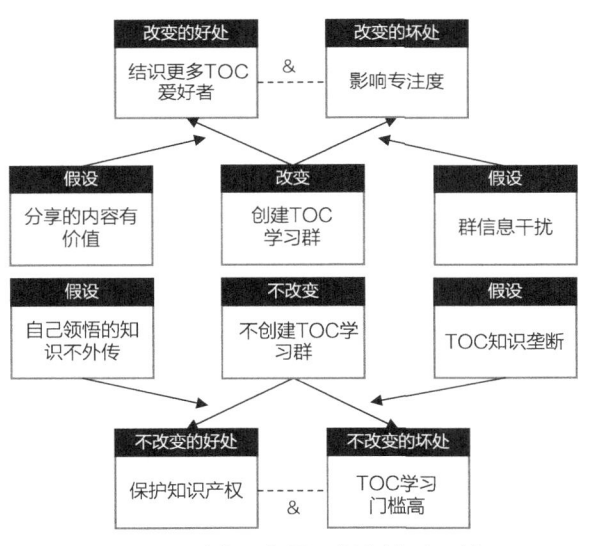

图5-12 改变四象限可视化模型示例2

创建TOC学习群，我想解决的鳄鱼是TOC学习门槛高的问题。为什么门槛高？因为TOC知识垄断，像我一样的咨询顾问想系统地学习TOC课程，几乎都会被官方拒之门外。所幸我比较擅长"偷师学艺"，但不是每个人都像我一样幸运。所谓学习，其实是一个不断反馈的过程，所以，我创建TOC学习群（特别是

TP）是基于自己多年的自我反馈（或者叫作"四处碰壁反弹经历"）得出的心得体会。如果没有反馈，那么TOC学习基本上等于白学。当然，金子（好处）有很多，但我最看重的是可以结识全国各地的TOC爱好者。一群人结伴而行，或许能走得更远。

美人鱼是保护知识产权，我对这一点比较纠结：不仅怕无法保护知识产权，更怕学员学不会。事实也证明，只有少部分学员学完了全部课程，能熟练应用TP解决问题的学员更是凤毛麟角。所以，我后来发现TOC学习是一场淘汰赛，因此拐杖（影响专注度）是必然的代价。

改变四象限分析中的常见错误

在实际应用改变四象限的过程中常见的错误是，金子与鳄鱼、美人鱼与拐杖的内容对立或相反。为什么不能对立或相反？因为对立或相反其实是在讲同一件事情，就像有时人们会正话反说，其实都是在表达同一个意思。这就相当于把四象限分析主动降维为二象限分析，也就无法达到全面分析的目的了。仍以上例来说明，如图5-13所示。

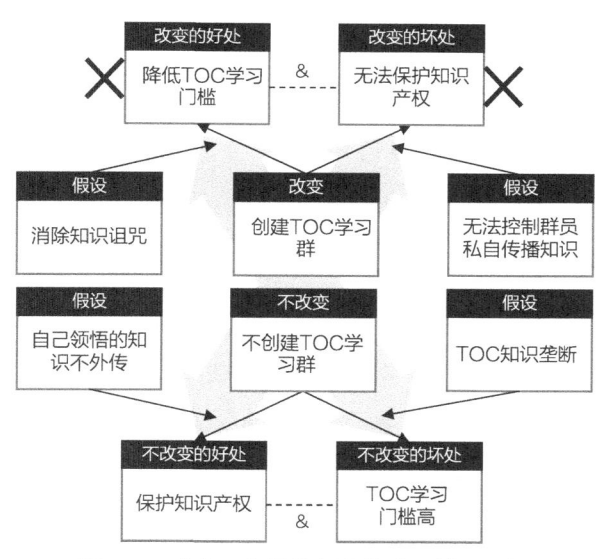

图5-13　改变四象限分析中的常见错误示例

以上常见错误示例中，金子与鳄鱼、美人鱼与拐杖就是对立或相反的说法。鳄鱼是"TOC学习门槛高"，改变的行动和决定是"创建TOC学习群"，解决TOC学习门槛高的问题，这样一来就与金子的内容重复了，两者说的其实是同一件事情。美人鱼与拐杖同理，创建TOC学习群的风险是"无法保护知识产权"，拐杖是要规避的风险，这样就与美人鱼"保护知识产权"重复了。

在改变四象限中，金子和美人鱼都是人们想要的好处，而鳄鱼和拐杖都是人们要避免的坏处。从另一个角度来看，解决鳄鱼本身就会带来好处，就像解决了牙疼的问题，牙不疼了本身就是好处，但金子是牙不疼还能带来什么新的好处，如牙口好了，吃嘛嘛香。

为了搞清楚四者的区别，让我们回到时间轴这个关键点上来看。鳄鱼是当前的痛点，消除痛点之后，当前就可以获得好处，但这些好处不是金子，金子是消除痛点之后，未来还能获得的好处。美人鱼是当前的好处，如果改变，这些好处就有可能马上失去；鳄鱼是未来的风险，是未来有可能付出的代价。因此，四者必须包含不同的内容实体，分析才能完整和清晰。

拓展实践：如何说服别人

改变四象限是说服工具，但说服的前提是分析，只有分析清楚改变与不改变在4个方面的利弊得失，才有说服的"子弹"。当然，子弹好不好用不仅取决于子弹本身的质量，更取决于使用什么武器。因此，改变四象限本身也是说服的武器，这个武器叫作说服流程。也就是说，说什么固然重要，但更重要的是说的顺序，即先说什么，后说什么。从根本上看，没有任何人能够被说服，除非他们先被自己说服。因此，改变四象限首先是自我说服的工具，其次才是说服别人的武器。请注意不要搞反了。不少人学习TOC时总是想改变别人，却从来不想改变自己，最终都以失败收场。

无论是说服自己还是说服别人，说服的目标都是一样的，那就是做出改变——促使自己或别人采取某些之前不愿意采取的措施以促成改变。这是说服者的目标，但被说服者的目标另当别论。说服者要想达成自己的目标，就要为被说服者设定符合其利益的目标，只有满足被说服者的预期，才能达成说服者的目标。换言之，说服本质上是一种建立、管理和满足预期的过程。预期包括说服者的预期和被说服者的预期。自我说服时，自己既是说服者，也是被说服者。建立预期就是为被说服者设定目标，简称预设目标。预设目标来自改变四象限中的鳄鱼和金子，也就是改变的理由和动机。

鳄鱼代表当前面临的问题和挑战，不改变必然会遭遇鳄鱼的威胁，因此鳄鱼可以是预设目标之一。金子代表未来可以获得的好处，是解决或远离鳄鱼带来的新好处和新机会，因此金子也可以是预设目标之一。趋利避害是人的本能，所以我把金子和鳄鱼视为改变的动力，即预设目标就是动力。有动力必然有阻力，改变的阻力分别来自改变有可能失去的美人鱼和改变所面临的拐杖（风险、障碍和代价等）。如果改变的动力大于阻力，那么改变发生的概率会很高；反之，则概率会很低。我把改变定义为以下公式。

$$改变=动力\uparrow/阻力\downarrow$$

$$动力=鳄鱼\uparrow+金子\uparrow$$

$$阻力=美人鱼\downarrow+拐杖\downarrow$$

$$改变=（鳄鱼+金子）\uparrow/（美人鱼+拐杖）\downarrow$$

以上公式中箭头"↑"表示增加或提升，箭头"↓"表示减少或降低。

改变正是人们想要的目标，因此说服流程为：①鳄鱼→②金子→③美人鱼→④拐杖，如图5-14所示。

为被说服者建立预期目标的目的是达成说服者的目标：让被说服者做出改变。这里有一个前提假设，就是被说服者不愿意做出改变。不愿意改变有可能是因为动力不足，也有可能是因为阻力太大，或者两者兼有。因此，说服者需要一个标准顺序进行试探性说服，逐一排除被说服者不愿意改变的因素。首先要排除动力因素，其次排除阻力因素。如果动力不足，一切努力都白费，那么说服者要在建立预期上下功夫。如果动力充足而不愿意做出改变，那么一定是因为存在阻力因素，说服者就要在此处下功夫。

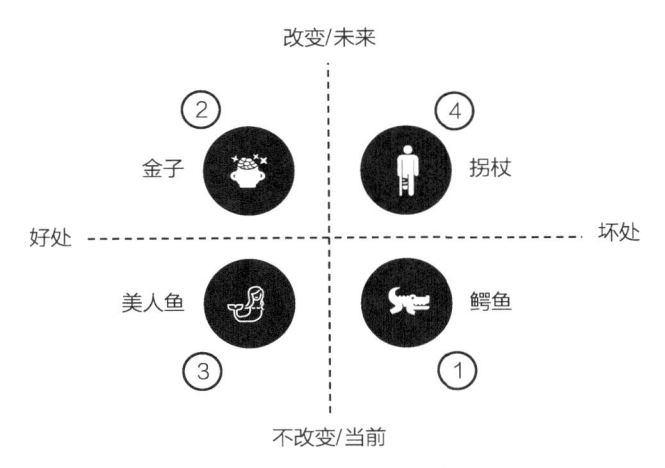

改变/未来

② 金子　　　　④ 拐杖

好处 ---------------------- 坏处

美人鱼　　　　鳄鱼
③　　　　　　①

不改变/当前

图5-14　说服流程示意

通常情况下，说服者会说服被说服者把主要的精力放在动力因素上，但往往不能达到目的。其实，克服阻力才是说服的关键。在《福格行为模型》（*Tiny Habits*）一书中，B.J.福格（B.J.Fogg）博士提出了著名的福格行为模型：B=MAP。当动机（Motivation）、能力（Ability）和提示（Prompt）同时出现时，行为（Behavior）就会发生。动机是做出行为的欲望，能力是做某个行为的执行能力，提示则是提醒人们做出行为的信号。可以把动机理解为改变的动力，动机越强，行为越有可能发生。同样可以把能力理解为克服阻力的能力，能力越强，越容易做出行为。同时行为越容易，就越有可能达成。动机和能力要像队友一样密切配合，如果其中一方较弱，那另一方就需要很强才能促进改变行为的发生。也就是说，哪怕能力不足，只要动机足够强烈，行为也会发生。例如，在危急时刻，很多人即使能力不足，也会挺身而出。如果能力足够强或很容易做到，那么哪怕动机不足，也很容易促进行为的发生。例如，顺手把垃圾扔进旁边的垃圾桶。

大多数人认为动机是做出改变的行为的真正驱动力，但事实并非如此。因为动机善变，而善变的根源来自动机之间在行为上的冲突或纠结。想改变是为了获得金子，但改变会失去美人鱼；或者想改变是因为身边存在鳄鱼，但改变会面临拐杖。金子和美人鱼都是人们想要的，但鱼和熊掌不可兼得，改变还是不改变呢？这是一个难题。鳄鱼和拐杖都是人们不想要的，但改变存在风险，不改变又存在威胁，改变还是不改变呢？这又是一个难题。所以，要想真正说服他人做出改变，关键在于破解动机之间在行为上的冲突。不仅要金子和美人鱼兼得，而且要消除或远离鳄鱼，同时要规避拐杖中的风险，克服障碍。"既要……又要……还要……"，多么贪得无厌的人性需求！好在本书实战篇都能满足。

改变四象限既是说服的内容，又是说服的顺序。不过，这里有一个前提假设，即改变的行为是基于理性分析做出的对自己最有利的选择。但在现实中，人们受到情绪和环境的影响，往往会做出非理性选择。因此，在实际应用改变四象限说服他人时，不仅要晓之以理，更要动之以情。换言之，改变四象限只是说服的框架和内容，好比人体的骨架和肌肉，但如果不注入精神，不过是行尸走肉般的机械操作。理性思考和分析固然重要，但理性需要经过感性的激发和催化，这样说服才能变得有血有肉、有生命力。因此，与其说是说服，不如说是打动。

要打动他人或打动自己，情绪上的投入不可或缺。那么，具体如何做呢？这里我只能提供一些原则和建议，具体如何操作有待大家自行体会和改进，就像要学习游泳必须下水一样。改变四象限是说服的骨肉，情绪是说服的精神。请注意，我这里用的是"情绪"而不是"情感"。情绪是行为过程的生理反应，情感是行为目的的生理反应。说服本身是一个过程，而改变是目的。情绪具有情景性、暂时性和外显性，而情感具有稳定性、持久性和内隐性。说服本身是情绪管理的过程，是通过控制自己的情绪而控制和影响被说服者情绪的过程，最终达到以情绪化解情绪的目的。情感反映在态度上，短时间内很难改变，即使有所改变，也会因为其具有内隐性而不易表露和被人察觉。

在说服他人的过程中，要遵循以下几个原则。

原则1：不要试图对抗被说服者的情绪，而要管控情绪触发点

试图对抗被说服者的情绪，只会让对方的情绪更激烈，最终不欢而散。要达成期望的结果,首先要做的就是共情对方,尝试理解和接受对方的情绪。因此,在说服过程中留意情绪触发点,并根据情绪触发点的指引探寻行为引发情绪变化的假设。所谓情绪触发点,就是当前触动和引发人们强烈的情绪变化的某个行为点。一句话、一个微表情或一个动作,都有可能是情绪触发点,引发人们的情绪变化。就像巴甫洛夫的铃铛声引发狗的唾液分泌一样,情绪触发点能唤醒人们沉睡的过往经验和记忆,从而引发当前情绪上的强烈反应。在说服过程中触发被说服者的情绪在所难免,毕竟任何人的情绪都是过往经验和记忆的产物,保持一致性的强大惯性力量会迫使人们做出令人诧异的表现,情绪就是最好的表征和提示。说服所触发的情绪可以简单地分为正面情绪和负面情绪,正面情绪代表接受和顺从,负面情绪代表抵触、抗拒或无动于衷。正确区分情绪及进行恰当的情绪管理是成功说服的重要保障,也是人们容易忽视的地方。

留意和观察被说服者情绪状态的变化,是说服最基本的要求。探寻行为引发情绪变化背后的假设原因并应对自如,才是说服高手应有的表现。如何做?请参考第四章因果假设分析中的揭示和验证假设。如果说服行为引发负面情绪且假设成立,那么说服者要及时停止和纠正引发负面情绪的具体说服行为,甚至要通过主动承认错误和道歉来缓和与安抚被说服者的情绪。如果说服行为引发负面情绪且假设不成立,那么说服者千万不要试图去反驳和纠正被说服者的假设,或者试图通过讲道理让对方明白其假设无效。正确的做法是,首先给予对方充分的理解,合理化行为引发负面情绪的假设,并承认假设存在的合理性。然后通过一两个例子主动迎合和证明对方的假设或观点,与对方重新建立同理和共情状态。最后对其无效假设进行反转和重组,表达不一样的看法或观点。如何反转和重组?我会在实战篇介绍。

如果说服行为引发正面情绪且假设成立,这是最好的局面,说服者只需要推进说服流程就可以了。如果此时说服者能巧妙地、适当地称赞被说服者,那么说服的氛围将更加融洽,更有利于推进说服流程。如果说服行为引发正面情绪且假设不成立,这种情况很少见,是一种误打误撞的现象,只能说明对方理解有误。如果无关紧要，那么可以顺水推舟；如果关系紧要，则要进行适当的解释和澄清。

原则2：不要试图改变被说服者的态度，而要改变其行为

态度是指一个人对事物或特定对象所持有的一种心理评价倾向，在心理上表现为接受、赞成、拒绝和反对等。可以把态度简单地等同于价值观来看待。这种评价倾向或价值观一旦形成，便会进一步形成选择性偏差，让人们总是倾向于关注能强化自己已有态度的信息，而忽略那些会削弱自己已有态度的信息。以改变他人的态度为目标会激发他人捍卫固有价值观的心态，从而让他人原有的抵触心理变得更强烈、更情绪化。改变态度相当于让对方直接痛失美人鱼，此时的美人鱼不再是既得利益，而是已有的态度或价值观。

为什么人们热衷于改变他人的态度？因为存在一个无效假设，那就是，态度是行为的必要条件，只有改变态度，才能改变行为。但你会发现，态度不是引发行为发生的唯一条件，它是引发行为发生的充分条件。换言之，还有其他充分条件可以引发行为发生或改变行为。为什么非要在一棵树上吊死呢？而且做出改变的行为而非改变态度是说服的目标，只要对方的行为做出改变就行，至于态度是否改变无关紧要。改变态度固然可以改变行为，但为什么择其难而不选其易呢？

正确的做法应该是，改变环境从而改变行为。例如，在零售行业，可以通过改变商品的价格、陈列方式或促销方式等环境因素来改变客户的购买选择，同时不触及客户的态度。假如客户喜欢的商品并未打折，但客户改变主意购买促销的替代品，并不会影响其对喜欢的商品的态度。改变环境之所以能改变行为，关键原因是它改变了人们的心理环境。简单来说，心理环境就是客观环境被感知并作用于人的心理的各种环境因素。心理环境看似无形，却无时不在，无所不在，不仅效果更直接、更明显，而且更隐性，它能左右人们的心理，引导人们的行为。

自我认知理论研究发现，如果人们的态度与行为不一致，他们通常会自行调整态度去适应自己的行为。改变环境可以改变人们的行为，当人们的行为与他们既有的态度不一致时，他们会重新解释自己的态度，或者重新解释自己的身份，甚至会从自己的行为中发现以前没有的态度，以便合理化自己的行为，并自我说服保持态度与行为的一致性。这就是罗伯特·西奥迪尼（Robert Cialdini）的《影响力》（*Influence, New and Expanded*）一书中的"承诺一致原则"和《福格行为模型》一书中"入门步骤"等说服策略如此奏效的真正原因。只要促使人们采取某种行动或做出某种表态，人们内心保持一致性的压力就会迫使他们顺从或就范。

原则3：不要试图改变他人的愿望，而要帮助其实现愿望

愿望是希望将来能达到某种目的的想法。具体而言，愿望就是人们想要的东西。不要试图改变他人的愿望，就是不要试图改变他人的想法或想要的东西。孩子想玩游戏，家长却试图改变或阻止孩子玩游戏，结果把家庭弄得鸡犬不宁；员工想活少钱多，老板却试图让员工把公司当成自己的家，结果把公司弄得鸡飞狗跳。人们总是习惯认为说服就是改变他人的愿望，但结局总是不欢而散。成功的说服者不会尝试改变他人的愿望，而是为他人指明实现愿望的路径，并帮助他人实现愿望，从而说服他人。

说服者试图改变他人愿望的根源在于，他们误以为他人的愿望与自己说服他人的愿望之间存在冲突，即认为满足他人的愿望是以牺牲自己的愿望为代价的，或者正好相反。事实上，说服者说服他人的愿望与他人的愿望之间并不冲突，冲突在于双方为了满足各自的愿望所采取的行动不一致。如果说服者能够把所建议的选项或行动与双方的愿望联系起来，那么就能在不改变各自愿望的同时实现双赢的解。大家可以各打各的算盘，但行动要保持一致。君子和而不同，所谓和，不仅是关系上的和谐，更重要的是行为上的一致；所谓不同，不仅可以见解不同，还可以愿望和需求不同。那么，如何消除行动上的冲突，达成行动的和谐一致呢？实战篇将对此进行详细讲解。

如何帮助他人实现愿望？没有标准答案，但可以降低难度，让对方感受到成功是一个更好的选择。在《福格行为模型》一书中，B.J.福格博士指出，人们之所以难以做出某种行为，是因为他们的能力链上存在薄弱的环节。只要降低薄弱环节的难度，就能让行为改变变得简单易行。《福格行为模型》一书中的能力链如图5-15所示。

```
时间   资金   体力   脑力   日程
```

图5-15　《福格行为模型》一书中的能力链示意

很有意思的是，B.J.福格博士提出的能力链与高德拉特博士把组织系统比作链条的观点如出一辙，链条的强度取决于其中最薄弱的一环。不过，请大家注意，能力链中的最薄弱环节并不是TOC中所说的"瓶颈"这一概念，因为能力链中5个因素之间并不存在相互依存和波动性的系统特征。可以把它简单地理解为能力上的障碍，所谓障碍就是阻碍成事条件的因素。换言之，帮助他人实现愿望的关键在于识别其能力链中最薄弱的一环，正是最薄弱一环阻碍了其实现愿望的条件。克服障碍等于创造实现愿望的条件。但问题是，如何克服障碍呢？

老子说："天下难事必做于易。"B.J.福格博士说："从微习惯开始。"清晰思考主张降低难度。如何降低难度？例如，我的愿望是把本书写完，但时间是我的障碍。那么，如何降低时间障碍的难度呢？我不能保证每天都有大把的时间静下心来写书，但我可以利用碎片时间，结合工作和生活中发生的事情，思考与本书各章相关的内容，等空余时间写下来。我不要求自己每天必须写多少字数，哪怕写一句话、写一段也行。我不追求毕其功于一役，而是把时间区分为可支配的时间和不可支配的时间，可支配的时间又可以分为状态好的时间和状态差的时间。我会尽量利用可支配的时间中状态好的时间来写作。由此，时间就不会成为我写书的障碍，保证有大把时间写作比较困难，但保证有碎片时间写作就简单容易了。降低难度的背后有其操作的逻辑和技巧，其实就是分解达成愿望或目标的必要条件和行动，相关内容我会在实战篇详细讲解。

练习题

1. 请根据日常生活或工作中观察的事例，按照所给的果因果正负分析法模型空白模板（见图5-16）进行果因果正负分析练习，练习不少于3个。

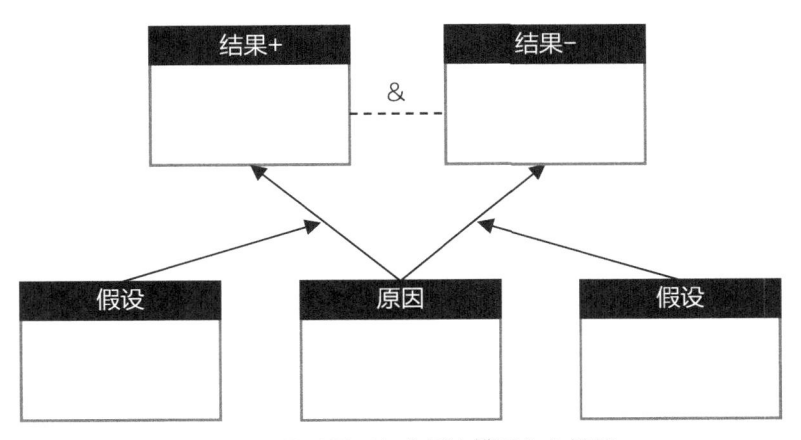

图5-16　果因果正负分析法模型空白模板

2. 请根据典故《塞翁失马》（原文见第一章），进行果因果正负分析法练习，应不少于3个完整的果因果正负分析。

3. 日常生活或工作中难免遇到负面事情或负面情绪，请根据所给的负面效应转换空白模板（见图5-17）做几个转换负面效应的练习，并熟练掌握该方法。请注意果因果正负分析法与负面效应转换模型的微小区别：前者以正面结果开始，后者以负面结果开始。

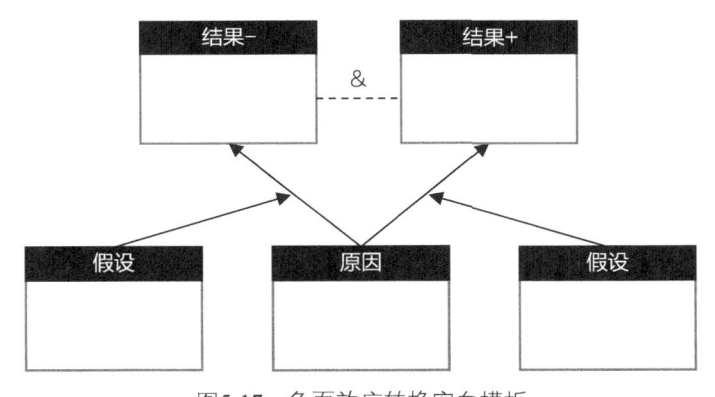

图5-17　负面效应转换空白模板

4. 请根据日常生活或工作中观察的事例，使用改变四象限进行因果关系推导，并补充其因果关系成立的假设。请按照所给改变四象限空白模板（见图5-18）练习不少于3个。

第五章 果因果正负分析法

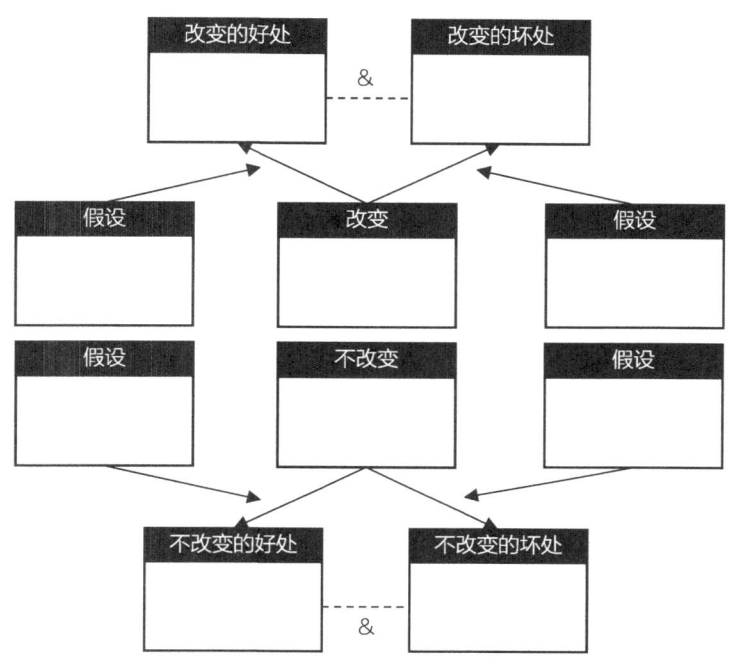

图5-18 改变四象限空白模板

5.说服的前提是做好说服准备，请按照表5-1中的内容练习说服前的准备，确保说服能有效达成目标。

表 5-1 说服准备练习模板

说服内容与顺序	说服准备
说服对象是谁	
说服目标是什么（你希望对方做出什么改变或采取什么行动）	
对方做出改变的动力是什么（鳄鱼和金子）	
如何证实做出改变可以消除鳄鱼，以及可以获得金子（假设或理由是什么）	
对方做出改变的阻力是什么（美人鱼和拐杖）	
如何克服改变的阻力？具体措施是什么（如何留住美人鱼，以及如何消除拐杖）	

111

实战篇

第六章

如何看清复杂事物的本质

第六章
如何看清复杂事物的本质

史蒂夫·乔布斯（Steve Jobs）说："活着就是为了改变世界，难道还有其他原因吗？"这句话让我振聋发聩。也有人说："改变世界非我所长，改变世界观责无旁贷。"不过，我认为这句话刚好说反了——改变世界观非我所长，改变世界责无旁贷。当然，我说的改变世界是指改变自己能够控制和影响的身边的小世界，前提条件是先改变自己。对我而言，学习TOC，特别是学习TP，就是一个自我改变的过程，一个从改变行为到改变观念的过程。乔布斯以全新的方式定义了现代数字生活，从而改变了世界。这一切的根源均来自其伟大梦想与现实之间的差距。高德拉特博士也曾立志教会人们思考，由此才有了经典"改变三问"的改善基石，以及TOC的伟大发明。这三问分别如下。

第1问：改变什么？

第2问：改变成什么？

第3问：如何引发改变？

改变什么？改变预期与现实之间的差距。如果你不知道造成预期与现实之间差距的根本原因，那么改变根本无从下手。又或者，你找出来的造成预期与现实之间差距的原因不是根本原因，那么即使采取改变行动，也是治标不治本。正如高德拉特博士所说，所有改善都是改变，但不是所有改变都是改善。换言之，只有针对根本原因的改变，才是改变什么所指引的改善之道。

在清晰思考流程中，现状图是告诉人们改变什么的思考工具——在任何复杂情况下寻找隐藏在系统中的根本问题。在入门篇，我介绍了果因果模型，相对果因果分析法所探寻事物根源的简单性而言，现状图就比较复杂了。不过，现状图仍然是果因果分析法的拓展应用，只是拓展到了更复杂系统的应用而已。在果因果模型中，人们所推测并验证的真正原因在现状图中仍然可以向下深挖，而果因果模型中的果也有可能向上成为现状图中导致其他结果的因。果因果模型更侧重于横向探寻简单事物的根源，而现状图更侧重于纵向深挖复杂事物的根源。因此，可以简单地把现状图理解为果因果模型的组合应用，两者的结构相同。就像一幢楼房所有楼层的结构都是一样的，但是，如果不盖好第一层，就无法盖第二层。过去TP之所以难学,就是因为学员想直接盖第二层楼。如果说现状图是第二层楼,那么果因果模型就是第一层楼。当然,现在TP也难学,即使我告诉你盖第一层楼的方法,也得你亲自去盖才行。

理解现状图

毫无疑问,解决问题的第一步是找到正确的问题,构建现状图正是找到正确问题的思考工具。所谓现状图,是呈现当前给定系统真实现状的因果逻辑结构图,是用来寻找和验证系统关联性问题的内在简单性的一种思考工具,旨在找出和验证造成问题的根本原因,并解释根本原因导致的不良效应(症状问题),以及它们之间的因果关系。就像有经验的医生透过患者的症状就能准确无误地诊断出患者的病因,现状图是通过因果逻辑来呈现症状与病因之间的关系的,如图6-1所示。

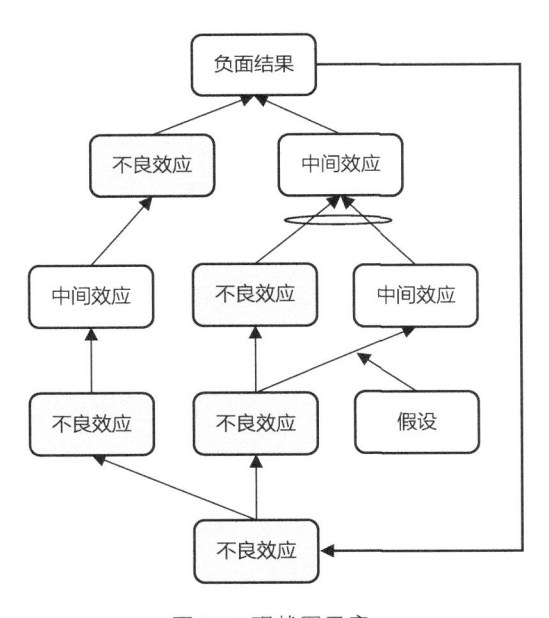

图6-1 现状图示意

在现状图的定义中有几个关键词,分别是系统、不良效应(症状问题)、根本原因,以及寻找、验证和解释。下面逐一进行解释。

系统

德内拉·梅多斯（Donella Meadows）在《系统之美》（*Thinking in System*）一书中给系统下了一个简明的定义，这是我深以为然的定义："系统并不仅仅是一些事物的简单集合，而是一个由一组相互连接的要素构成的、能够实现某个目标的整体。"从这一定义可以看出，任何一个系统都包括3个构成要件：要素、连接、功能或目标。系统无处不在，大到宇宙、星辰、大海，小到吃、喝、拉、撒、洗、睡，无所不包。用古人的话来形容就是：其大无外，其小无内。为了方便理解，我做了一个简易系统模型，如图6-2所示。

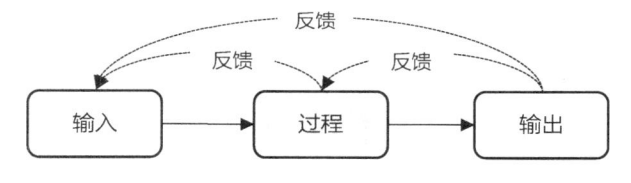

图6-2 简易系统模型示意

在简易系统模型中，构成系统的3个要件分别如下。

- 要素："输入""过程""输出"框内的内容，具体表现为对某个实体的描述。
- 连接：实线箭头代表因果关系连接，虚线箭头代表正或负反馈连接。
- 功能或目标：输出代表系统实现的功能或目标。

例如，商业组织系统可以用简易系统模型表示为图6-3（a），个人学习系统可以用简易系统模型表示为图6-3（b），沟通系统可以用简易系统模型表示为图6-3（c）。

对现状图而言，要呈现当前给定系统的真实现状，那么其自身也要自成系统，即现状图是系统思考的产物。现状图系统是一组相互连接的事物（不良效应）在一定时间内，以特定连接方式相互影响的、可视化的系统思考模型。同理，也可以用简易系统模型来表示现状图系统，如图6-4所示。

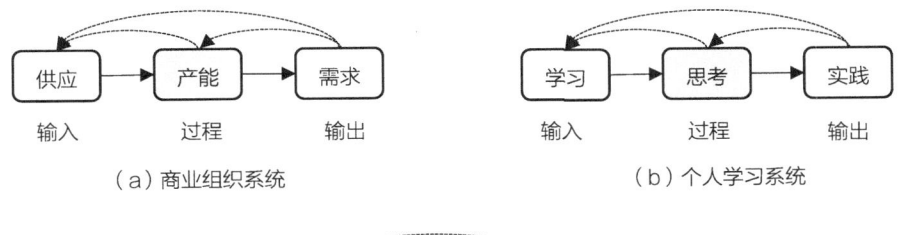

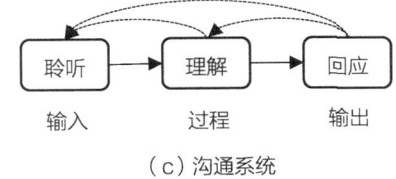

(a) 商业组织系统：供应→产能→需求；输入、过程、输出

(b) 个人学习系统：学习→思考→实践；输入、过程、输出

(c) 沟通系统：聆听→理解→回应；输入、过程、输出

图6-3　简易系统模型示例

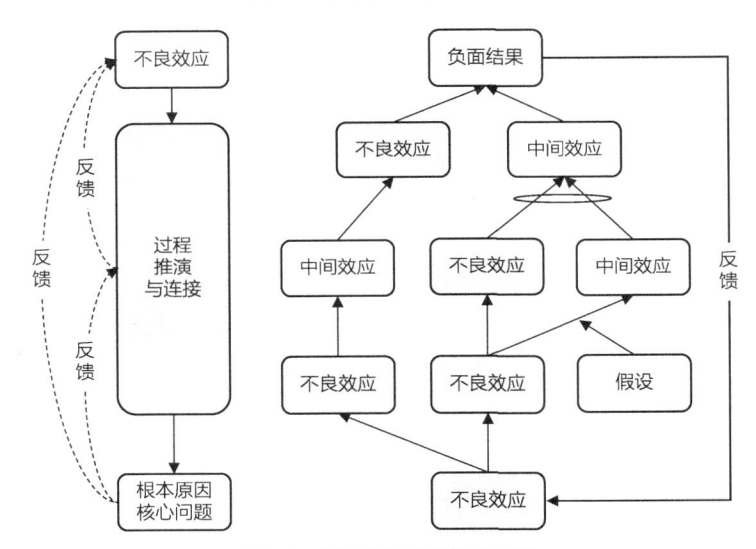

图6-4　现状图系统模型示例

在现状图系统模型中，输入给定系统的不良效应，通过过程推演与连接，最终输出引发系统负面结果的根本原因或核心问题。当人们掌握和具备了现状图系统思考的能力，就能快速透过现象看清事物或问题的本质。只有看清事物或问题的本质，才能知道要改变什么，只有对症下药，才能解决根本问题。

这就引出了另一个话题：有时候人们明确知道要改变什么，却无能为力。通常情况下，造成这一现象的原因如果不是人们束手无策或没有更好的办法，那么一定是事物或问题超出了人们的可控范围。换言之，在构建现状图时一定要事先定义给定系统的边界范围，你只能在自己可控制的能力-影响力范围内行事。系统边界就是约束范围，即使你像孙悟空一样，行事能跳出三界外、不在五行中，也不可能跳出如来佛的掌心去胡作非为。在复杂系统中，描述现实的现状图通常会覆盖3个层次的范围：控制范围、影响范围和关注范围，如图6-5所示。

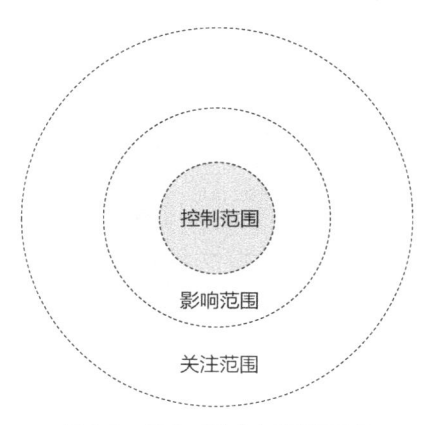

图6-5　能力-影响力范围示意

你找出的根本原因或核心问题决定了你在系统中能够改变什么，如果根本原因或核心问题在你的控制范围以内，那么你不需要任何外力协助就能够有效解决问题。如果问题超出了你的控制范围，进入影响范围，那么你需要凭借自身的影响力去求助他人来帮你解决问题，但前提是说服他人。如果问题超出了你的影响范围，进入关注范围，那么你根本就无能为力。你会发现，现实生活中大多数人往往更倾向于把时间和精力浪费在关注范围内，而在自身能够控制和影响的范围内却无所作为。

不良效应

不良效应是TP的专有名词，特指系统出现问题时的迹象，或者系统无法实现其功能或目标的不良现象。也可以简单地将不良效应理解为当系统无法实现其功能或目标，或者无法满足各利益相关方的需求时，人们认为存在的各种问题、理由和原因，或者抱怨、不满等痛点。在TOC语境中，不良效应只是系统症状和问题表象，并不一定是问题本身，即人们所谓的问题并不一定是真正的问题。

不良效应不仅直接或间接指向一个或多个明确的负面效应，而且一定是长期客观存在的事实，而非主观臆断或猜测的，以及指责他人的倾向。也就是说，不良效应有其检测标准，就像工厂采购的原材料要符合相关使用检测标准，才能满足生产合格产品的前提条件。我根据TOC前辈们总结的标准和教学实践中的经验，汇总了两类、八项不良效应检测标准。

第1类：关键性检测标准

（1）不良效应直接或间接导致负面效应，或者与系统目标相悖，通常不良效应的陈述中含有贬义词。

（2）不良效应是长期且客观存在的现象和事实，而非主观臆断或凭空猜测的。

（3）不良效应没有针对部门或个人的指责倾向。

（4）不良效应处于现状图构建者的控制和影响范围之内。

第2类：陈述性检测标准

（1）每条不良效应只能陈述一个实体，两个以上实体应分别陈述。

（2）不良效应陈述清晰、完整，不用进行额外的解释和说明。

（3）不良效应陈述中没有因果关系。

（4）不良效应只能是对系统症状的陈述，而非解决方案和建议。

通常只需要收集10个左右的不良效应，就能构建一幅完整的现状图。不过你会发现系统中的不良效应远不止10个，但你不需要完全穷尽所有不良效应，原因有二：第一，有些不良效应是由主要不良效应引发的，并不重要，不要被细枝末节干扰注意力，抓大放小即可；第二，在连接不良效应因果关系的过程中，只要存在遗漏，逻辑一定不会通顺，此时只要补充中间效应或增加不良效应清单就行。

根本原因

根本原因就是导致系统最终出现负面结果的原因，也是导致不良效应的主要原因。在构建现状图时，要从不良效应开始，通过因果关系链追溯根本原因。根本原因是因果关系的开始，通常位于现状图的底部或不良效应的起点。一幅完整的现状图并不限于一个根本原因，复杂系统现状图可能有多个根本原因，因此传统现状图把导致70%以上不良效应的根本原因称作核心问题。我在实践应用和教学中发现，实际上人们很难分清楚根本原因与核心问题的区别，两者有时是同一个问题的两种叫法，有时又是不同问题的区别说明。根据TOC的"内在简单性"观点，任何复杂系统通过果因果分析都会收敛到至少一个核心问题或冲突，所以我重新开发了现状图建构方法，对根本原因和核心问题做了界定。

核心问题是指现状图中收敛至底层的不良效应，是引发系统不良效应和负面结果的根源；根本原因是指单独引发不良效应的充分条件或原因。也就是说，根本原因在可控范围内无须继续深挖导致它存在的原因，因为它足以解释导致不良效应的充分性。两者的区别如图6-6所示。

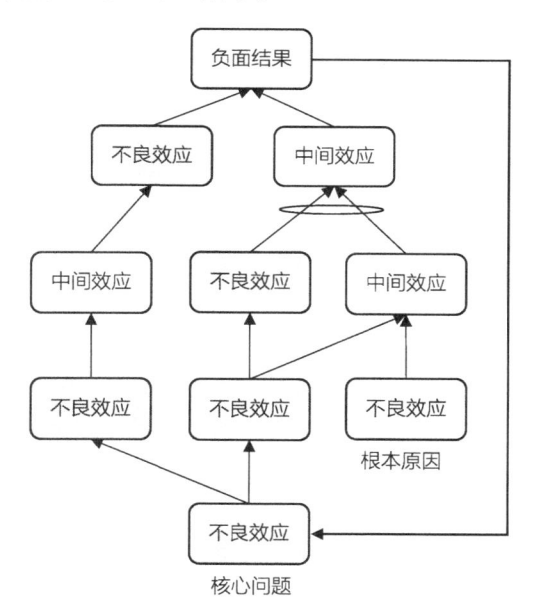

图6-6 核心问题与根本原因的区别示例

寻找、验证和解释

寻找

寻找就是通过因果关系连接和收敛不良效应，最终找出核心问题与根本原因的过程。寻找过程难吗？答案取决于你对本书入门篇基础课程的掌握程度。通常

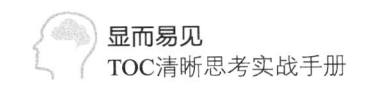

借助团队不同职位成员的力量更容易成功构建现状图，也能更好地沟通和达成共识。如果你是咨询顾问、企业管理者或个体，想独立构建现状图，那么最好按照下文介绍的流程和要求按部就班地完成。

验证

验证就是使用第二章介绍的逻辑分类检测方法和直觉来检验现状图。只要符合逻辑和直觉，即认为现状图确认和成立。最好的验证方法就是把现状图中的内容读出来。使用"如果……那么……"或"如果……同时……那么……"句式把现状图中的内容读出来，能快速发现现状图是否有问题。如果句子不通顺，可以调整不良效应的位置或措辞，或者补充假设及遗漏的中间效应。把验证当作最好的自检自查，这是最好的改进和反思机会。另外，可以请团队成员或局外人验证，如果他们质疑或认为需要进一步解释，那么现状图一定存在问题。此时，千万不能犯证实性偏差的低级错误，而要保持开放和谦虚的态度，改进和完善现状图。正如高德拉特博士所说，如果有人要求你复印一份现状图给他，那么基本说明验证完毕。当然，现实情况是人们会主动拍照保存，这也是对你构建的现状图最大的认可。

验证过程中不可忽略的环节是符合直觉的验证，通常人们会说："对，这就是我们的现状。"或者说："是的，这幅图符合我的想法（直觉）。"加里·克莱因（Gary Klein）在《直觉定律》（*The Power of Intuition*）一书中把直觉定义为：人类将自身经验转化为判断、决策及行动的方式。直觉通常只会告诉你大致的方向和指引，它需要通过逻辑来给出具体的说明和解释，从而验证其合理性或偏差。直觉相当于指南针，逻辑则相当于地图，抵达目的地的路径有无数条，指南针会指引你走最佳的路径或捷径。另外，在寻找核心问题的过程中，不能缺少或离开直觉的指引。直觉是一种神奇的存在，它貌似一种先验知识，却仰仗人们丰富的经验和对事物整体面貌的把握。

解释

经过验证的现状图不仅可以从因果逻辑上解释神奇的直觉判断，而且可以从整体观的视角解释系统核心问题所引发的连锁反应和恶性循环，更重要的是解释即说服。解释既是达成共识的有效手段和方法，又是改善的起点。现状图让人们聚焦正确的问题，而不是聚焦所有的问题。并不是所有的问题都值得解决和改善，因为人们的资源和时间总是有限的，而且只要解决了核心问题，其他所谓的问题就可以迎刃而解。换言之，在改变四象限中，并不是所有的鳄鱼都需要被解决，有可能大部分的鳄鱼都是核心问题的表象或假象，只有通过现状图收敛这些表象或假象的"伪鳄鱼"，才能揪出真正的鳄鱼。也只有通过现状图的逻辑演绎，才能将真相大白于天下。因此，也可以把现状图简单地理解为个体、组织和社会等系统的故事主线，所有的遗憾或不如意早有因果定数。

如何画现状图

20世纪90年代初期，高德拉特博士汇聚了一批TOC高手开发了TP，现状图由高德拉特博士于1995年提出。我于2009年首次接触现状图，并从此开启了学习和实践TP的旅程。

2010年高德拉特咨询机构日本总裁岸良裕司出版了《高德拉特问题解决法》一书，我在这本书中看到了不一样的现状图画法，后来在不同的资料中也看到过这样的画法，简称三合一法。2017年前后，高德拉特咨询机构全球总裁拉米·高德拉特（高德拉特博士的儿子）在中国推广TOC，对现状图做了一次重大升级，简称恶性循环法。随着时代的发展，TP不断迭代更新，但有一点始终没有变，那就是果因果模型基石。鉴于现状图不同的画法有不同的使用场景，本书只介绍高德拉特博士的经典画法（以下简称推演法）和拉米的恶性循环法两种画法。不过，恶性循环法将在本书进阶篇介绍，只有掌握了推演法才更容易进阶。

在实践和教学过程中，我把推演法总结为7个步骤，只要按部就班地来，并掌握本书入门篇的基础知识，大部分人都能够"七步成诗"，轻松学会画现状图。推演法现状图七步骤示意如图6-7所示。

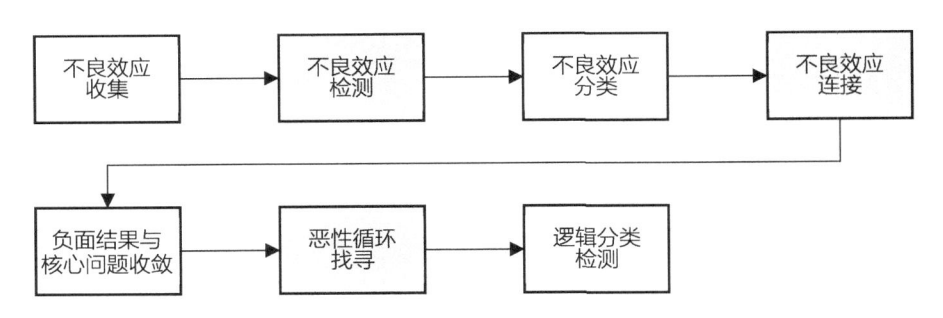

```
┌─────────┐    ┌─────────┐    ┌─────────┐    ┌─────────┐
│ 不良效应 │ →  │ 不良效应 │ →  │ 不良效应 │ →  │ 不良效应 │
│  收集   │    │  检测   │    │  分类   │    │  连接   │
└─────────┘    └─────────┘    └─────────┘    └─────────┘
                                                    │
     ┌──────────────┐    ┌─────────┐    ┌─────────┐  │
     │ 负面结果与    │ ←  │ 恶性循环 │ ←  │ 逻辑分类 │ ←┘
     │ 核心问题收敛  │    │  找寻   │    │  检测   │
     └──────────────┘    └─────────┘    └─────────┘
```

图6-7 推演法现状图七步骤示意

为了讲清楚推演法的七步骤，我用一个真实案例来说明。

云南某酒厂请我做咨询服务，老板的愿景是"云品出滇"，当然核心诉求是提升产品的销售业绩。众所周知，"两烟"（烤烟和卷烟）是云南省的支柱产业和名片之一，所以世人只知道"云烟"，却没听说什么"云酒"。成为"云酒"代表是所有云南酒厂梦寐以求的目标，但理想与现实之间的差距不知让多少云南酒厂望而却步。正所谓成功的产品都是相似的，不成功的产品各有各的不成功。该酒厂产品长期偏居滇西一隅，要成为"云酒"代表，必须先成为"云南王"。对该酒厂而言，实现这个目标可谓路漫漫其修远兮。不过，在我看来，重点是探索该酒厂销售业绩不理想的核心问题到底是什么。

第1步：不良效应收集

我与该酒厂销售副总一起走访市场做调研，大致收集了以下十几条不良效应。

（1）终端销售网点产品动销慢。

（2）区域市场无法完成销售目标。

（3）区域市场优质终端（每月出货10件以上产品的终端）数量较少。

（4）销售人员无法兼顾开发与服务终端工作（顾此失彼）。

（5）销售人员服务终端网点数量较多（最少的有200个左右，最多的达400多个）。

（6）品牌/产品线较长（该酒厂同时在售3个品牌，包括10多个高、中、低档系列产品）。

（7）品牌/产品缺乏拉力（终端如果不推荐，几乎没有自然动销）。

（8）终端网点客情及深度服务不到位。

（9）区域经理管辖区域市场较大（每人至少管辖2个地级市、县市场）。

（10）区域经理事务繁忙。

（11）终端网点补货不及时，经常短期缺货（该酒厂采取不得低于最小批量的销售政策）。

（12）销售团队组建时间较短，有经验的销售人员数量有限。

（13）大部分区域销售经理不称职，能力达不到要求。

收集不良效应有一个技巧，就是不要试图去评判系统相关人员的言行和所反映的各种问题，有效的做法是把自己当作"情绪垃圾桶"，让系统相关人员倾诉和发泄他们无法达成系统目标的理由、借口、抱怨和不满等负面情绪。你只需要把对方的情绪过滤掉，剩余的部分基本上就是人们各自视角下的各种不良效应。然后你只需要做进一步的观察和验证，就能有效收集这些不良效应。

我通常会用两种方法收集不良效应。第一种方法是与系统相关人员进行无提纲访谈，在了解其具体工作情况的过程中收集不良效应，然后将它们整理罗列出来并请对方确认。第二种方法是邀请系统相关人员匿名罗列自己看到或认为存在的各种问题清单，我将它们汇总和整理成不良效应清单并请大家确认。通常第二种方法比第一种方法更有效，因为匿名罗列问题清单并不需要事前建立必要的信任关系，在无压力的前提条件下，任何人都有善于发现问题的慧眼，而且通常无暇思考的问题都是大家看在眼里、记在心里的长期存在的问题。

不过这两种方法有一个共同的问题，就是针对同一个问题，人们会有不同的言语表述。任何组织系统都有一些共同语言和行话，或者每个人都有自己熟悉和习惯的遣词造句，难免存在理解上的歧义或不准确，所以非常有必要对每条不良效应的用词、语法和表述方式达成共识。我的习惯是以对方的语言习惯为主，当然我也会做适当的提炼或精简，确保大家在理解上保持一致和不费脑力。

第2步：不良效应检测

根据不良效应的两类八项检测标准，我做了一张不良效应检测表，如表6-1所示，对收集的不良效应进行逐一检测，并精简或调整措辞，尽量准确表述不良效应。

表 6-1　不良效应检测表示例

不良效应	关键性检测标准				陈述性检测标准				检测结果
	导致负面	长期存在	避免指责	影响范围	一个实体	清晰完整	没有因果	不是方案	
100#终端销售网点产品动销慢	√	√	√	√	√	√	√	√	合格
110#区域市场无法完成销售目标	√	√	√	√	√	√	√	√	合格
120#区域市场优质终端数量较少	√	√	√	√	√	√	√	√	合格
130#销售人员无法兼顾开发与服务终端工作	√	√	√	√	√	√	√	√	合格
140#销售人员服务终端网点数量较多	√	√	√	√	√	√	√	√	合格
150#品牌/产品线较长	√	√	√	√	√	√	√	√	合格
160#品牌/产品缺乏拉力	√	√	√	√	√	√	√	√	合格
170#终端网点客情及深度服务不到位	√	√	√	√	×	√	×	√	调整
180#区域经理管辖区域市场较大	√	√	√	√	√	√	√	√	合格
190#区域经理事务繁忙	√	√	√	√	√	√	√	√	合格
200#终端网点补货不及时，经常短期缺货	√	√	√	√	×	√	×	√	调整
210#销售团队组建时间较短，有经验的销售人员数量有限	√	√	√	√	×	√	×	√	调整
220#大部分区域销售经理不称职，能力达不到要求	√	√	×	√	×	×	×	√	不合格

在表6-1中，170#、200#和210#不良效应都违反了陈述性检测标准中的"一个实体"和"没有因果"两条规则，即这几条不良效应陈述一是讲了两件事情，二是都存在因果关系，所以要对它们进行调整。例如，"170#终端网点客情及深度服务不到位"，其中的终端网点客情及深度服务是两件事情，违反了一条不良效应只能讲一个实体的规则；同时这两件事情存在因果关系（因为深度服务不到位，所以客情不到位），违反了实体不能存在因果关系的规则。如何调整呢？有

两条建议：一是保留一个相对重要的实体；二是因果关系中保留"因"的部分，或者相对重要的部分。至于如何判断重要性，取决于其对系统目标的重要性，这里不需要精确定义标准，只需进行感性判断即可。

又如，"220#大部分区域销售经理不称职，能力达不到要求"，不仅违反了"一个实体"和"没有因果"这两条规则，还违反了"清晰完整"规则，更严重的是违反了关键性检测标准中的"避免指责"规则，直接判定为不合格。也就是说，检测不良效应有一个总规则，只要违反关键性检测标准中的任何一条规则，即视为不合格，可以直接删除；如果违反陈述性检测标准中的一条或多条规则，只需调整不良效应即可。220#不良效应有指责人的倾向，因为指责不仅会人为制造人际关系上的矛盾和冲突，而且会导向一个错误的解决问题的方向，那就是"人是所有问题的根源"。解决问题制造者，不就"解决"所有问题了吗？TOC有一个基本信念："人是好的。"意思是说，当你认为"人是坏的"时，几乎无法与他人创造双赢的局面。如果你把他人置于对立面，那么只能选择零和博弈策略，结果就是一方输，另一方赢。而当博弈局面不利于你时，你很可能把这样的不利局面归罪于对方，然后继续博弈，直至鱼死网破。

只有假设"人是好的"，才能避免指责所引导的错误方向，真正找出第13条不良效应背后的核心问题。通常情况下，某位区域经理不称职可能是个人的问题，但大部分区域经理不称职，那么一定是系统出了问题。

经过不良效应检测和调整，我得出了该酒厂销售业绩不理想的不良效应清单，如下所示。

某酒厂销售业绩不理想的不良效应清单

100#终端销售网点产品动销慢。

110#区域市场无法完成销售目标。

120#区域市场优质终端数量较少。

130#销售人员无法兼顾开发与服务终端工作。

140#销售人员服务终端网点数量较多。

150#品牌/产品线较长。

160#品牌/产品缺乏拉力。

170#终端网点客情及深度服务不到位。

180#区域经理管辖区域市场较大。

190#区域经理事务繁忙。

200#终端网点补货不及时。

210#销售团队组建时间较短。

注：以上不良效应的编号无具体要求，按收集不良效应的顺序递增编号就行。我习惯采用十进位的编号，仅代表无须穷尽所有不良效应的意思。

现状图的"原材料"采购和验收到位了，接下来就要"生产"现状图了。

第3步：不良效应分类

不良效应分类的好处在于方便连接它们之间的因果关系。我在第一章介绍了思维发展的3个阶段：分类—相关性—果因果。现状图其实就是果因果关系的连接，不良效应分类则是连接的准备动作。简单来说，不良效应分类就是把无规律的不良效应按照不同的性质和特点进行归类，使不同的不良效应之间具有相关性和规律，让它们之间的连接更便捷和高效。

至于如何分类，其实并不需要明确的标准和定义，只需按照你自己的理解简单分类就行。我把以上不良效应清单进行了简单的分类，如图6-8所示。

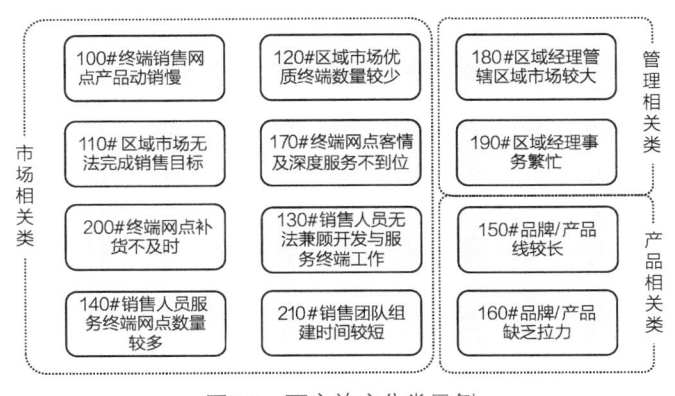

图6-8 不良效应分类示例

做好大致分类后，你会很容易识别出相关分类中不良效应之间的因果关系，下一步连接就更容易了。例如，"140#销售人员服务终端网点数量较多"，就会导致"130#销售人员无法兼顾开发与服务终端工作"，也会导致"200#终端网点补货不及时"。

第4步：不良效应连接

连接不良效应最好用的方法是用便笺纸在白板上连接。把每条不良效应写在一张便笺纸上，然后按类别贴在白板上的不同区域。首先连接相关分类中一眼就能识别出有因果关系的不良效应，通过移动和调整便笺纸的位置，并用马克笔画出不良效应之间因果关系的连接线和箭头，暂时无法连接的先放在一边。这些不良效应无须费脑力，具备行业基本常识和认知就能很容易地连接在一起。换句话说，从最容易的地方下手，不仅能增强人们连接的信心，而且不用提前透支有限的精力和脑力。不良效应分类连接示例如图6-9所示。

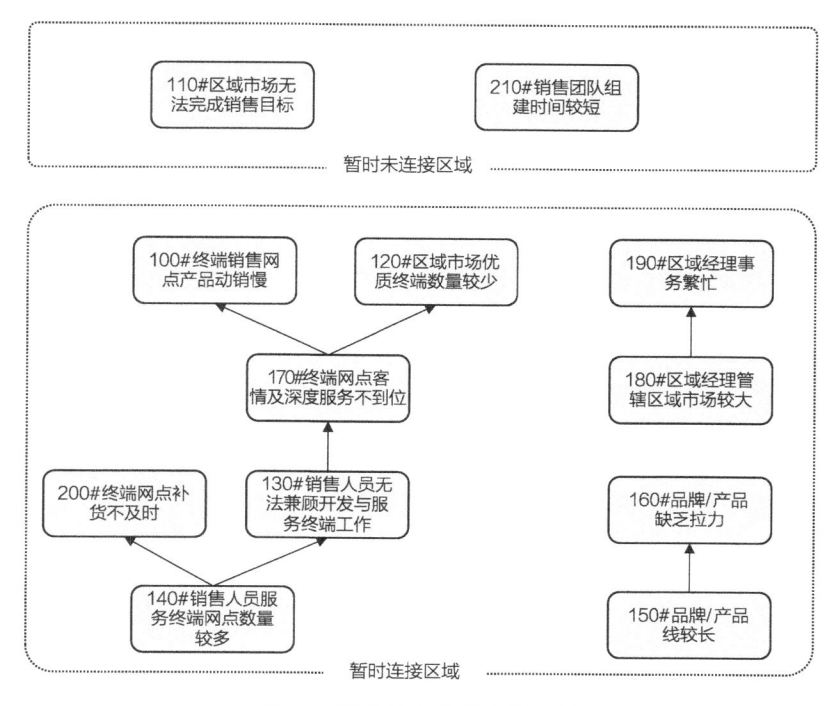

图6-9　不良效应分类连接示例

接下来把暂时连接区域内相对独立的部分"缝合"在一起。先审视190#和180#、150#和160#两个单独的部分，看看它们与左边区域的每条不良效应有什么相关性或内在的逻辑联系。这里有一个非常重要的技巧，就是用设问的方式读出来。有两种设问方法，一种是以箭头处的不良效应作为原因设问，另一种是以箭尾处的不良效应作为结果设问。例如，第一种设问方法为：不良效应"190#区域经理事务繁忙"会导致左边"140#销售人员服务终端网点数量较多"吗？答案很明显，不会。第二种设问方法为：不良效应"180#区域经理管辖区域市场较大"是由左边哪个不良效应导致的？选择哪种设问方法取决于"缝合"其他不良效应的难易程度，如果向上设问连接困难，就向下设问，或者相反，灵活应变就行。

设问的意思是自问自答，如果是团队画现状图，团队成员之间相互问答效果往往更好。继续设问下去，不良效应"190#区域经理事务繁忙"会导致"130#销售人员无法兼顾开发与服务终端工作"吗？当答案为否定时，继续下一个设问，直至找到回答有可能导致或引发的不良效应。最后你会发现，不良效应"190#区域经理事务繁忙"有可能导致或引发不良效应"120#区域市场优质终端数量较少"，但你会感觉它们之间跨度有些大，此时又引出了另一个关键技巧：两个看起来有关系但跨度大的不良效应之间的连接，需要补充中间效应。中间效应是箭尾处不良效应的结果，同时是箭头处不良效应的原因。当然有时中间效应不止一个，或许需要多个中间效应才能连接两个跨度太大的不良效应。寻找中间效应可以采用推导的方法，也可以采用预先画一个空白框的方法。我比较喜欢用画空白框的方法，就是暂时不用推导或考虑中间效应的具体内容是什么，先把两个跨度较大的不良效应通过空白框连接起来，然后跳转到其他地方，如法炮制。如图6-10所示，150#和160#这个单独部分也可以用空白框与左边的不良效应进行连接。

空白框里的内容什么时候填写呢？等把剩余未连接的不良效应都连成整体后再考虑，此时你神奇的大脑会自动将它们联系起来，做出合乎逻辑的"脑补"。丹尼尔·卡尼曼在其著作《思考，快与慢》一书中提出，人类的大脑有快与慢两种运作模式，分别对应系统1和系统2。其中系统1依赖情感、记忆和经验迅速做出判断；而有意识的系统2通过调动注意力来分析和解决问题，并做出决定。也就是说，脑补其实是系统1通过联想式、直觉式的信息加工方式把跨度较大的两个不良效应自动连接起来。当然脑补也可能出错，所以需要借助系统2对其进行逻辑分析、判断和验证。

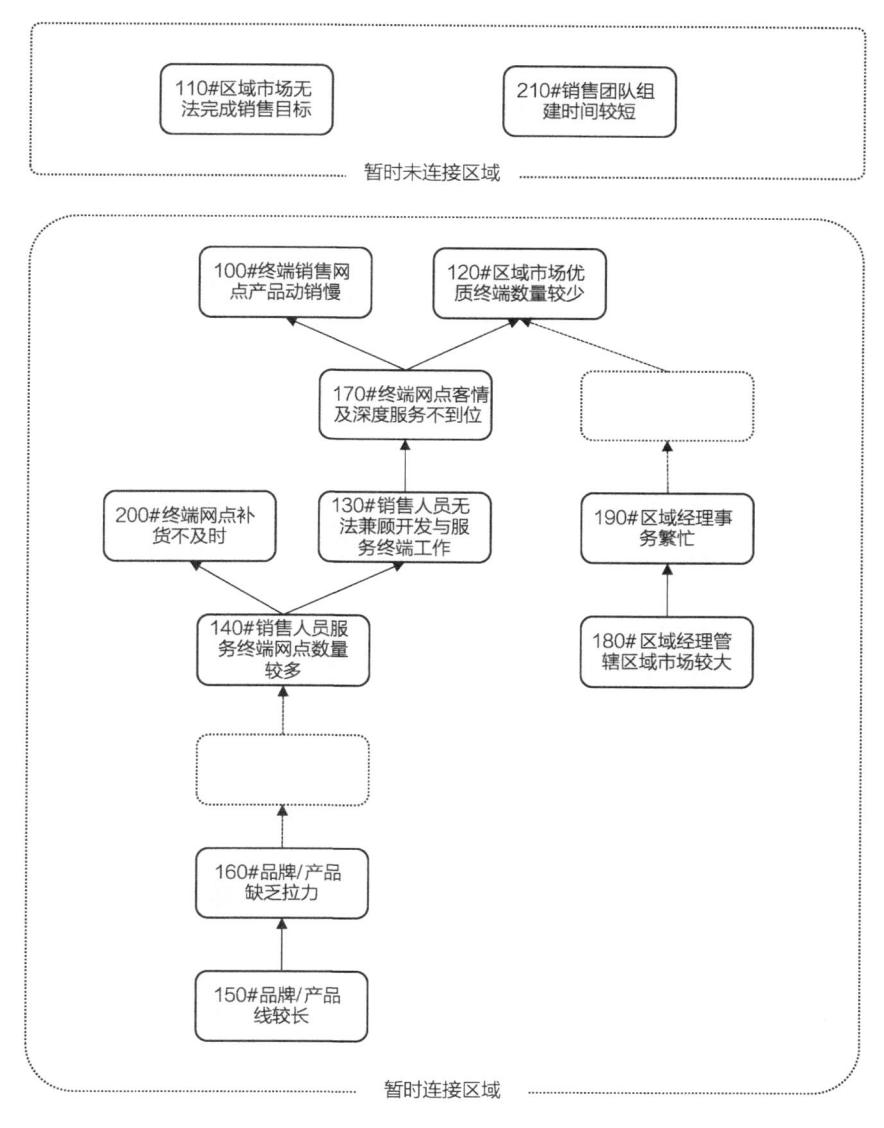

图6-10　不良效应空白框连接示例

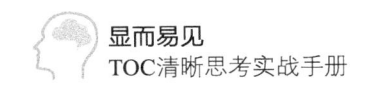

目前为止，现状图并不完整，还有2个不良效应没有连接到逻辑图中，而且有3条逻辑线没有交代清楚。不用着急，先进入下一步骤。

第5步：负面结果与核心问题收敛

所谓收敛，是指现状图向下一定会收敛到一个共同的原因（核心问题）引发所有的不良效应；同时向上收敛至一个系统现状最终的负面结果。有终有始，有输入有输出，现状图才完整。

先向上收敛负面结果。不良效应"100#终端销售网点产品动销慢"和"120#区域市场优质终端数量较少"，似乎可以收敛到"110#区域市场无法完成销售目标"。用"如果……那么……"句式读一下：如果"100#终端销售网点产品动销慢"，那么"110#区域市场无法完成销售目标"；如果"120#区域市场优质终端数量较少"，那么"110#区域市场无法完成销售目标"。听起来两句都符合现实认知和逻辑，先"收了"它们。

再看另一个分支，"200#终端网点补货不及时"会造成"110#区域市场无法完成销售目标"吗？感觉有点跳跃，跨度太大，补充一个中间效应是否能连接和收敛？如果"200#终端网点补货不及时"会导致什么负面效应？自然会导致终端网点缺货造成销售损失。如果"终端网点缺货造成销售损失"，会导致"110#区域市场无法完成销售目标"吗？感觉会，但好像还缺少点什么。或许再增加一个中间效应就能收敛到110#上了。如果"终端网点缺货造成销售损失"，又会导致什么？会导致浪费市场潜力，缺货代表无法满足市场需求，也就是说，该酒厂无法把市场做透，存在销售机会的浪费。简单总结，就是"终端网点缺货造成销售损失"会导致区域市场无法做透。因为"区域市场无法做透"，所以"110#区域市场无法完成销售目标"。如图6-11所示，此时完成了向上收敛负面结果的任务。

第六章 如何看清复杂事物的本质

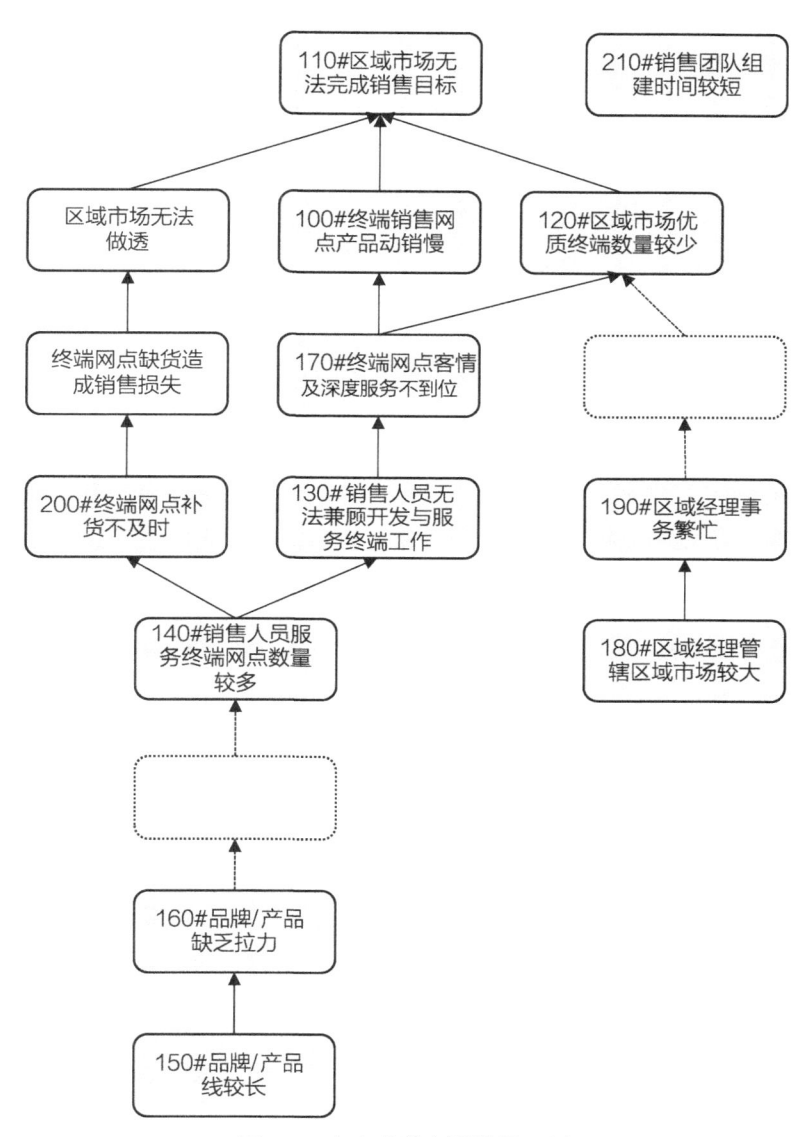

图6-11 向上收敛负面结果示例

再向下收敛核心问题。先看右边区域经理这个分支，为什么"180#区域经理管辖区域市场较大"呢？因为市场扩张太快，销售管理人员的补充跟不上市场发展的需求，只能让现有区域经理同时管理2个以上区域的市场。这好像是国内中小企业的普遍现象：一方面缺人，另一方面现有的人员用不上。但如果深究下去，你就会发现一些问题的端倪。例如，为什么市场扩张不能与管理人员资源

133

相匹配？为什么企业在管理人员资源相对有限的情况下，还要快速扩张市场？该酒厂其实也在解决这些问题，所以才会有"210#销售团队组建时间较短"的不良效应。

最后我发现，"180#区域经理管辖区域市场较大"归根结底是"160#品牌/产品缺乏拉力"惹的祸。其背后的逻辑是，因为品牌/产品缺乏拉力，所以只能反向开发终端网点倒做渠道，就是在终端网点等市场先行铺货，等生意有所起色之后，再找渠道商代理分销产品和服务终端网点。如果品牌/产品有影响力，通常的做法是先开发渠道商，再由渠道商开发或与渠道商共同开发终端零售网点。因为该酒厂品牌/产品影响力有限，所以只能选择"难而正确"的方法做市场。因为难，所以各区域市场销售业绩增长缓慢且有限，因此选择快速跑马圈地，开发多个市场也是情理之中的事。我将核心问题大致精简收敛如图6-12所示。

现在，现状图的雏形基本构建完成，接下来开始填充空白框里的内容。你可以很容易看出来，不良效应160#和空白框及补充的中间效应"加快新区域市场的拓展"构成了一个果因果模型。一边是讲新市场的，那么空白框这边就是讲老市场的。如果"160#品牌/产品缺乏拉力"，那么会导致老市场出现什么结果呢？必然要求精耕细作现有市场，提升终端网点覆盖率。因为在提升产品销售业绩面临压力及品牌/产品缺乏拉力的情况下，只能通过挖掘现有市场的潜力及开发新市场，才能解决提升整体销售业绩的问题。所以，这个空白框可以很快填上，并补充完成必要的假设。

再看190#与120#之间缺失的中间效应，如果"190#区域经理事务繁忙"会直接导致什么，继而引发"120#区域市场优质终端数量较少"呢？除非什么情况不发生，否则一定会引发"120#区域市场优质终端数量较少"呢？或者说，除非什么情况发生，才不会引发"120#区域市场优质终端数量较少"呢？请读者留意我设问的方式，不要局限于一种设问方式，换着花样提问或许会得到不同的启发。"190#区域经理事务繁忙"，除非其对区域市场管理的投入度足够或不足够，才会或不会引发"120#区域市场优质终端数量较少"，不是吗？区域经理又不是孙悟空，他分身乏术，而且时间总是有限的。如图6-13所示，这样就完成了遗留空白框的填充问题，你会发现自己的思路越来越清晰。

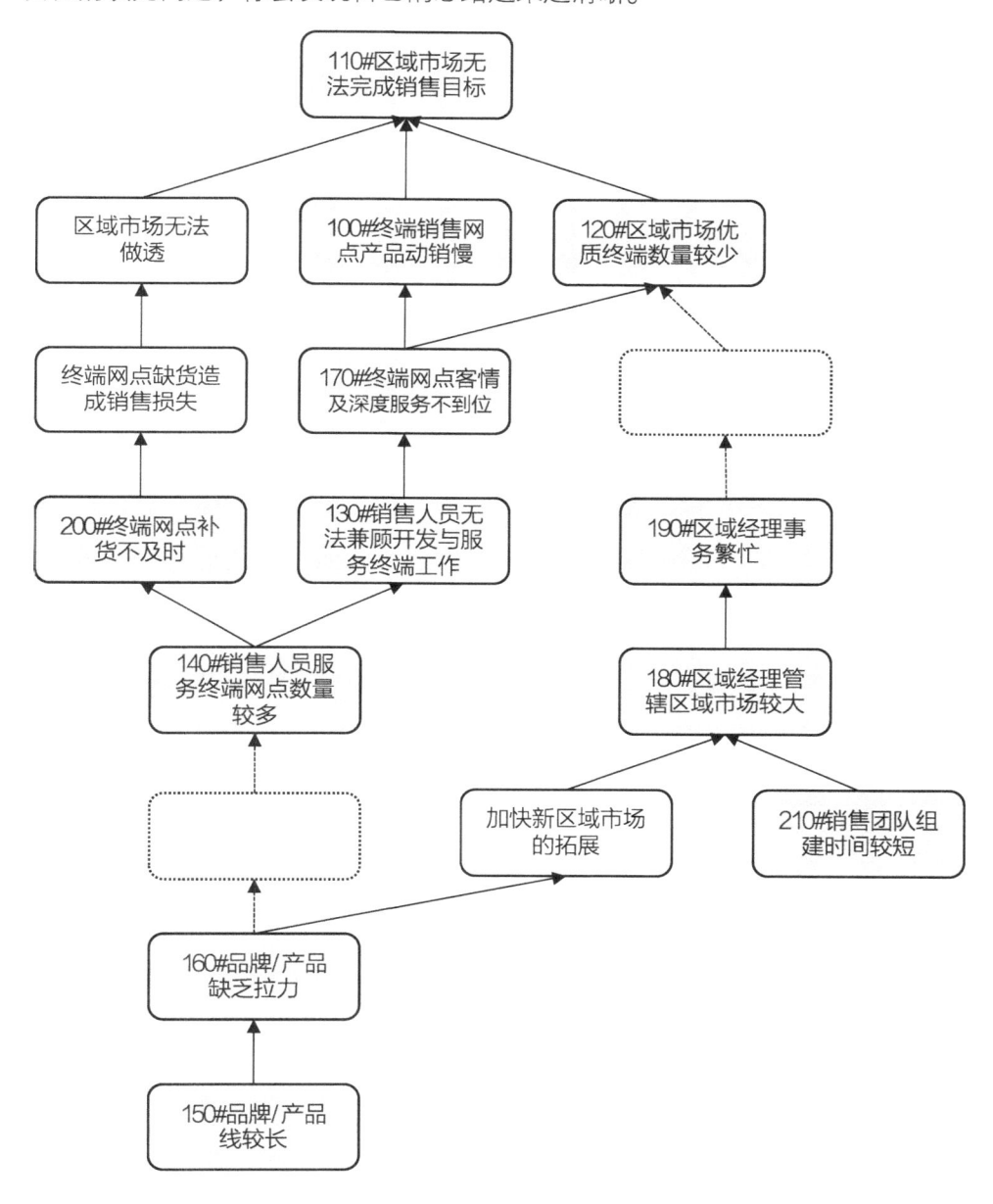

图6-12 向下收敛核心问题示例

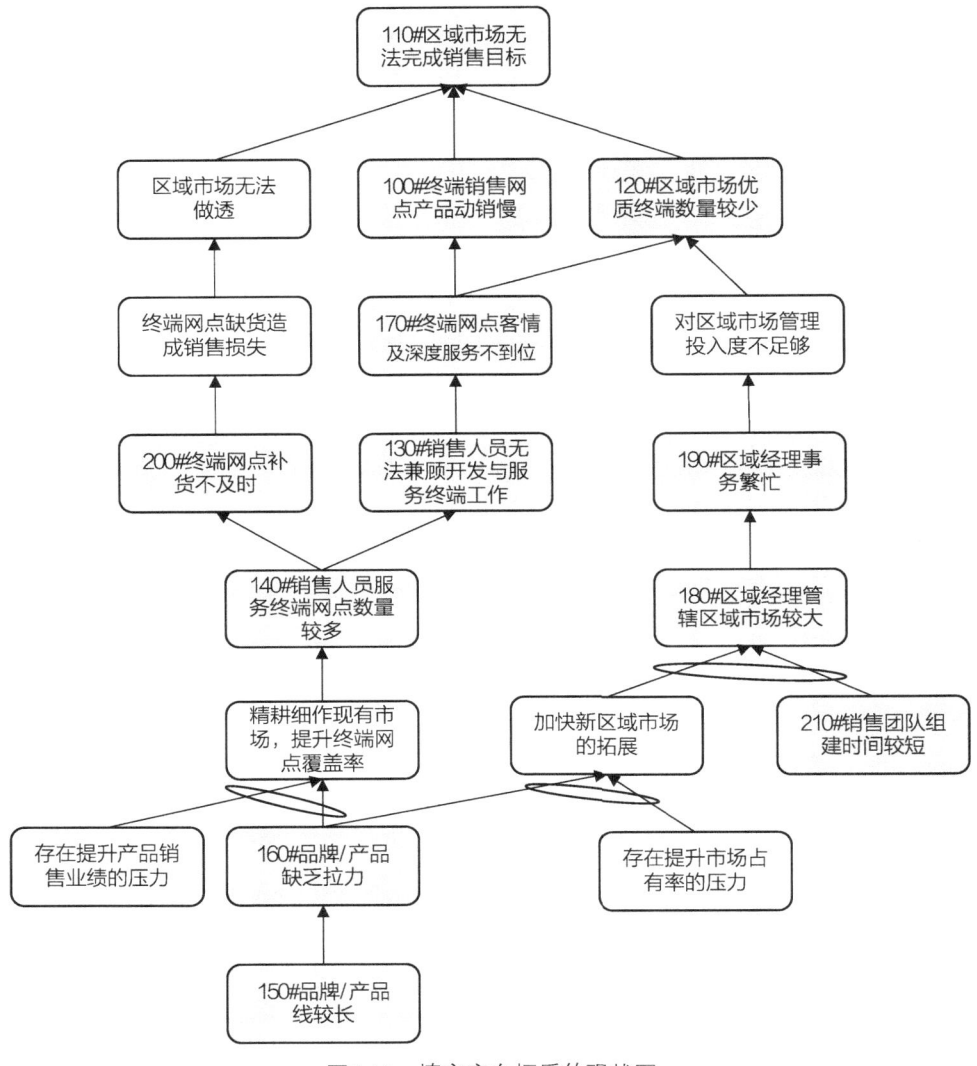

图6-13　填充空白框后的现状图

此时，现状图已经有模有样了，不过仍然不够完美，因为还没有完成画现状图的最后两个步骤。

第6步：恶性循环找寻

通常情况下，现状图中至少存在一个正反馈回路，致使系统呈现逐渐递增恶化的趋势。当人们置身系统中时，并不能真切地感受到这种逐渐递增恶化的趋势，所能看到的仅是局部的某些不良效应，正所谓"见树不见林"。只有通过现状图的完整呈现，才能够看清楚局部不良效应引发的一系列连锁反应，以及它们之间长长的因果逻辑链。

从系统思考的角度来看，一个系统的表现取决于系统组件之间的相互协作，而不是每个或个别组件的表现水平。也就是说，只依靠某些组件的表现无法达成系统的目标。反之，对于系统目标呈现不理想的状况，也不能仅依靠解决某些组件的不良效应来改善。只有找到并解决系统组件之间相互作用的核心问题，改善才成为可能。然而，核心问题通常都藏在表面之下，并不能轻易看清。因此，找寻系统中的恶性循环是分析核心问题的关键。

恶性循环是问题和麻烦不断自我加强的模式，让人们深陷其中无力自拔。如果不能从本质上解决恶性循环的根源，那么系统未来的状况只不过是现状的重复和延续。

如何找寻现状图中的恶性循环呢？其实很简单，还是使用因果逻辑。现状图呈现为树状结构，通常自下而上地阅读和审核，恶性循环则是自上而下地找寻。现状图的顶部是最终结果，中间部分可以理解为中间结果，这里所谓的结果，是下层原因引发的结果，而结果也有可能是引发上层结果的原因。所以，结果既是结果又是原因，一体两面。你只需把现状图顶部的结果当作原因，看其是否会形成正反馈回路从而加强其下层某个实体框中的不良效应或中间效应。例如，如果"110#区域市场无法完成销售目标"，那么会强化其下层的哪个不良效应或中间效应呢？通过逐一分析，找出恶性循环现状图中的正反馈回路，如图6-14所示。

在图6-14中，可以找到4条正反馈回路。

第一条：如果"110#区域市场无法完成销售目标"，那么提升销售业绩的压力就会越来越大，箭头指向假设框中的"存在提升产品销售业绩的压力"。

第二条：如果"110#区域市场无法完成销售目标"，那么提升市场占有率的压力就会越来越大，箭头指向假设框中的"存在提升市场占有率的压力"。

第三条：如果"110#区域市场无法完成销售目标"，那么就会加快新产品开发的节奏，增加更多的新品牌/产品线，箭头指向不良效应"150#品牌/产品线较长"。

第四条：如果"区域市场无法做透"，那么要求销售人员对现有市场精耕细作，箭头指向中间效应"精耕细作区域市场，提升终端网点覆盖率"。

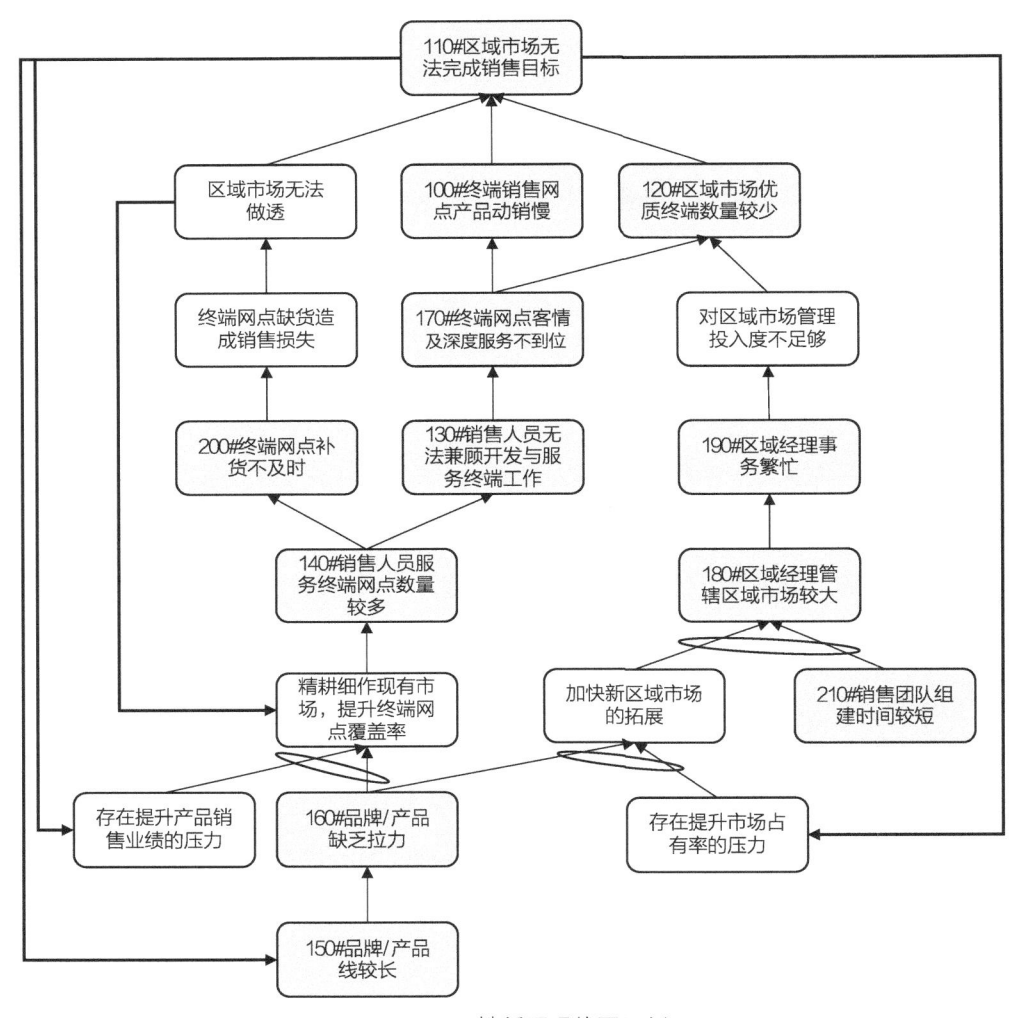

图6-14　恶性循环现状图示例

第7步：逻辑分类检测

按照第二章介绍的三层七类逻辑分类检测标准，对现状图的连接逐一进行检测。检测方法是从下往上阅读，用"如果……那么……"或"如果……同时……那么……"的句式读出来，一旦读起来不通顺或不符合逻辑，那么马上进行修改或调整。不要指望一次性做出完美的现状图，适当的修改或调整会让现状图更符合实际情况。当然，你也可以请团队成员或局外人帮助检测。

这里帮助读者复习一遍三层七类逻辑分类检测标准。

第1层：逻辑表述清晰性检测。

第2层：逻辑存在性检测。

（1）实体存在性检测。

（2）因果关系存在性检测。

第3层：因果关系充分性检测。

（1）其他原因检测。

（2）原因不充分检测。

（3）因果关系倒置检测。

（4）预期结果存在性检测。

根据以上逻辑分类检测标准，我发现了该酒厂现状图中的一些问题，如图6-15所示，在图中以虚线框标注。

在此就不再逐一展开分析和解释了，我直接修改了现状图，完整现状图如图6-16所示，也请读者自行对照分析和思考。另外，我对现状图的排版也做了一些调整，使其看起来更加美观和方便阅读。

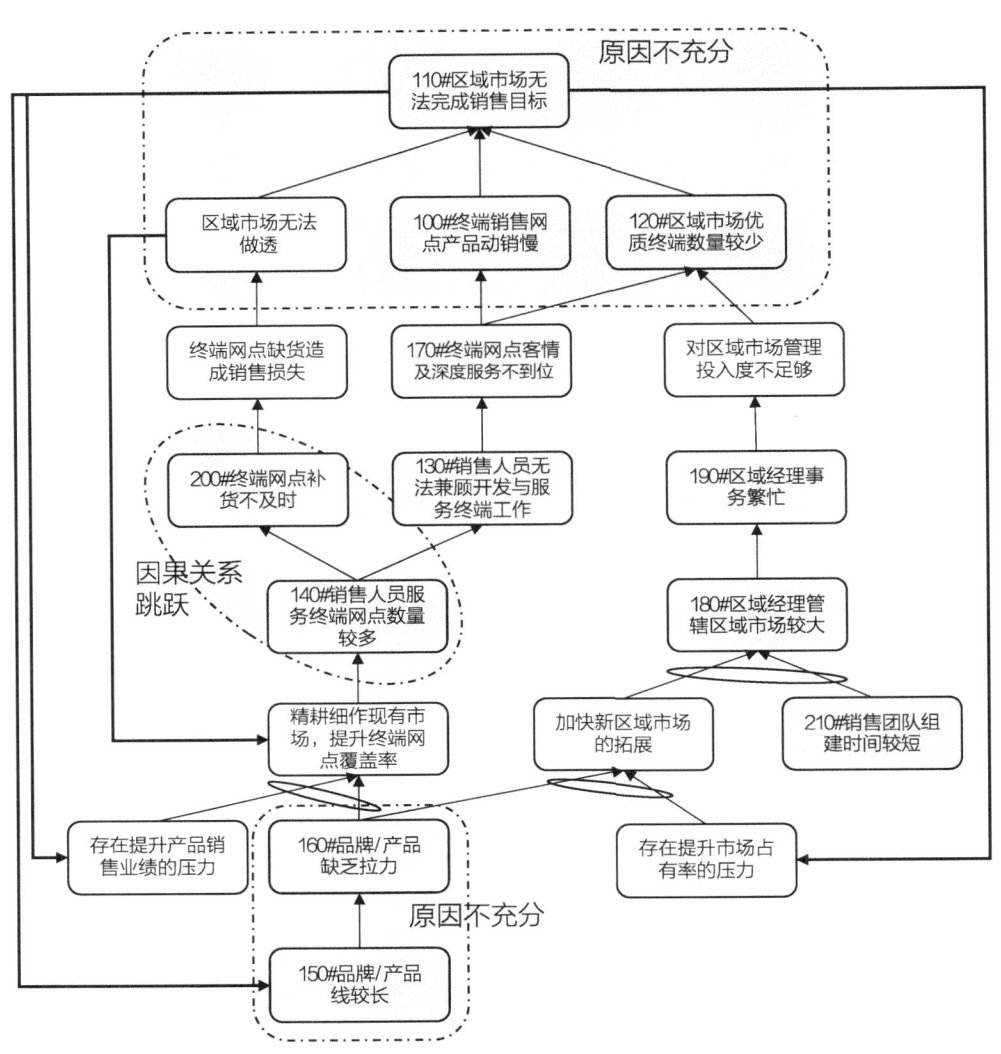

图6-15 逻辑分类检测现状图示例

第六章 如何看清复杂事物的本质

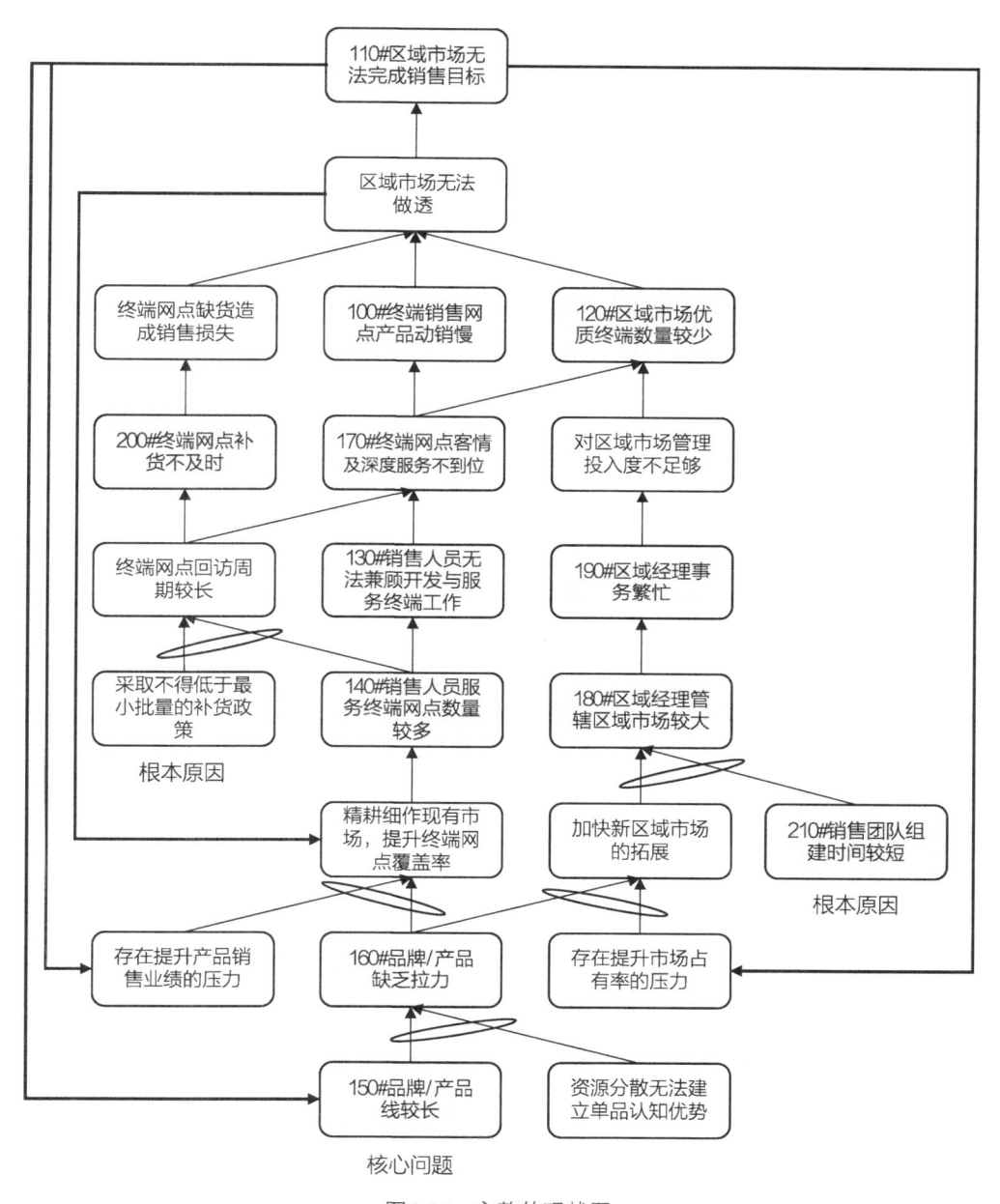

图6-16 完整的现状图

请注意，逻辑分类检测不一定非要到最后一步才做，也可以一边画图连接一边检测。不过，最后一步还是要做检测的，你可以把它当作对现状图成品的最后一次检测，同时当作对自己完成现状图的自我肯定和精神激励。清晰思考是

141

反人性的行为，除了要具备强大的自控力，还要自我嘉奖，并享受清晰思考的乐趣。

在完整的现状图中，我标注出了核心问题和根本原因。画现状图找出引发系统恶性循环的核心问题和根本原因只是解决问题的第一步。不过，做到这一步已经算成功了一半。在第七章，我将重点介绍用来解决核心问题和根本原因的TP方法，让你进一步感受清晰思考的威力和魅力。

画现状图，如果熟练的话，大概一两小时就能够完成。如果不熟练，可能需要一两天，但总好过有的企业一两年甚至几十年都看不清楚自身系统的情况。因此，画现状图能够经济、高效地让你看清系统，是直指核心问题最有效的方法之一。这是高德拉特博士留给世人的宝贵遗产之一，虽然理解起来简单，但不容易做到。如果你能掌握我总结的七步流程，那么画现状图也没有那么困难，起码会让你少走一些弯路。当然，适当的练习仍然是不可或缺的。

拓展实践：如何精读一本好书

现状图不仅能揭示系统现状和核心问题，而且可以拓展成读书学习的"神器"。当然，前提必须是，你读的是一本好书，否则杀鸡焉用牛刀？关于好书的定义因人而异，其实并不需要统一的标准。精读一本好书，通常的方法是在书上画重点，或者在书中空白处做批注，更厉害的读者会做读书笔记。做读书笔记更高明的方法是画思维导图。由于思维导图简单易用，而且能够把一本书的主旨和结构完整地呈现出来，达到主次分明、枝干清晰、纲举目张、提纲挈领的作用，所以备受人们的推崇，成为应用人群和应用场景最广泛的思维工具之一。

我最早接触思维导图是在1999年，当时有一本风靡全国的书叫《学习的革命》(The Learning Revolution)，书中介绍了一种叫作"画脑图"的方法，让我受益匪浅。我记得那一年正逢所在工厂不景气，开始解聘和转岗分流人员，我花了大概一周的时间把菲利普·科特勒（Philip Kotler）的《营销管理》

第六章 如何看清复杂事物的本质

（Marketing Management）一书用画脑图的方式学完，从此踏上了营销的"不归路"。该书被奉为营销学的"圣经"，厚达700多页，如果不用画脑图的方式学习，估计要一年半载才能学完。后来我才知道，所谓脑图就是东尼·博赞（Tony Buzan）发明的思维导图。

思维导图是一个表达发散性思维的有效工具，其放射型结构据说反映了大脑的自然结构，可以以读书笔记的形式呈现思维扩展，从而得到一幅幅清晰的章节概要图，帮助人们整体把握和梳理一本好书的主要内容与清晰的脉络。因为思维导图可以帮助人们理解作者的思想，并将其转换为可视化的思维形式，所以更有利于记忆。请注意，我要开始反转了。思维导图固然有很多便利之处，但仍然停留在思维发展"分类—相关性—果因果"的初级阶段，即更多的内容处于分类阶段，很少的内容处于相关性阶段。

思维导图的底层逻辑本质上是一种结构化思维。结构化思维是一种基于机械论的信息组织模式，目的是把客观无序的信息组织成人们能理解的主观信息。机械论的一个观点就是万物皆可拆分。例如，一台计算机可以拆分为一堆零件，一本书可以拆分为篇章、节、段落、主题、论点和论据，等等。人们可以把一堆零件组装成一台计算机，但很难把一本拆解完的书再还原回去，忠实地表达作者的意图。就像你去菜市场买回来羊头、羊蹄和羊身体的各部分，但很难把它们组合成一头活羊。因为屠户已经把羊杀死，切断了羊的神经、血管和它们之间的内在联系。思维导图恰似屠户手中的刀，不仅切断了书中知识和信息的因果逻辑或内在联系，而且会让人们获得一种低品质勤奋的伪学习成就感和快感——看起来很勤奋，却无法掩饰低品质的自学能力。正如我20多年前学习《营销管理》一样，只记住了一堆概念和专业术语，如果不是后来有实践应用的机会，还真无法掌握这本书的精髓。

虽然思维导图和现状图都呈现出树状结构，但现状图具有果因果模型因果链状的内在联系。虽然思维导图本身各节点之间可以增加一些相关性线条，但是其主体和核心仍然体现为树状结构。也就是说，思维导图的使用场景是对知识体系结构内容和数量的梳理，更适合知识体系管理，就像仓库账本一样毫无遗漏。但要想把一本书中散落在各章的核心观点和思想串联起来，思维导图先天缺乏系统思考的逻辑性和系统性。

所以，我并不建议用思维导图做读书笔记，画现状图才是精读一本好书的首选。我曾经组织过一期线上视频分享课，其中就用画现状图的方式精读了《福格行为模型》一书的前言部分。现在我用思维导图和现状图来梳理这本书的前言，做一下对比，请读者自行参考和判断。《福格行为模型》前言部分思维导图如图6-17所示。

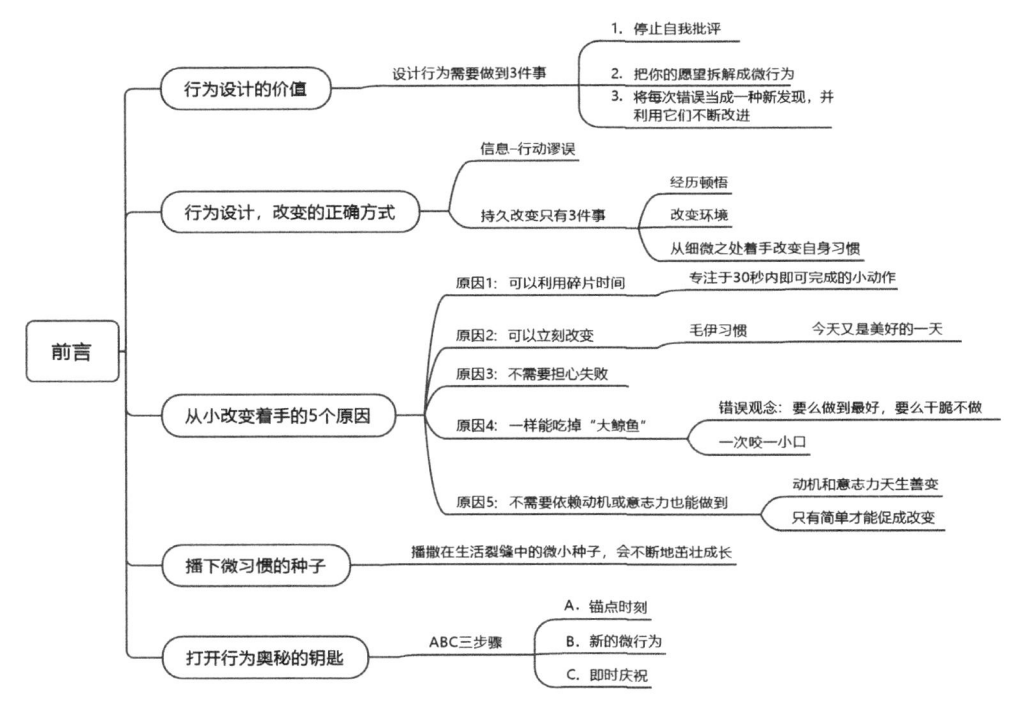

图6-17 《福格行为模型》前言部分思维导图

我只节选该书前言中的"行为设计的价值"和"播下微习惯的种子"两个单元做示范。在"行为设计的价值"单元中，思维导图只能罗列出设计行为要做的3件事，读者并不能清晰地知道为什么要做这3件事。思维导图更倾向于呈现"是什么"，现状图不仅可以呈现"是什么"，而且能更清晰地揭示"为什么"。或许有人会说，思维导图也可以呈现"为什么"。但这样一来思维导图就失去简洁性，那还不如摘抄笔记。

《福格行为模型》前言部分现状图示例1如图6-18所示。

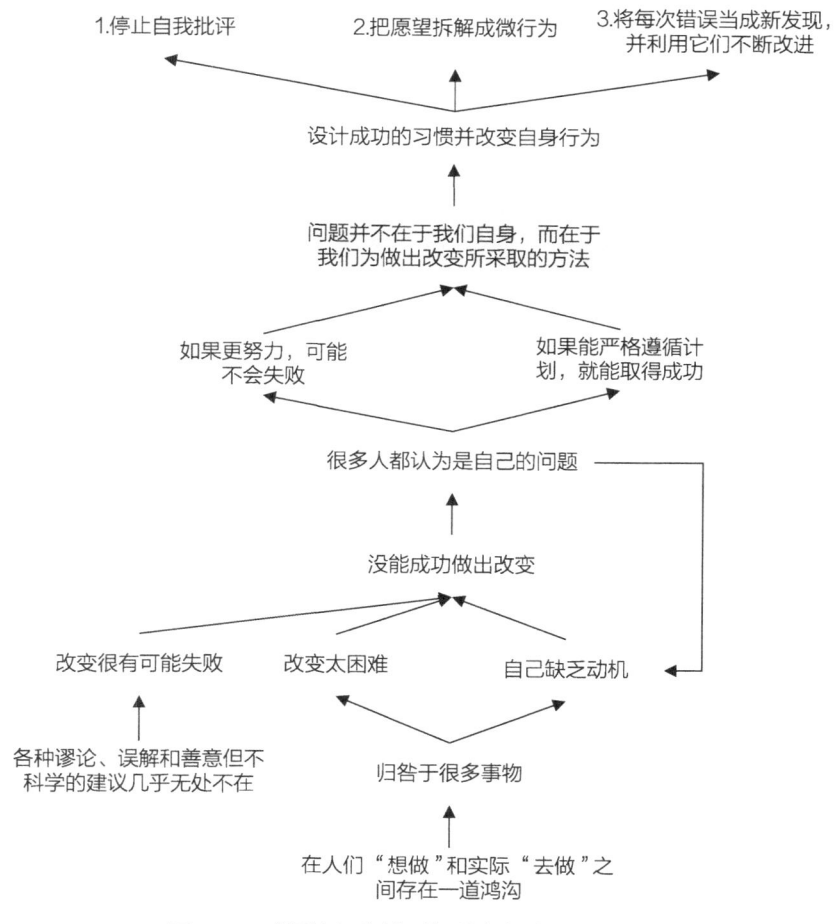

```
1.停止自我批评       2.把愿望拆解成微行为    3.将每次错误当成新发现，
                                          并利用它们不断改进
        ↖              ↑              ↗
            设计成功的习惯并改变自身行为
                        ↑
            问题并不在于我们自身，而在于
            我们为做出改变所采取的方法
                    ↗        ↖
        如果更努力，可能      如果能严格遵循计
        不会失败              划，就能取得成功
                    ↖        ↗
            很多人都认为是自己的问题 ────┐
                        ↑                │
                    没能成功做出改变       │
                ↗      ↑      ↖         │
    改变很有可能失败  改变太困难  自己缺乏动机 ┘
            ↑              ↑
    各种谬论、误解和善意但不    归咎于很多事物
    科学的建议几乎无处不在              ↑
                            在人们"想做"和实际"去做"之
                            间存在一道鸿沟
```

图6-18　《福格行为模型》前言部分现状图示例1

再看"播下微习惯的种子"这个单元。思维导图只能将这个单元的内容描述为一句话，因为作者在讲这个道理的时候是用一个小故事来阐述的。思维导图很难完整地讲述一个故事的来龙去脉和一个道理或原理背后的逻辑，但现状图可以将其完美地呈现出来，如图6-19所示。

145

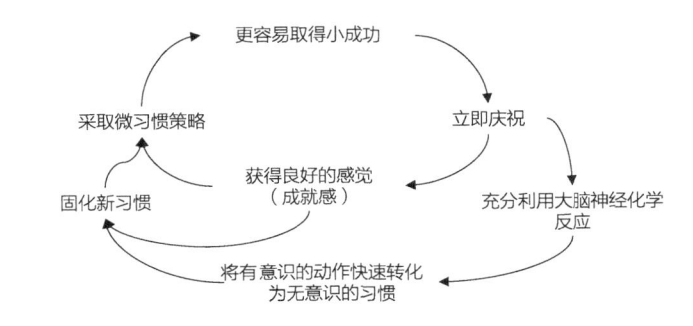

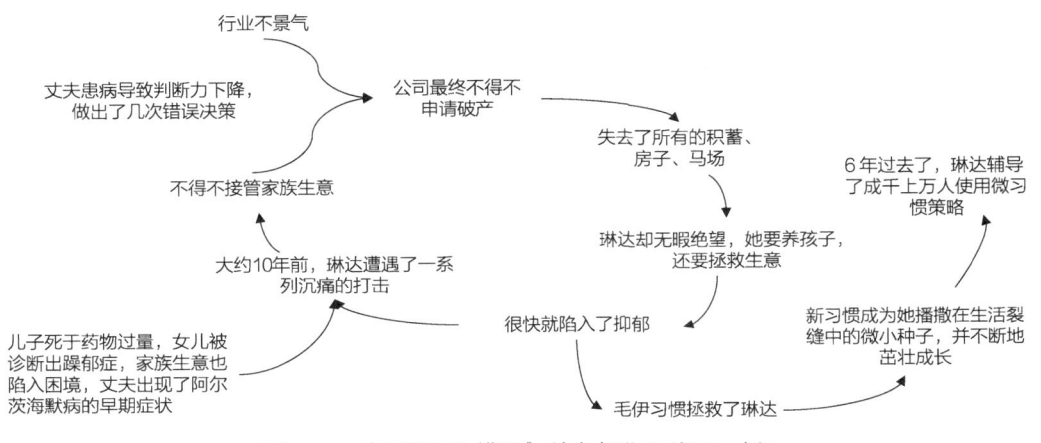

图6-19　《福格行为模型》前言部分现状图示例2

图6-19是现状图的另一种形式，叫作恶性循环法现状图，在《第五项修炼》一书中叫作系统循环图，我会在本书进阶篇对此进行讲解。那么问题来了，如何用现状图精读一本好书呢？其实方法很简单，因为一本好书本身就是逻辑思维的产物，只是不同作者的写作风格和写作方式不同罢了。所以，读者只需要真正读懂和领会作者想表达的思想和内容，照搬书中的逻辑结构，将其呈现为现状图形式即可。这不是悖论吗？如果真正读懂和领会了作者想表达的思想和内容，那么还画现状图干什么？其实不然，能够读懂是一回事，能够输出读懂的内容是另一回事。画现状图是内化和输出知识的一种有效形式，读者并不一定是输出给别人，而是输出给自己。多数情况下人们以为自己真的读懂了一本书，其实还是一知半解，真正静下心来画现状图的时候，就会发现很多书都白读了，或者是囫囵吞枣。读书其实不在于多而在于精，一本好书值得花时间用现状图来精读。

练习题

1. 根据你所在企业、组织或家庭的实际情况画现状图,请严格按照画现状图的7个步骤做1~2个练习。

2. 推荐阅读高德拉特博士所著的《目标》(*The Goal*)一书,选择该书或其中任一章,尝试用画现状图的方式进行精读或解读。

第七章 如何双赢解决问题

第七章 如何双赢解决问题

前文通过画现状图找出了系统不理想状况下隐藏的核心问题和根本原因，明确了要"改变什么"的方向，即需要解决什么核心问题和根本原因，才能从本质上消除和摆脱恶性循环，让系统走上良性循环的轨道。然而，知道要解决什么问题，并不代表一定知道如何正确地解决问题。

人们解决问题的常规套路大致是：发现问题—分析问题—解决问题。其中在分析问题环节，人们会分析和验证问题产生的根本原因，然后针对根本原因制定对策和实施方案，并执行方案。如果在执行方案的过程中发现了新问题，或者效果不尽如人意，再调整或修改对策和措施，直至问题被解决。常规套路只能解决常规问题。非常规问题，特别是核心问题，往往超出了人们的认知和经验边界。试想，如果一个问题凭借人们过往的认知和经验就足以解决，那它还是问题吗？就像人们常说的"能用钱解决的问题都不是问题"一样，它根本不是什么问题，根本不值得去解决。一个值得解决的问题，一定是一个长期存在的且过去无法解决，一旦解决就能够带来更大价值的更重要的问题。一个值得解决的问题需要双赢解决。如果依然走老路，又怎么能到达新地方呢？

双赢解决问题，意味着不仅要质疑固有的经验和观念，而且要跳出过往习惯性思考和解决问题的思维模式。当然，质疑并不代表全面否定固有的经验和观念，而是要学会扬弃——发扬和保留其积极面，摒弃其消极面。跳出也不代表全盘否定过往习惯性思考和解决问题的思维模式，而是要学会在适当的时候把自己抽离出来，以不同于往常的思维视角看待问题，发现新的解决问题的可能性。高德拉特博士告诫人们，永远不要说"我知道了"，意思是永远不要满足于现有的解决方案，人们总是可以创造性地发现问题和解决问题，所以才有了"所有情况都能大幅改善"的强大信念。

我相信高德拉特博士的信念并不是毫无理由和根据的，如果你能真正理解高德拉特博士所创造的双赢解决问题的思考流程，那么你也可以把这样的信念植根于内心深处，并生根萌芽，开枝散叶。

定义问题

双赢解决问题的前提是定义问题，定义问题的前提是对"问题"下定义。也就是说，首先要回答"什么是问题"。"问题"这个词是个多义词，释义包括但不限于：①要求回答或解释的题目；②需要研究讨论并加以解决的矛盾、疑难；③关键、重要之点；④事故或麻烦；⑤造成差距的因素。从现状图呈现核心问题的角度来看，问题是造成差距的因素，同时是关键和重点，当然也是系统的麻烦。从解决问题的角度来看，问题自然是需要研究讨论并加以解决的矛盾、疑难。所以，毛泽东在《反对党八股》一文中说："什么叫问题？问题就是事物的矛盾。"毛泽东对问题的定义几乎与TP对问题的定义完全一致，只是TP对问题的定义更具有可落地执行的现实操作意义。

什么是问题？问题至少包含3层定义。

第1层，问题是未解决的冲突。任何一个问题都隐含或显现了两个相互矛盾的行为，并存在非此即彼的冲突。

第2层，问题是未满足的需求。任何一个问题背后都存在无法同时满足各利益相关方需求的问题，鱼和熊掌不可兼得。

第3层，问题是造成预期与现实之间差距的因素。任何一个问题的存在都是预期无法实现的障碍因素，只存在障碍大小的区别。

因此，可以从问题的定义推导出定义问题的方法：任何一个问题如果不能以相互矛盾的行为来反映彼此无法满足的需求之间的冲突，就是没有定义清楚。没有定义清楚问题，就无法双赢地解决问题。当然，没有定义清楚问题，不代表不能解决问题，只是解决问题的程度和效果无法令人满意。关于定义问题的方法，其实毛泽东早在《反对党八股》一文中提过。他说："首先就要对于问题即矛盾的两个基本方面加以大略调查和研究，才能懂得矛盾的性质是什么，这就是发现问题的过程。"后来我学习了TP，才慢慢领会到他老人家当初的智慧与TOC思维如出一辙。用清晰思考流程中的冲突图，就能够把问题定义与定义问题这两个概念可视化地表达出来，如图7-1所示。

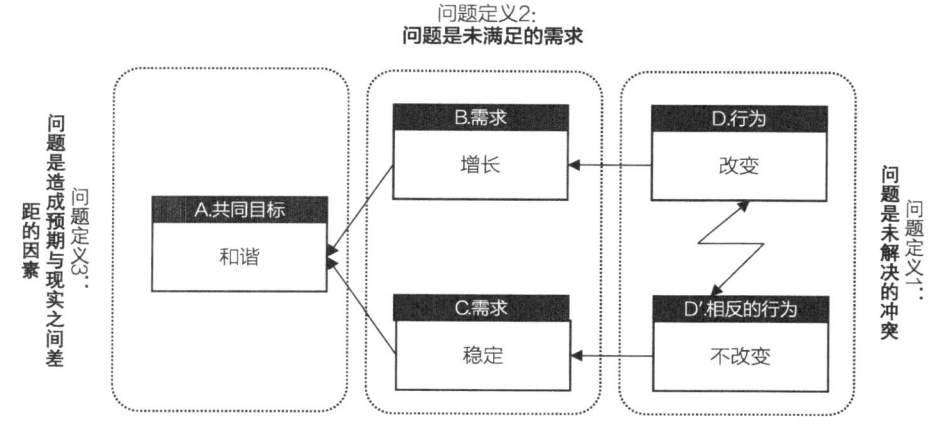

图7-1 问题定义与定义问题冲突图示意

换言之，只有把定义问题的方法以冲突图的形式表达出来，才算定义清楚了问题。要充分理解冲突图，首先要厘清矛盾与冲突这两个词在概念上的区别和联系。人们经常把这两个词混淆在一起使用，搞得内心非常纠结和冲突。矛盾是事物对立或相反的两个方面相辅相成的关系，反映了事物一体两面的性质。冲突是矛盾的两个方面无法同时满足各自利益和需求的状态与过程。简单来说，两者之间的区别与联系是，矛盾是一种客观存在的事实，冲突是主观判断的存在的事实；有冲突一定有矛盾，但有矛盾不一定有冲突。

因为高德拉特博士是一名物理学家，他用自然科学的思维视角来看待世界，所以他认为现实也像大自然一样极度简单与和谐。他在《抉择》一书中解释道："冲突是一种情况，在这种情况中想要的是矛盾的。"也就是说，人们想要的东西是矛盾的两个方面。他以飞机的翅膀（机翼）为例进行说明："一方面我们希望翅膀是坚固的，从而确保我们所用支撑架的强度；但是另一方面，我们需要翅膀是轻盈的，从而使我们可以使用轻便的支撑梁。"飞机翅膀坚固与轻盈是矛盾的两个方面，但对飞机而言都是必需的，这就是一个典型的冲突。再如，人们在日常购买商品时，一方面希望商品质量好，另一方面希望商品价格便宜，但是质量好价格就贵，价格便宜又无法保障质量，买还是不买呢？这也是一个冲突。

现实生活中各种各样的冲突无处无时不在，但在物理学家高德拉特博士眼里，现实中根本不存在冲突。他反复告诫人们，"不要接受冲突是必然的"，冲突其实只是对客观事实存在矛盾的主观判断而已，反映在现实中就是人们每天需要面对和解决的各种各样的问题。就像同一个问题，有的人认为是问题，有的人认为不是问题。

理解冲突图

冲突图的构成元素

冲突图是定义问题、分析问题和解决问题的可视化逻辑思考工具，是TOC独创的双赢解决问题的强大思考工具。它由7个元素通过5个实体框与两种箭头连接构成，反映的是必要而非充分条件逻辑关系。这7个元素分别如下。

- 一个共同目标，用字母A表示。
- 两个达成共同目标的必要条件，或者必须满足的两个利益或需求，分别用字母B和C表示。
- 两个相反的行为，或者必须满足的两个利益或需求的必要条件，分别用字母D和D′表示。
- 箭头中隐藏的假设，每个箭头中都隐含着一个或多个假设。
- 一个或多个潜在的激发方案。

7个元素、5个实体框与两种箭头连接成了冲突图，如图7-2所示。

在冲突图中，单向箭头表示"为了……必须……"：为了实现A，必须满足B，为了满足B，必须采取D；为了实现A，必须满足C，为了满足C，必须采取D′。双向折线箭头表示冲突：采取D就不能采取D′，或者相反。也就是说，D和D′只能二选一。无论是单向箭头还是双向折线箭头，都代表其中隐含着一个或多个必要假设，必要假设是冲突成立的前提和理由，是破解冲突图的关键所在。如果你能够推翻必要假设，就能创造激发方案，所以每个冲突的背后都存在一个或多个潜在的激发方案，正所谓问题即机会，但前提是激发。

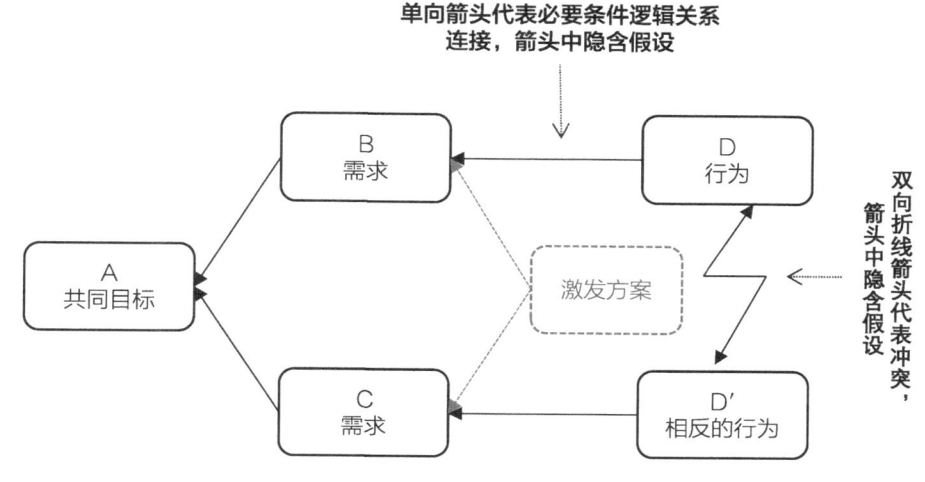

```
                单向箭头代表必要条件逻辑关系
                    连接，箭头中隐含假设
                            ↓
              ┌─────┐           ┌─────┐
              │  B  │←──────────│  D  │
              │ 需求 │           │ 行为 │    双
              └─────┘           └─────┘    向
           ↗                         ↑     折
     ┌─────┐     ┌ ─ ─ ─ ─ ┐         │     线
     │  A  │     │ 激发方案 │←─ ─ ─ ─       箭
     │共同目标│    └ ─ ─ ─ ─ ┘         │     头
     └─────┘                         │     代
           ↘                         ↓     表
              ┌─────┐           ┌─────┐    冲
              │  C  │←──────────│  D' │    突，
              │ 需求 │           │相反的行为│ 箭
              └─────┘           └─────┘    头
                                          中
                                          隐
                                          含
                                          假
                                          设
```

图7-2　冲突图的构成元素示意

冲突图中的各元素是由必要条件逻辑关系连接的。我在第二章讲过，必要条件是有之不必然，无之必不然。在冲突图中，B和C两个需求是实现共同目标A的必要条件，但除了这两个必要条件，仍然存在实现共同目标A的其他必要条件。同样的道理，满足B这个需求的必要条件也不仅限于D行为，仍然存在其他必要条件。那么，为什么不把其他必要条件也显现出来呢？因为只要在满足B和C这两方面需求的众多必要条件中存在两个矛盾的必要条件，纵然其他必要条件同时具备，也无法满足B和C这两方面的需求，进而无法满足实现共同目标A的需求。换句话说，矛盾的两个必要条件（行为）会成为阻碍满足需求和实现共同目标的"敌人"，而其他必要条件是"友军"，只有消灭"敌人"才能确保胜利，如图7-3所示。

冲突图的3种类型

冲突图可以用来将问题清晰地表达为冲突。由于问题的类型不同，所以会有不同类型的冲突图来表达不同的冲突。通常TOC界公认的冲突图至少有5种类型，不同类型的冲突图存在不同的构建方法和顺序，不仅难以学习和掌握，而且

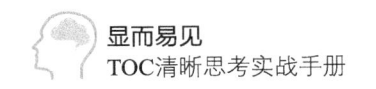

很难区分使用场景，给学习者造成不少困难，甚至不少专业顾问也很难完全掌握。其实任何冲突都是社会关系下各方利益关系的产物，如果不存在利益关系，就不会产生任何冲突。社会关系不外乎个体之间的关系、个体与群体之间的关系、群体之间的关系3种类型。因此，对应社会关系和各方利益关系，我把冲突图简单地分为以下3种类型。

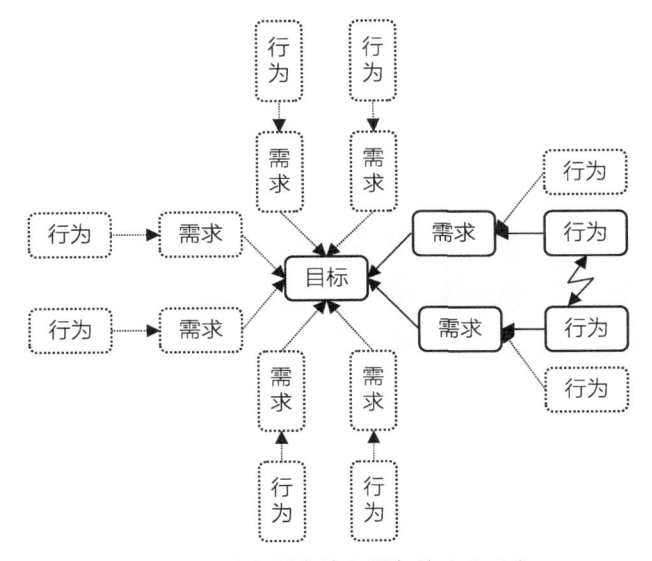

图7-3　冲突图中的必要条件冲突示意

内心冲突图

内心冲突图展示的是个体的内在冲突或纠结，就是个人面对左右为难的两种利益选择时，无法决定如何选择。这种冲突表现为个体内在的冲突，称为内心冲突。相信每个人每天都会面对内心冲突，如做饭还是点外卖、戒烟还是不戒烟、跑步还是不跑步等。但有一点需要注意，不要把时间和精力浪费在那些相对简单、选择成本和机会成本较低、工作和生活中经常遭遇的各种纠结或冲突上，只有那些长期困扰自己、让自己左右为难的内心冲突，如造成精神状态差、压力大、焦虑、失眠，甚至抑郁等后果，让人们陷入困境的冲突，才值得花费脑力用冲突图来分析和解决。当然，做练习的话就另当别论了。

举个例子，我的一个朋友面临内心的纠结：是继续留在公司还是辞职创业？

辞职创业的原因无非就是钱少了和心里委屈了；而继续留在公司，虽然收入稳定，但已经看到了自己职业生涯的天花板。用冲突图的形式将这一冲突表达如图7-4所示。

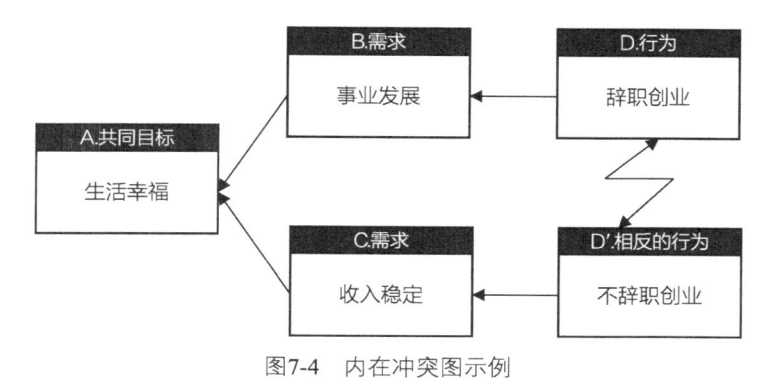

图7-4 内在冲突图示例

外在冲突图

外在冲突图展示的是个体之间及个体与群体之间的冲突。这种冲突表现为个体（部门）与外界他人（其他部门）、组织和社会或国家在意见、观念、利益、需求等方面行为不一致时产生的冲突，称为外在冲突。

外在冲突可以分为两种类型，一种是日常冲突，另一种是救火冲突。前者是个体之间或个体（部门）与群体（组织）之间表现明显的冲突，如相互抱怨、指责、争吵、网络暴力，甚至上升为武力冲突等。其对应的冲突图称为日常冲突图。后者并不像前者那样表现得很明显，但会表现为持续不断的"救火"状态，故称其为救火冲突。救火冲突表现为组织中的员工或部门之间的权利、知识和信心缺乏或不一致时，所有的问题都可能变得紧急而重要，只有更高级别的管理人员甚至老板亲自出马"救火"才能解决。然而这样的"救火"行为并不是偶发事件，而是按下葫芦浮起瓢般的频发事件。每个管理者一方面必须扑灭各种"火"，另一方面必须确保相同的"火"不能反复发生，此时就需要画救火冲突图了。下面举例说明这两种冲突图。

1.日常冲突图

日常冲突的例子不胜枚举，特别是在网络上，十分常见，每个热搜都有可能发酵和汇聚成"疯狗浪"[①]，掀起滔天巨浪，吞噬或动摇网民的价值观和信念，并把网民撕裂为两大明显冲突和对立的阵营，口水战四起，网民永无宁日。

当然，我并不会举网络上的热点事件作为例子，因为没有任何实际意义和价值，特别是在信息不对称的情况下，根本无从判断。日常冲突简单来说就是日常的"唱反调"和"对着干"，当然这不一定是因为对方有意胡搅蛮缠或充满敌意，实际上对方可能想通过这样的冲突形式表达自己对利益或需求的不满。换言之，任何行为背后都有其动机和意愿，通过构建日常冲突图就可以把它们呈现出来，如图7-5所示。

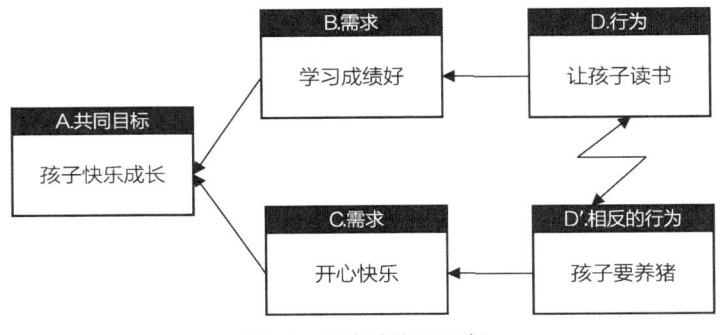

图7-5　日常冲突图示例

家长让孩子读书，但孩子要养猪。这里的养猪代指孩子喜欢做的事情。让孩子读书是为了学习成绩好，因为现在的家长都比较焦虑；孩子要养猪是为了开心快乐，因为玩是人的天性。但是如果孩子天天养猪，就无法满足"学习成绩好"，除非孩子是既会玩又会学习的学霸；如果让孩子天天读书，那么孩子一定不会开心快乐，除非孩子把学习当作玩乐。除非这两个"除非"中的任何一个能被满足，就天下太平了。你会发现身边有孩子读中小学的家庭（包括我家），基本不会脱离以这个冲突图为原型的不间断上演的"拉锯战"，把全家搞得鸡犬不宁。

[①] "疯狗浪"是一个地理学名词，它是一种长波浪，是由各种从不同方向来的小波浪汇集而成的，遇到礁石或岸壁时突然遭受强力撞袭而卷起的猛浪。

2. 救火冲突图

在汽车4S店的销售业务中有一个现象：销售顾问与客户议价后，大部分情况下会去找门店经理或老板申请价格优惠。他们向我解释这是一种议价谈判的策略。姑且不评论这种策略的好坏，如果你是门店经理，每次销售顾问向你申请价格，你是批准还是不批准呢？批准，意味着利润减少；不批准，客户立马转向竞争对手处购买，不仅意味着客户流失，而且会挫伤销售顾问的积极性。大多数情况下你只能批准，因为你很难在销量与利润之间进行平衡和取舍，但迫于厂家销售任务的压力，你会选择就范。但事情并未结束，因为销售顾问下次、再下次还会找你申请价格，无论你有多么繁忙，总是一次又一次被打扰。于是，你会在既讨厌又享受这种打扰中充满短暂的纠结和长期的无法自拔。不过，你慢慢就会习以为常，认为这根本算不上什么问题，这不就是4S店的常态吗？用救火冲突图的形式将这种情况表达如图7-6所示。

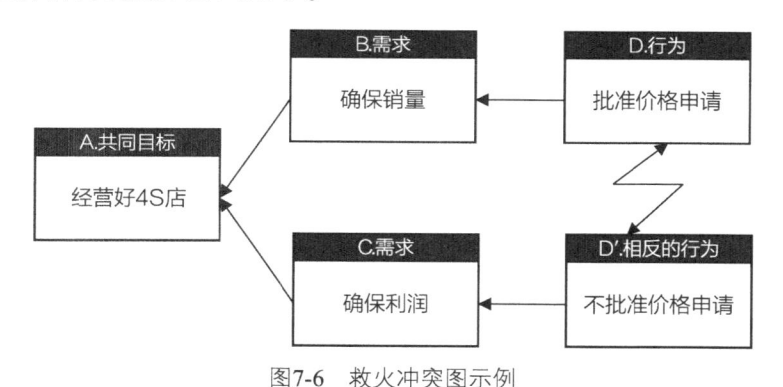

```
           B.需求              D.行为
         确保销量      ←     批准价格申请
A.共同目标
 经营好4S店
           C.需求              D'.相反的行为
         确保利润      ←    不批准价格申请
```

图7-6　救火冲突图示例

不良效应冲突图

不良效应冲突图展示的是群体内部和群体之间的冲突，反映为组织系统内部和外部之间两种不同类型的冲突。系统内部冲突就是组织系统表现为不良效应所表达出来的冲突；系统外部冲突就是组织系统与外部市场表现为不良效应所表达出来的冲突。两者统称为不良效应冲突。

不良效应冲突图就是用现状图收敛的核心问题所表达的冲突图，用于系统内部叫作系统不良效应冲突图，用于系统外部叫作客户不良效应冲突图。前者涉及

第六章所讲的内容；后者通常用来开发市场无法拒绝的"黑手党"提案，由于该方法太过抽象和专业，本书不进行讲解。

核心问题就是系统未解决的核心冲突，由于核心冲突的存在会直接危害或妨碍系统目标必要条件的满足，所以只有通过构建系统不良效应冲突图，才能清晰定义系统的核心问题，继而才有可能解决核心问题。例如，在第六章，我通过现状图找出了某酒厂的核心问题是品牌/产品线太长。由于品牌/产品线太长，所以无法满足建立品牌认知优势的需求。多品牌/产品线同时做市场会分散有限的资源，导致广种薄收。该酒厂的系统不良效应冲突图如图7-7所示。

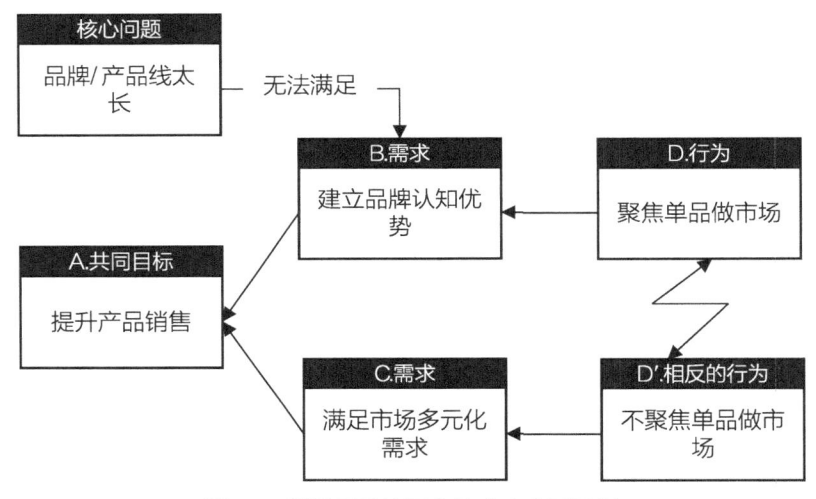

图7-7 某酒厂系统不良效应冲突图示例

无论是哪种类型的冲突图，其核心元素和结构都是一样的，所以只要熟练掌握一种类型的冲突图，其他类型的冲突图就容易理解和上手了。一个有效的学习方法是把所学习的知识与你大脑中存储和记忆的认知连接起来，这样更容易理解和接受知识。熟练掌握了一种类型的冲突图，你就会在大脑中形成记忆并储存下来，当学习其他类型的冲突图时，再把它们相互关联起来，学起来就容易多了。那么，冲突图可以与本书讲的哪些清晰思考模型或知识点相互关联起来呢？首先是必要条件，其次是改变四象限，最后是因果假设，只是改变四象限和因果假设由充分条件逻辑转成了必要条件逻辑，请读者注意。因果假设与冲突图的关系将在破解冲突图时讲解，现在先讲改变四象限与冲突图的关系。

改变四象限是决策和说服的清晰思考工具，冲突图是分析问题和解决问题的清晰思考工具，其实它们就像金刚石和石墨一样，是同素异形体，在一定条件下可以相互转换。改变四象限中的金子和美人鱼分别是冲突图中的需求B和C，改变四象限中改变的行为或决策就是冲突图中的行为D，改变四象限中不改变的行为或决策就是冲突图中相反的行为D′。高德拉特实验室CEO艾伦·巴纳德博士甚至把改变四象限中的拐杖和鳄鱼也放在冲突图中，创造了双重决策型冲突图，在决策分析的基础上增加了如何决策的方法论。一图胜千言，改变四象限与冲突图转换示意如图7-8所示。

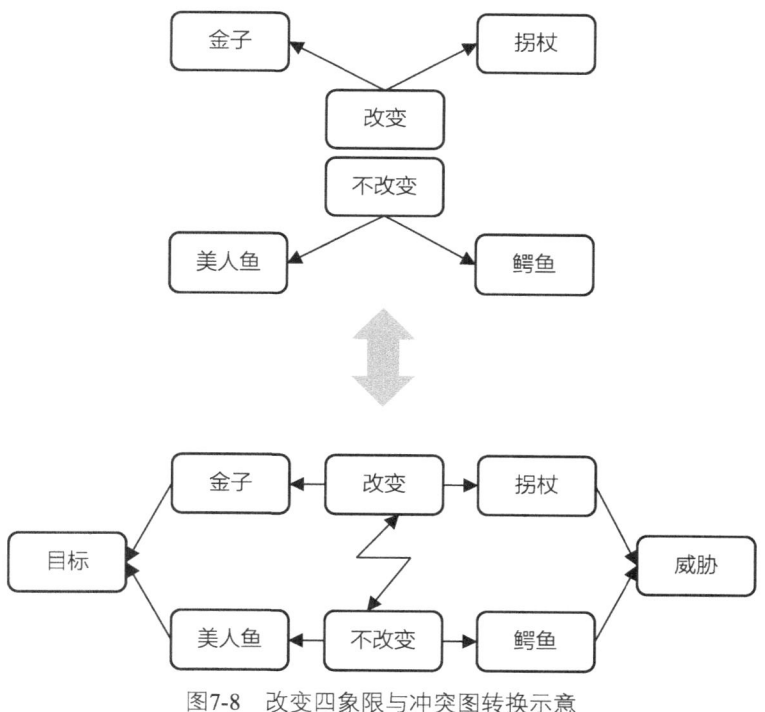

图7-8 改变四象限与冲突图转换示意

画冲突图

要画一个正确的冲突图，只需要3步，只是不同类型冲突图的实体框的填写

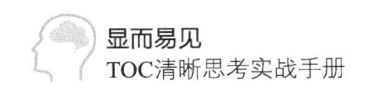

顺序有所区别，其他基本相同。

- 第1步：描述问题。以实事求是的方式客观描述你遇到的问题：发生了什么事？给你造成了什么伤害或影响？你想如何解决该问题？对你有什么好处？为什么你没有去做？你被迫做什么？这个问题一定是一个让你陷入左右为难的困境之中的问题。

- 第2步：构建冲突图。对不同类型的冲突图按照不同的顺序填写实体框中的内容，国外TOC前辈们大致总结了不同类型冲突图实体框的4种填写顺序。内心冲突图和日常冲突图实体框的填写顺序是D—D′—B/C—A；救火冲突图和不良效应冲突图实体框的填写顺序是B—D—D′/C—A。因此，你只需要掌握这两种填写顺序就足够了。其中的细微差别可以忽略不计，逻辑通顺才是关键。

- 第3步：检查冲突图。一是检查冲突图实体框中的文字内容是否符合要求，二是检查箭头之间的连接是否符合必要条件逻辑关系，三是检查行为是否抵触另一个需求的满足。若有问题要及时修改，直至符合要求。

由于日常冲突很常见，所以我先用日常冲突图做示范（你也可以把内心冲突视作自己与另一个自己的冲突，所以等同于日常冲突），然后用不良效应冲突图做示范。救火冲突图留给身为管理层的读者自行摸索，读者可以通过不良效应冲突图的示范举一反三。

日常冲突图示范：按时下班的冲突图

第1步：描述问题。

问题描述如表7-1所示。

表7-1　日常冲突图问题描述

发生了什么问题	我们公司有一个不成文的下班规则：到点领导不走谁也不走，领导走了大家才走
该问题对我有什么危害或影响	不能按时下班，回家很晚，妻子经常埋怨我
我想如何做或如何解决该问题	按时下班，打破这个潜规则

第七章 如何双赢解决问题

续表

解决该问题对我有什么好处	早回家，有更多的业余时间，有更多时间陪伴家人
我为什么没有去做	怕领导和同事对我有看法，怕破坏团队文化和关系，怕枪打出头鸟
我被迫做什么	大家走我才走

第2步：构建冲突图

日常冲突图的实体框按图7-9中标注的顺序填写。因为这个冲突很明显，所以可以先把D和D′实体框中的内容写出来。

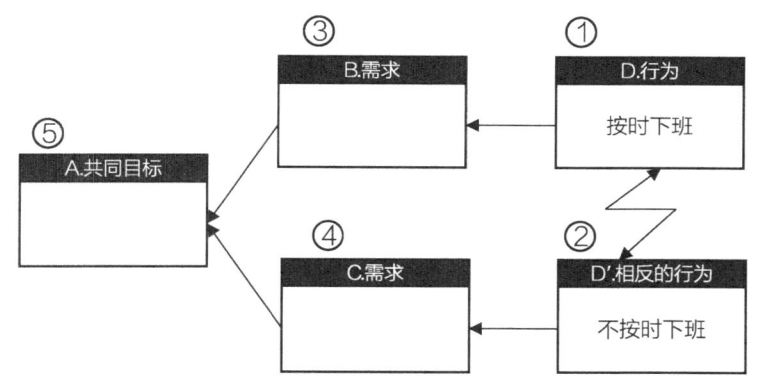

图7-9　日常冲突图示范之填写D和D′实体框

③和④的顺序并不一定是固定不变的，可以根据难易程度自行调换，先捡"软柿子"来捏。"按时下班"对你来说有什么好处呢？或者，"按时下班"能够满足你什么需求？答案很简单——"早点回家"。那么，"不按时下班"对你有什么好处呢？没什么好处。既然没什么好处，你为什么不"按时下班"呢？你完全是出于无奈，大家都不走，只有你走，领导和同事会怎么评价你？枪打出头鸟。"不按时下班"，你被迫满足了什么需求？保持办公室文化？保持职场良好印象？此时，你遇到了一个问题，就是有多个选项，如何确定选哪个？这就好比一棵树上结了很多果子，你到底选择摘哪个果子吃呢？当然是挑选最大的了。如果感觉都一样大呢？这是一因多果的问题，这个问题过去困扰了我很久，直到我掌握现状图后才找到了解决办法。你只需要把行为有可能达成的所有结果列出来，在头脑中简单地连接一下它们之间的因果关系，找到大部分原因指向的那个

161

结果，这个结果就是最好的果子。我把这个方法称为收敛法。

例如，在该示范中，"不按时下班"可以满足什么需求？

- 保持办公室文化。
- 保持职场良好印象。
- 给领导留下好印象。
- 看上去工作很努力。

你会发现，在以上4条可以满足的需求中，"保持职场良好印象"被其他3条共同指向，请读者自行用"因为……所以……"读一遍。据此完成实体框B和C中的内容，如图7-10所示。

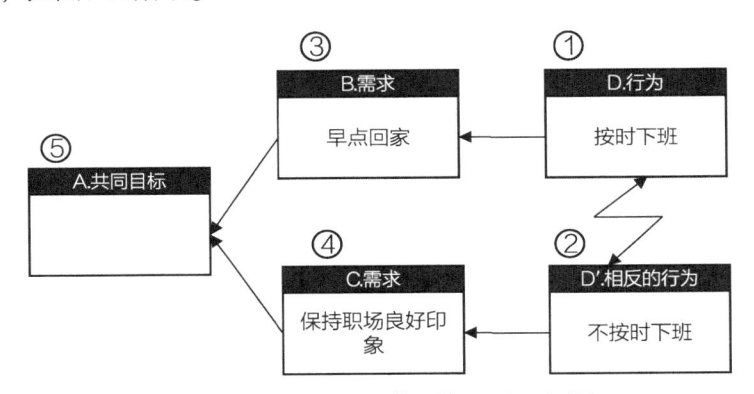

图7-10　日常冲突图示范之填写B和C实体框

接下来是共同目标A。所谓共同目标，就是满足B和C两个需求可以共同达成的目标。从问题描述中可以发现，"早点回家"是为了有更多的时间陪伴家人，"保持职场良好印象"是为了保持良好的职场关系，毕竟如果职场印象不好，职场关系也不会好到哪里去。一方是为了家庭关系和谐，另一方是为了职场关系和谐，相当于家庭与工作两方面的关系都要和谐，那么共同目标A就是：生活和谐。看出门道了吗？共同目标A其实是需求B和C两个必要条件的结果。也就是说，只要分别用因果关系推导出以B和C为原因的两个结果，再归纳这两个不同的结果，就可以得出共同目标A。先用演绎法，再用归纳法。所以，此时此刻你应该知道第1步描述问题的重要性了吧？否则，没有输入素材，哪有什么演绎法或归纳法的加工？

现在把加工好的共同目标A填写在实体框里，如图7-11所示。

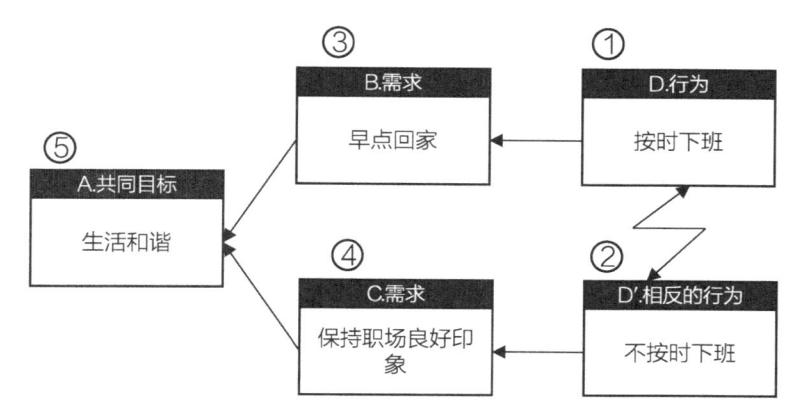

图7-11　日常冲突图示范之填写A实体框

第3步：检查冲突图

冲突图的检查包括3方面的内容，下面分别进行讲解。

第一，检查文字陈述内容是否符合以下具体要求。如果不符合，视为冲突图不合格，需要重新修改或调整。

（1）每个实体框中只能陈述一项内容，不能有多项内容。

（2）每个实体框中陈述的内容不能有因果关系。

（3）每个实体框中的陈述最好都含有一个动词。

（4）D和D′实体框中的行为是具体的行动或决策。

（5）B和C实体框中的内容不应该是行动或决策。

（6）B和C实体框中的内容不能表达为相互冲突的意思。

（7）B和C实体框中的内容应该是肯定陈述，不能是否定陈述，即避免使用"不"字。

第二，检查箭头之间的连接是否符合必要条件逻辑关系。按以下顺序以朗读的方式进行检查。

（1）为了A，必须B；为了B，必须D。

（2）为了A，必须C；为了C，必须D′。

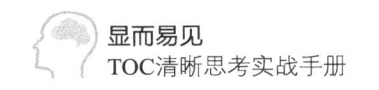

（3）如果D，那么与D'相互冲突。

这里有一个非常重要的技巧请读者注意：在朗读检查时，必须加上主体"为了……我/我们/他/他们必须……"，而且千万不能省略"为了……必须……"句式。在陈述每个实体框中的内容时，应尽量在遣词造句方面做到简洁明了，否则一定会增加朗读和检查时大脑的认知负荷，造成理解上的障碍。冲突图逻辑检查示例如图7-12所示。

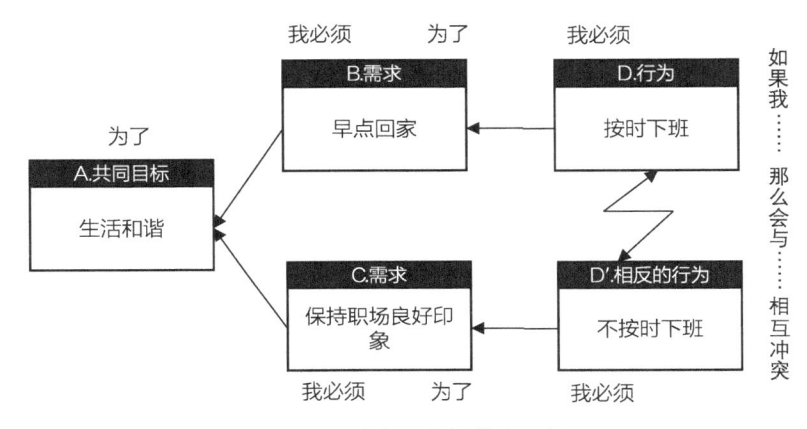

图7-12　冲突图逻辑检查示例

第三，交叉检查D与C、D'与B是否相互抵触。如果不抵触，那么有问题；如果相互抵触，那么视为合格。什么是相互抵触？就是如果采取行为D，那么会抵触或危害需求C。D'与B也一样。两个行为与需求之间交叉抵触，才是冲突图的关键所在。冲突图交叉检查示例如图7-13所示。

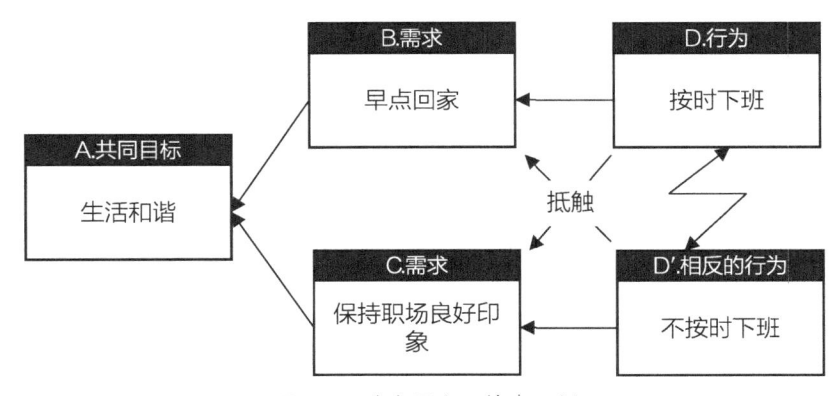

图7-13　冲突图交叉检查示例

不良效应冲突图示范：修车费用高的不良效应冲突图

第1步：描述问题

问题描述如表7-2所示，该内容与日常冲突图问题描述中的提问略有区别，请读者注意对比。

表 7-2　不良效应冲突图问题描述

客户的不良效应是什么	大部分客户对 4S 店的修车费用有顾虑
不良效应的存在会给客户造成什么危害或影响	顾虑支付更多的钱，存在厌恶损失心理，心情不爽
理想状态下客户应该如何做，或者如何解决该不良效应	不去 4S 店修车，除非遇到重大事故才会去，当然如果投保了，会由保险公司赔付
解决该不良效应对客户有什么好处	节省修车费用，更愿意到 4S 店修车
客户为什么没有去做或没有解决该不良效应	大部分客户对 4S 店的专业技术和原厂配件放心，修车质量有保障
客户被迫做什么相反的行为	继续到 4S 店修车

表7-2中的内容是对客户不良效应做的问题描述。如果是系统不良效应，只需把表中的"客户"换成"系统"即可，后面构建和检查冲突图时同理。

第2步：构建冲突图

不良效应冲突图的构建从需求B开始。不良效应的存在会伤害或无法满足客户的什么需求？由于不良效应并不是近期才发生的不良现象，人们通常会习以为常，或者默认其存在的合理性，所以要回答这个问题有时并不那么容易。如果很难回答，可以将问题进行适当的转换。例如，不良效应的存在会引发什么后果？正如日常冲突图中的需求C一样，不良效应也会引发很多后果。对此使用收敛法，由于在该示范中很容易发现不良效应的后果是什么，故此处不再展示收敛过程，请读者自行画重点和留意。

该示范中的不良效应是：大部分客户对4S店的修车费用有顾虑。这应该是大部分车主对4S店的吐槽点之一吧？大部分4S店售后居高不下的客户流失率也能证明这一点，当然也不全都是价格问题所致。"大部分客户对4S店的修车费用有顾虑"的存在，会伤害或无法满足客户"节省修车费用"的需求。据此填写不良效应实体框，如图7-14所示。

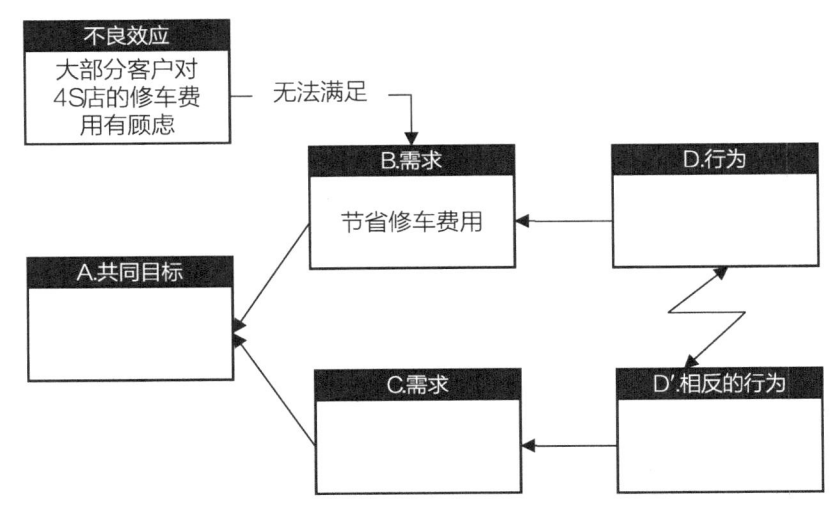

图7-14　不良效应冲突图示范之填写不良效应实体框

为了"节省修车费用"，客户会做出什么行为呢？根据第1步描述的问题，可以看出客户会"不到4S店修车"，得出行为D实体框的内容。下一步，如果客户"不到4S店修车"会抵触或危害什么需求呢？如果一时半会儿很难回答，可以跳过这个问题，直接填写D'实体框，相反的行为自然是"到4S店修车"。那么你可以改变问法：客户"到4S店修车"可以满足什么需求？或者，客户"到4S店修车"会有什么好处？你可以根据实际情况调整C或D'实体框的填写顺序，不必拘泥于形式。如果客户"不到4S店修车"，有可能无法满足对修车质量要求高的需求，毕竟4S店的专业形象多年来已深入人心，成为人们认知上的事实。因此，需求C可以写为"确保修车质量"。不良效应的共同目标A的填写方法与日常冲突图中的一样，此处就不再赘述了，如图7-15所示。

第3步，检查冲突图

不良效应冲突图的检查方法与日常冲突图一样，检查内容和标准都是通用的，故此处省略。

```
不良效应                    B.需求              D.行为
大部分客户对    无法满足
4S店的修车费  ─────────→  节省修车费用  ←────  不到4S店修车
用有顾虑
                ↗                                  ↕
  A.共同目标                                    
  对修车满意                                    
                ↘       C、需求              D'.相反的行为
                        确保修车质量  ←────    到4S店修车
```

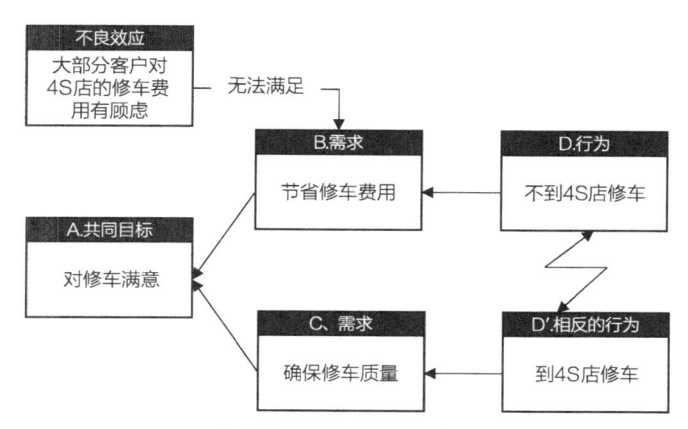

图7-15　不良效应冲突图示范之填写其他实体框

用冲突图可以把问题定义清楚。记住，任何一个问题如果不能以相互矛盾的行为来反映彼此无法满足的需求之间的冲突，那么就没有定义清楚，顶多是在解释问题或其存在的原因。这也是我被高德拉特博士深深折服的原因之一，也只有他才能够有如此深厚的功力，洞察问题背后的本质。当然，用冲突图把问题定义清楚只是铺垫，破解冲突图并创造性地开发双赢的解决方案，才是整个清晰思考流程的高潮部分。

破解冲突图

请读者注意，这里讲的是破解冲突图，而不是破解冲突。破解冲突的方法有成千上万种，不一定需要破解冲突图。只有一种情况才需要通过破解冲突图来破解冲突，那就是双方在不妥协的情况下都想获得各自的利益或满足各自的需求。换句话说，如果冲突的任何一方可以妥协，冲突就不会存在。冲突的本质是无法同时满足冲突双方各自的利益。表现在冲突图中，就是冲突双方为了满足各自的利益而采取相互对立的行为。用一句成语来说，就是损人利己。很多人都会把人和事混在一起来看，事情做不好，一定跟人脱不了干系；反之，人做不好，多半事情也做不好。所以，但凡发生损人利己的事情，人们多半会先指责他人。但反过来，如果某种行为不会损人利己而会损己利人，就会受到人们的推崇和赞扬。

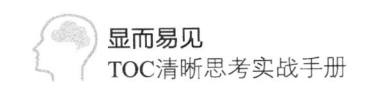

如果用冲突图来分析，你就会发现，无论是损人利己还是损己利人，其实都是冲突图的上下两端。只不过在这上下两端增加了情绪或道德的因素，才有了损人利己和损己利人之别。损人利己与损己利人冲突图示意如图7-16所示。

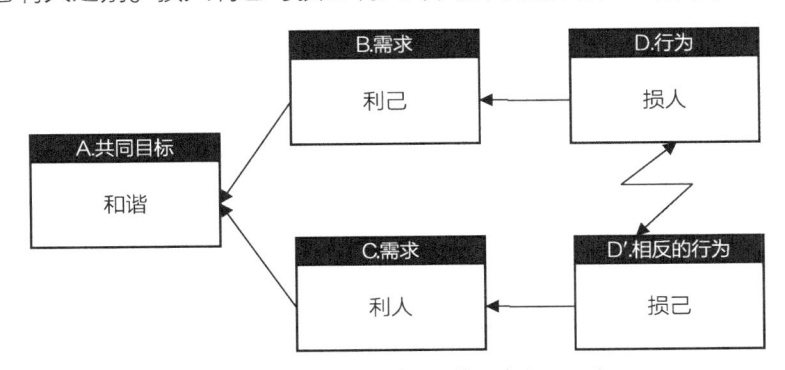

图7-16　损人利己与损己利人冲突图示意

从另一个思维视角来看，损己利人其实是一种妥协，损人利己则是让别人妥协。所谓妥协就是让步，表现在冲突图中，意味着对立的双方必须有一方做出让步。让步意味着让步方自身利益不保，或者以牺牲自身的利益为代价成全对方。不管是损人利己还是损己利人，都不会让冲突凭空消失，所以这两种行为都不会长久。就像如果商家存在损人利己、坑害消费者的行为，生意不会长久；反过来，如果商家损己利人，专做亏本买卖，生意同样不会长久。当然，不长久并不代表不经常发生，特别是损人利己的行为比较常见，这也是冲突常见的根本原因。损人利己还有一种极端情况，就是损人不利己，或者叫损人损己。为什么说它是损人利己的极端情况呢？因为利己或保护自我利益是人的本能，但如果一个人在这个本能的驱使下，即使损人得不到自己想要的利益，也会激发其另一种极端心理：我得不到的，别人也别想得到。当然，这种极端行为并不常见，最常见的是自以为损人可以利己，但恰恰事与愿违，损人的同时自己也没捞到什么好处，或者得不偿失。

在博弈论中，损人损己就是双输博弈，而损人利己或损己利人就是一输一赢的零和博弈。当然，还有一种双赢博弈，就是利人利己，即同时满足冲突图中的B和C，但绝不可能是在损人D和损己D′之间做选择来满足利人利己的需求。

你不可能对另一个人说："损害你利益的行为是为了你好。"这不是传销吗？同理，你也不可能对自己说："损害自己利益的行为也是为了自己好。"这不是自虐吗？利人又利己（双赢）是最理想的局面，但理想常常无法照进现实。为什么呢？因为人们处理冲突的基本方式是指责或妥协。冲突的存在迫使人们无法获得想要的利益，于是把这种不利的局面怪罪于对方，试图通过指责来为自己开脱，认为都是对方的原因导致自己的需求无法得到满足。但是，很多人从来没有想过，他们想获得的利益或想满足的需求仅是有限蛋糕中的一部分。他们试图瓜分更多的蛋糕，如果不迫使对方妥协，就只能自己被迫妥协。如果这种局面升级，就是两败俱伤的双输下场。但是，永远不要低估人类300多万年的生存经验和智慧，不到万不得已，大部分人都不会与他人撕破脸皮甚至玉石俱焚。要么战斗，要么逃跑。逃跑其实就是进一步的妥协。惹不起，还躲不起吗？

更麻烦的是，人类为了避免或试图战胜冲突，建立了各种游戏规则和程序来控制自己的行为与互动，如礼仪、道德、文化、信仰、制度、法律等。人们试图将和谐强加于冲突之上，使整个人类社会系统一致地追求妥协。例如，中国文化中常用"以和为贵""家和万事兴""和气生财""退一步海阔天空，忍一时风平浪静"等规劝人们在遇到冲突时尽量隐忍和妥协。很显然，无论是指责还是妥协，都无法从根本上解决冲突，并且会错误地指向处理表面症状而不是冲突的症结，或者在冲突的两端摇摆不定，最终导致人们产生更多的不信任和情感割裂，并持续引发更多的冲突，陷入无限循环……

我把处理冲突的4种类型用四象限表示如图7-17所示。

双赢在《抉择》一书中被描述为：一个可以使双方都获得在（冲突）这种关系中各自所需的改变。在冲突图中，通过注入激发方案，同时满足对立双方的B和C两个需求，而不是一方单方面赢两次。高德拉特博士认为，冲突之所以存在，是因为其中隐含着一个无效的假设，只要找出并移除这个无效的假设，就能移除冲突的原因，从而解决冲突，实现双赢。简单来说，破解冲突图的方法就是致力于找出和移除使冲突消失的隐含假设。在冲突图中，连接冲突图中5个实体框的箭头背后都隐含着至少一个假设，它们是冲突图必要条件逻辑关系成立的前提和理由。只要前提为假，必要条件关系就不成立，冲突即随之土崩瓦解。因此，找出和挑战冲突图中连接箭头背后的假设是破解冲突图的关键所在。冲突图隐含假设示例如图7-18所示。

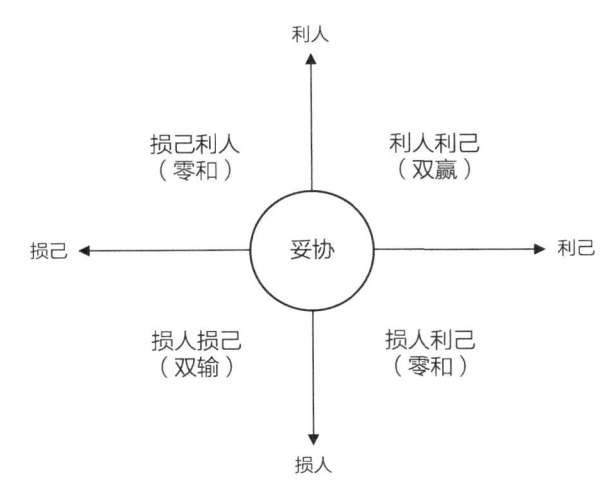

图7-17　处理冲突的4种类型示意

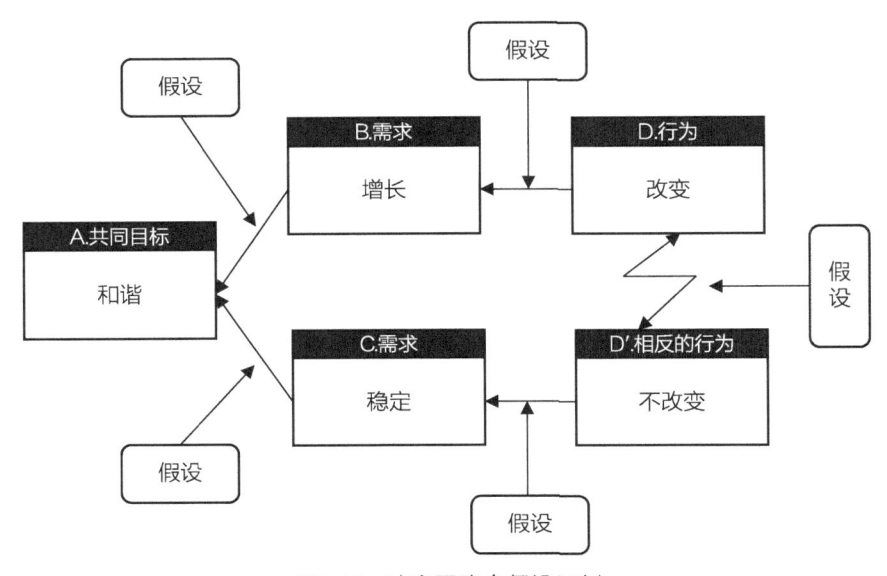

图7-18　冲突图隐含假设示例

在实际揭示箭头背后的假设的过程中经常会出现一个问题，就是把相反的行

第七章
如何双赢解决问题

为作为彼此成立的理由。例如，在图7-18中，为什么改变就会增长？因为不改变就不能增长；为什么不改变就会稳定？因为改变就会不稳定。以相反的行为作为彼此成立的理由，只是强化了对方行为与需求之间的必要条件关系，并没有增加新实体，对破解冲突图没有任何帮助。所以，高德拉特实验室CEO艾伦·巴纳德2003年开创了另一种寻找假设的路径，就是提出以下两个问题：为什么彼此的行为无法满足对方的需求？背后的假设是什么？例如，在图7-18中，为什么改变会不稳定？为什么不改变就不会增长？也就是说，行为交叉抵触彼此需求背后的假设是什么？然后会同其他两者寻找假设的方法，形成了4种寻找假设并破解冲突图的方法，如图7-19所示。

方法1：改变++

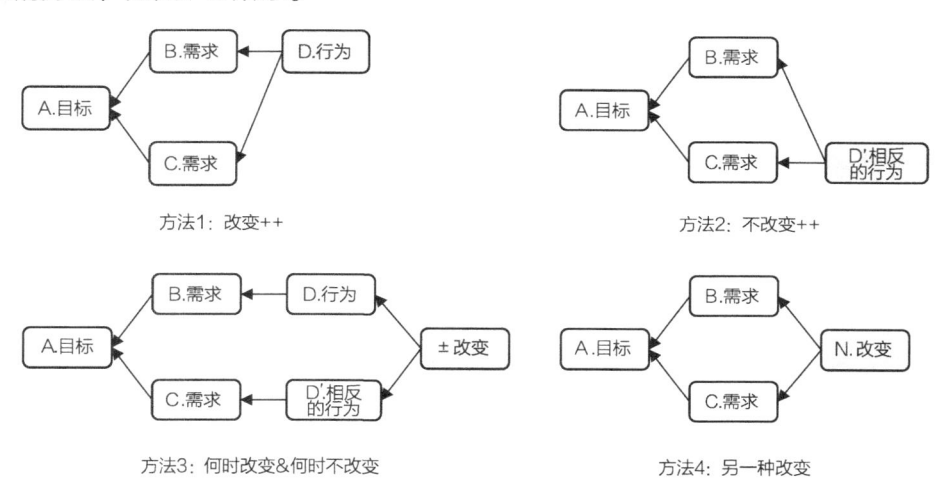

方法2：不改变++

方法3：何时改变&何时不改变

方法4：另一种改变

图7-19　破解冲突图的4种方法示意

从理论上讲，以上4种方法中的任何一种都可以破解冲突图，但它们都有自己的使用场景和条件。这4种方法我建议大家都要掌握，临场杀敌，不可能仅靠一招克敌制胜，技多不压身，准备的目的是用不上。关于这4种方法的使用场景和条件，我会在后文介绍，但无论哪种方法都遵循4个步骤，如图7-20所示。

第1步：找出假设 → 第2步：验证假设 → 第3步：挑战假设 → 第4步：注入激发方案 → 双赢

图7-20　破解冲突图的4个步骤

前3个步骤我在第四章已经讲过，所不同的是第四章讲的是充分条件关系，

171

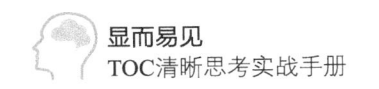

在这里是必要条件关系，方法可以通用。另外，破解冲突图中的验证假设和挑战假设这两个步骤，在第四章分别被称为检测假设和验证假设，请读者注意，不要被叫法限制了思维。

下面仍然用一个示范来介绍4种破解冲突图的方法，并按步骤逐步展开。

传统汽车4S店销售汽车时都采用议价销售模式。随着国内汽车行业由增量市场逐渐转为存量市场，特别是在新能源汽车新势力品牌崛起和销售模式创新的冲击下，议价销售模式业已成为4S店提升销售业绩的重大制约因素。在增量市场，汽车销售的主导权在卖方手中，特别是在信息高度不对称的前提条件下，4S店为了获取利润最大化，采取议价销售模式无可厚非。但随着整个汽车行业由卖方市场转为买方市场，以及移动互联网和各大社交平台的迅猛发展，不仅改变了人们获取信息的方式和生活方式，而且改变了传统商业逻辑和商业模式。企业过去很多成功和成熟的做法，现在已成为企业发展的制约因素。正如彼得·圣吉（Peter Senge）在《第五项修炼》（*The Fifth Discipline*）一书中所说："今日问题来自昨日之解。"

然而，今日之解是否又会成为明日问题呢？这是后话，暂且不表。本示范的重点是借由4S店的议价销售模式交代清楚破解冲突图的4种方法，至于破解内容，并不是可以生搬硬套的行业解决方案，请读者注意。将4S店的议价销售模式呈现为冲突图，如图7-21所示。

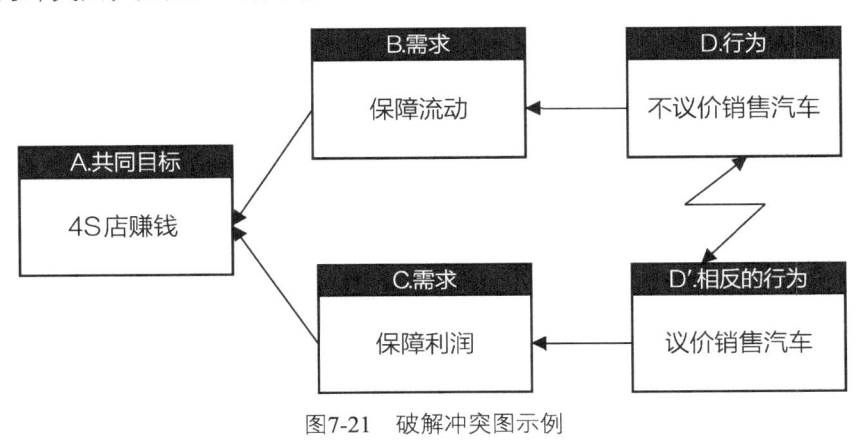

图7-21　破解冲突图示例

破解冲突图方法1：改变++

改变++，顾名思义，就是改变过去的做法，但不限于一种改变的做法。该方法适用于对所有类型冲突图的破解，尤其是对不良效应冲突图的破解，会有意想不到的功效。使用该方法的前提条件是过去的做法明显弊大于利，但又苦于无法突破当前问题带来的困境，或者对新做法持有未知的顾虑，或者新做法超出了自己的认知范围，对其有莫名其妙的恐惧。如果不是到了非改变不可的地步，或者决策者决心不够坚定，不要轻易使用该方法。该方法和采取该方法的行动是勇敢者的游戏，也不适用于一般的冲突。

改变++就是采取行为D——和过去不一样的做法，同时满足过去无法满足的需求C。也就是说，首先要找出D与C之间单向连接箭头背后隐含的假设，如图7-22所示。

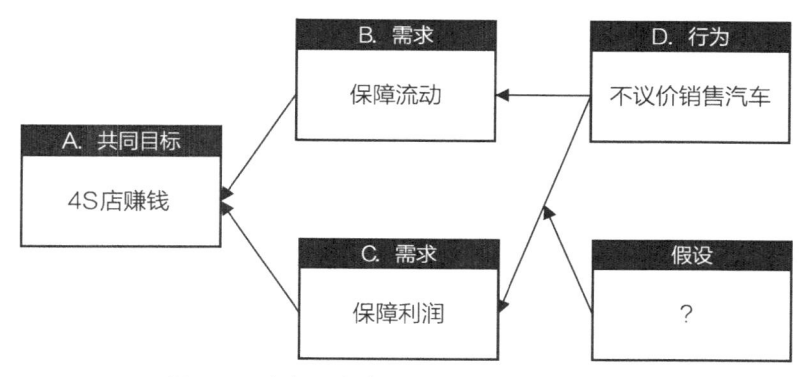

图7-22　改变++方法之画"假设"实体框示例

第1步：找出假设

为什么"不议价销售汽车"就无法"保障利润"呢？大部分经销商回答如下。

- 因为如果不议价，竞争对手会以我们的价格为锚定采取低价格策略抢走客户。

- 因为客户会以我们的价格作为对比标杆，货比三家，而我们的价格不可能是最低的，不议价不仅会造成客户流失，而且无法保障利润。

- 因为现在整车销售价格已经非常透明了，不议价就无法进行捆绑销售。

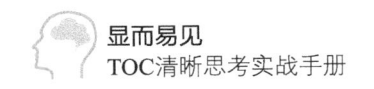

- 因为现在产品同质化竞争激烈，整车销售毛利率很低，甚至是亏本销售，不议价挣不到合理的利润。

通常人们在回答寻找假设的问题时，答案会非常零散或不完整，所以需要进一步整理，尽量做到陈述简洁明了，言简意赅。我将经销商的回答重新整理如下。

（1）因为对手会通过价格锚定效应抢走客户。

（2）因为如果不议价，更低的价格会侵蚀利润。

（3）因为不议价就无法销售更多的衍生产品。

（4）因为产品同质化严重，没有溢价空间。

（5）因为不议价就没有议价利润空间。

以上假设的理由都很充足，难怪4S店不敢轻易尝试不议价销售模式，即使在造车新势力普遍采取不议价销售模式的背景下，也坚守阵地，不敢走出来半步。

第2步：验证假设

可以用"如果行为，同时假设，那么无法保障需求"的读法来验证假设，如果读起来通顺且符合以下3个规则，那么即可视其为合乎逻辑，验证通过。

规则1：不是在重复解释原因或结果。

规则2：假设中一定包含一个新实体。

规则3：读起来通顺，不需要做过多的解释。

以上都是清晰思考的基本功，所以请读者自行验证本示范中的假设。把重点放在破解冲突图的最后两步上，其中挑战假设是破解冲突图的关键。

在挑战假设之前，先用收敛法把以上5个假设收敛至1个核心假设，不仅方便讲解，而且能提升破解冲突图的效率。是不是所有冲突图都需要收敛假设呢？我的经验是，除了破解不良效应冲突图时不需要收敛假设，其他冲突图都可以收敛假设。我把以上假设收敛到"如果不议价，更低的价格会侵蚀利润"这个核心假设上，在冲突图上呈现为图7-23。

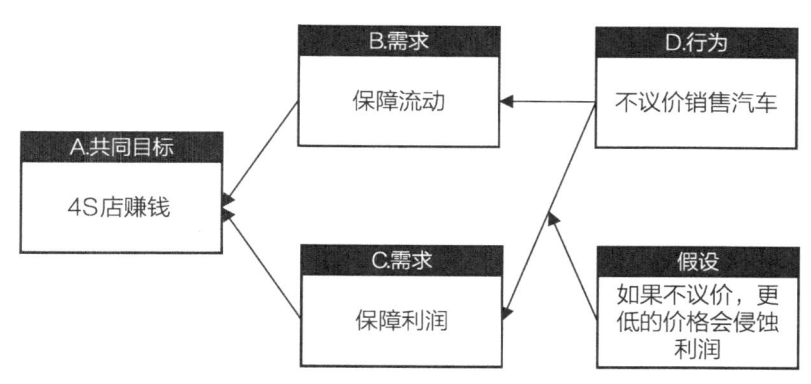

```
         B.需求              D.行为
        保障流动          不议价销售汽车
A.共同目标
 4S店赚钱                         假设
                                如果不议价，
         C.需求              更低的价格会侵蚀
        保障利润                   利润
```

图7-23　改变++方法之验证假设示例

第3步：挑战假设

仍使用经典三问来挑战假设。先问前两问：是真的吗？总是真的吗？如果回答总是真的，再追问第三问：有没有例外？

1. 是真的吗

假设是真的吗？如果"不议价销售汽车"，那么无法"保障利润"，是因为如果"不议价，更低的价格会侵蚀利润"，是真的吗？如果不议价，那么只能用更低的价格才能打败竞争对手或吸引客户，所以更低的价格无法保障利润。看起来是真的。

2.总是真的吗

假设在任何情况或条件下总是真的吗？询问"总是真的吗"，其实就是试图突破以偏概全的认知偏差，只要找到某些特殊情况或特殊条件下的例外，就可以推翻假设。这里有个技巧，请读者留意。寻找特殊情况或特殊条件下的例外一定不能受所在行业范围的限制，可以拓展到其他行业进行搜索。可以将这个技巧称为寻找先例，所以日常培养自己广泛的兴趣爱好就显得尤为重要了。

"如果不议价，更低的价格会侵蚀利润"，总是真的吗？更低的价格肯定总是会侵蚀利润，但不议价为什么就非得是更低的价格呢？为什么不议价就不能有合理的价格或更具竞争力的价格呢？不议价且价格不便宜的例外不胜枚举，所以这个假设并不成立。看看以特斯拉、蔚小理等为代表的新势力车企，它们不议

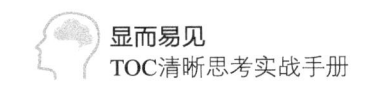

价，但价格更便宜吗？侵蚀利润了吗？这个假设并不总是真的。4S店或许会说："我们和他们不一样，我们行业很特殊，你不懂我们的行业。"但这些都不是捍卫该假设的理由，只代表了汽车经销商明知假设不成立却无力改变现状的无奈。

挑战假设并不只是为了推翻假设，更重要的是通过推翻假设的先例，找到潜在激发方案的蛛丝马迹和元素。所以，推翻假设的先例最好是具体事例，并交代清楚前提条件。例如，特斯拉、蔚小理等新势力车企之所以采取不议价策略，前提条件之一是直营，而4S店是经销商代理制。但也不要被前提条件限制，关键是分析前提条件的本质。从价格来说，直营的本质是价格管控。但为什么要对价格进行管控呢？通过层层分析你会发现，价格其实是价值的反映，价格管控的本质其实是价值管控，或者叫作客户预期价值管理。换句话说，直营并不是不议价的先决条件，如果4S店能满足通过价格来管理客户的预期价值这个先决条件，同样可以不议价销售汽车。

那么，这个世界上有没有在通过价格来管理客户预期价值方面做得好的先例呢？答案自然是有的。例如，航空公司卖机票时，利用时间和上座率来区隔市场，将相同的产品卖出不同的价格；钱大妈社区生鲜店采取"定时打折"的清货机制，实现生鲜产品销售"日清"；我服务过的某水疗酒店采用"时间段差别定价"策略，一举打破了该行业20多年来的"一票制"限制，大幅提升了酒店经营业绩；某修理厂采用了我提出的"错峰保养"机制，在消除产能严重浪费的同时，大幅提升了维修产值……所有这些先例都有一个共同点，那就是与时间价值相关的客户预期价值——要么花钱省时间，要么花时间省钱。

第4步：注入激发方案

激发方案来自推翻假设的反例，或者来自证伪假设的前提条件或先决条件，即弄清楚除非在什么情况和条件下，假设不成立。换言之，只要满足了这些特殊情况和条件，就可以视为注入了激发方案，创造性地解决了冲突，实现了双赢。

在本示范中，只要找出汽车销售与时间价值相关的客户预期价值，就不仅能推翻"如果不议价，更低的价格会侵蚀利润"这一假设，还能注入激发方案，同

第七章
如何双赢解决问题

时满足"保障流动"和"保障利润"这两个需求。我把这个激发方案叫作库龄折扣透明销售模式，如图7-24所示。

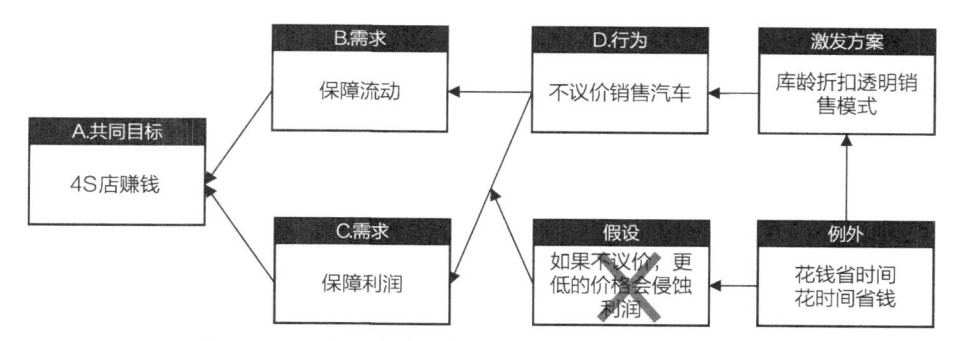

图7-24　改变++方法之挑战假设及注入激发方案示例

库龄折扣透明销售模式，简单来说就是根据每辆车的在库时间进行不同的定价，在库时间越长，价格折扣越大，同时满足不同客户对不同车辆预期价值的需求。在乎库龄的"花钱省时间"，不在乎库龄的"花时间省钱"，大家各取所需，各得其所。衡量一个激发方案是否可行，并不在于其执行的难易程度，而在于有多少人反对。反对激发方案的人越多，证明激发方案的威力越强大。为什么？因为激发方案已经超出了反对者的认知区域，进入了他们的未知领域，人们对未知和不确定性会有与生俱来的恐惧，所以反对或抵触都是本能反应。那么你的竞争对手是不是也会本能地抗拒呢？本能地抗拒相当于构建了无形且强大的"防火墙"，你还害怕他们跟风模仿吗？事实证明，竞争对手根本学不会，这也是我敢于在本书中公开将4S店议价销售模式当作示范来讲解的原因。从激发方案到说服和接受，再到落地执行并见效，起码隔着3道"长江天险"。

如果假设无法被推翻，那么是否还可以注入激发方案，破解冲突图呢？通常情况下假设无法被推翻只能说明你的思维受到了限制，你需要从更大的范围内搜索一个反例来证伪假设。如果实在找不到反例，也有其他方法，你只需调整改变的行为，或者注入激发方案补充改变的行为，同样能满足彼此的需求。例如，在本示范中，假如"如果不议价，更低的价格会侵蚀利润"假设成立，也就是说只能采取更低的价格策略，且不议价一定会侵蚀利润，那么还有没有其他办法，即

177

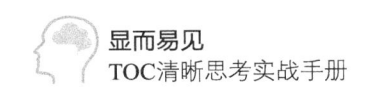

使低价和不议价也能不侵蚀利润?其实是有的。

如果用有效产出①的思维来看,只要有效产出大于运营费用,那么毛利就能变纯利,即使低价和不议价,也能不侵蚀利润,赚大钱,同样可以将利润做到薄利多销式的指数级增长。当然,这也是有前提条件的,如能持续移除供应、产能和需求等的限制。

针对不同类型的冲突图,有可能注入一个激发方案不足以彻底破解冲突图,所以有可能需要开发一组激发方案。如何开发一组激发方案呢?有两种方法。第一种是不再将几个假设收敛到一个核心假设,而是对每个假设提出挑战;第二种是增加配套或补充方案,同时满足B和C两个需求。为了不打断本章对破解冲突图4种方法的完整介绍,第二种方法我会在第八章重点介绍。

通过破解冲突图的4个步骤,改变++方法最终呈现为图7-25。

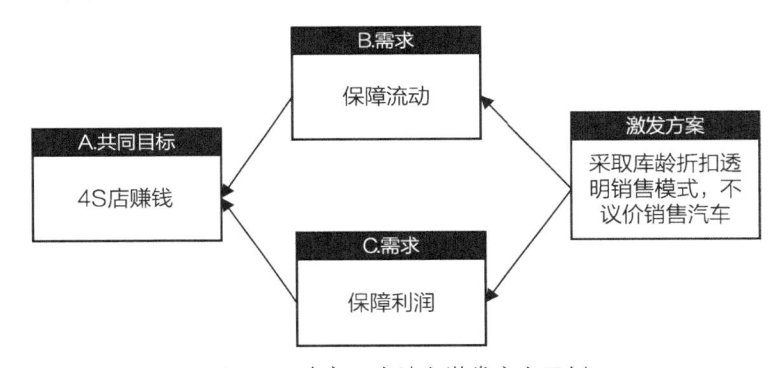

图7-25 改变++方法之激发方案示例

注入激发方案可视为破解冲突图结束,但如果要与团队或对方沟通,那么需要补充激发方案为什么可以满足需求B和C的并行假设。所谓并行假设,就是激发方案与需求之间的逻辑联系,要说明为什么激发方案是可以满足需求的行动方案。并行假设通常是现实中存在的情况,指引人们采取特定的行动方案来满足B和C两个需求。这句话非常重要,并行假设一定是现实中存在的情况(而不是凭

---

① TOC对有效产出的定义为通过销售获得金钱的速度。计算公式:有效产出 = 销售额 − 完全变动成本。

空捏造或人为创造的事实）指引人们采取行动。

例如，为什么说采取库龄折扣透明化销售模式，就能保障流动呢？流动是指产品从库存变成现金流的过程。4S店的现实情况是什么？现实情况是，部分长库龄汽车严重制约库存变现的流动性，只要长库龄汽车可以提前变现，就可以大幅提升产品流动性。换句话说，4S店的本质是流动性经营，库存周转率是衡量流动性经营好坏的重要指标之一，而影响库存周转率的第一因素就是输出，输出就是销售。销售周期又取决于议价环节所用时间占整个销售周期的比例。议价时间占比越小，销售周期越短。长库龄汽车为什么会形成长库龄呢？因为难卖。难卖怎么办呢？无非内促加外促，内外双向激励，利润损失姑且不说，关键是赔钱也赚不到吆喝。

并行假设回答了为什么激发方案可以满足需求，是本书入门篇介绍的因果假设模型的具体应用。并行假设出自TP中另一个重要的清晰思考模型图——战略战术图，用来回答战术为什么可以实现战略。其实，并行假设就是必要假设，用来回答战术（激发方案）实现战略（需求）的必要性。还是奥卡姆剃刀定律说得好：如无必要，勿增实体。对于并行假设的重要性可以翻译为：非必要，勿行动。我把本示范中激发方案和需求之间连接的并行假设显示为图7-26。

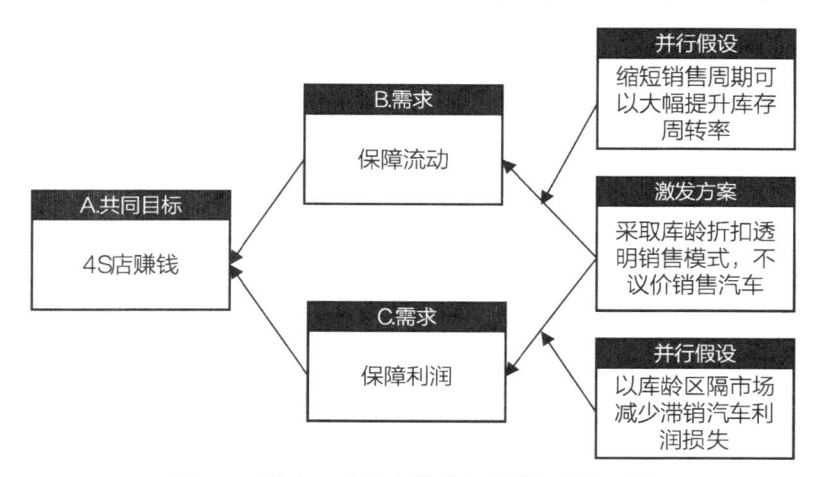

图7-26　改变++方法之激发方案并行假设示例

破解冲突图方法2：不改变++

不改变++，就是不改变过去的做法，但仍然要满足对立面的需求。该方法适用于尊重对方或自己固有的行为和习惯，满足对方或自己对稳定感和安全感的内在需求，适用于对所有类型冲突图的破解。不改变++就是在一定的前提条件下，采取与过去主体一致的做法D'，满足过去无法满足的需求B。也就是说，首先要找出D'与B之间单向连接箭头背后隐含的假设，如图7-27所示。

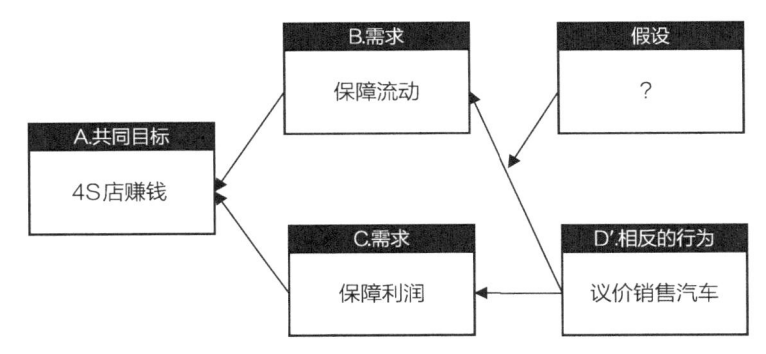

图7-27　不改变++方法之画"假设"实体框示例

由于不改变++与改变++方法破解冲突图的步骤是一样的，所以前两步在此不再展开讲解，重点讲解后两步。

第1步：找出假设

为什么"议价销售汽车"就无法"保障流动"？因为议价会延长销售周期。

第2步：验证假设

如果"议价销售汽车"，同时"议价会延长销售周期"，那么无法"保障流动"。

第1~2步如图7-28所示。

第3步：挑战假设

1. 是真的吗

议价真的会延长销售周期吗？是的，会延长销售周期。通常议价环节所耗用的时间占整个销售周期的一半或以上，而且销售周期越长，成交概率越低。这还不包括因议价销售模式本身所引发的销售政策和报价策略等设计复杂化，造成客户获取信息的成本增加而延长的销售周期。例如，面对汽车行业独特的综合优惠报价，普通消费者根本无法算清楚真正的优惠到底是多少。还有围绕价格申请衍生出来的各种销售技巧，无限延长了整个销售周期。最麻烦的是，销售顾问的议价能力被视为销售中最重要的能力，为客户在购车过程中提供有效的决策信息和解决问题等销售服务能力反而被忽视了，这一点饱受人们的诟病。

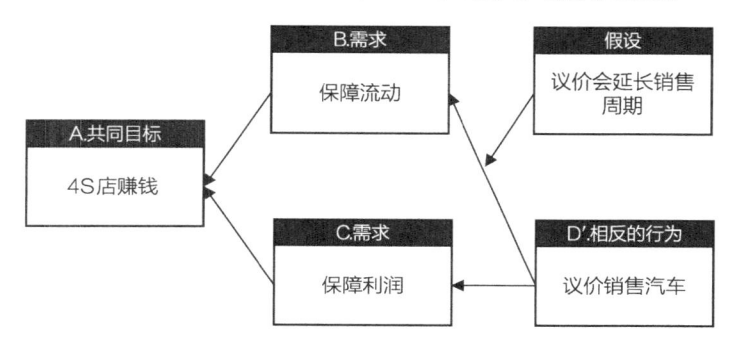

图7-28 不改变++方法之找出假设和验证假设示例

2. 总是真的吗

议价总是真的会延长销售周期吗？说实话，迄今为止我还没有发现在什么情况和条件下议价不影响销售周期的。如果读者们有可证伪的案例，欢迎提供给我。所以，"议价会延长销售周期"这个假设暂时无法被推翻。现在可以追问第三问了：有没有例外？换句话说，有没有因为议价而缩短销售周期的例外情况呢？只要改变议价模式，就有可能缩短销售周期。例如，在原来的议价模式下销售周期是3天，在当前的议价模式下，销售周期只有半天甚至更短。但从本质上说，"议价会延长销售周期"这个假设仍然无法被推翻，即没有例外。

无法推翻假设，意味着要调整"不改变"的行为。例如，改变议价模式、提高议价效率，也能缩短一定的销售周期。请读者注意，假设无法被推翻与调整"改变"或"不改变"的行为并不矛盾，在"改变"或"不改变"的行为不变的前提下，仍然可以满足彼此的需求，只是有时候满足需求的程度不同而已。例如，在本示范中，探讨议价行为诚然会延长销售周期，但如果企业还没有准备好

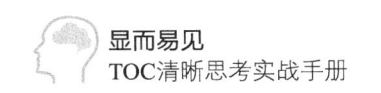

或暂时不具备不议价的条件，那么只要能够缩短销售周期，议价也无可厚非。当议价成本大于收益时，议价自然会消失。但如果人们并不在乎议价成本，那么讨价还价也属正常。

第4步：注入激发方案

"议价销售汽车"同时要具备什么条件才能"保障流动"？也就是说，除非做了什么，"议价销售汽车"才能"保障流动"？你会发现，4S店通常只关心库存汽车的流动，却很少关注客户的流动。所谓客户流动，是指客户从潜在客户状态转变为成交客户状态的流动过程。客户流动越快，库存汽车流动和变现也越快。

是什么因素制约了4S店的客户流动呢？通常人们会回答，是销售顾问的能力。不置可否，能力很重要，但还有比能力更重要的因素，否则4S店花费高昂的成本致力于培养和提升销售顾问的能力为什么收效甚微呢？通常每名销售顾问手中都有大量未成交的或意向潜在客户，销售顾问一般会对这些客户进行分类跟进管理。这就会造成TOC所说的多任务并行处理或不良多工情况，导致客户流动障碍，因为销售顾问的时间和精力总是有限的，如果手头跟进的客户超过正常处理量，就会造成有的客户跟进不及时，而有的客户又跟进过度。无论是跟进不及时还是跟进过度，结果都是客户流失而非客户流动。

虽说4S店都会对客户进行HABC分类管理，但这样的分类标准都是基于个人主观经验做出的判断。且不说客户分类是否准确，即使分类准确，销售顾问又如何记得住众多客户中每位客户的具体情况或上一次与客户沟通的具体内容呢？或许有人会说，可以利用系统来解决客户跟进的问题。还是不要添乱了吧！真正要解决的核心问题是销售顾问手头客户数量的问题，而不是如何精细化管理客户的问题。换言之，除非4S店能有效控制销售顾问手头的客户数量，即使不改变"议价销售汽车"模式，也能"保障流动"。所谓少即多，就是这个道理。不改变++方法之挑战假设及注入新增激发方案示例如图7-29所示。

请读者注意，以上新增的激发方案并非标准或唯一答案，在实际应用中应视企业具体情况而定。例如，有的4S店销售顾问手头的客户数量本来就很少，那么销售顾问客户数量过多显然不是客户流动的制约因素，控制客户数量就不见得适用了。但无论企业情况有多特殊，用"除非……"句式询问，总能找到适合各企业的答案，除非你选择妥协或"躺平"。

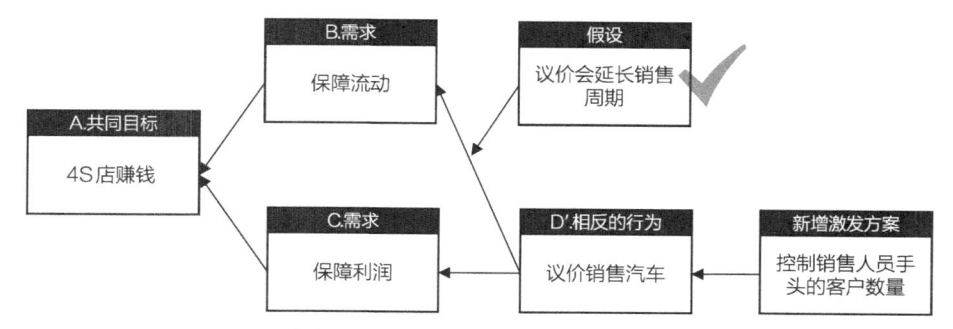

图7-29　不改变++方法之挑战假设及注入新增激发方案示例

由于不改变++方法中的新增激发方案并行假设的补充步骤与改变++方法一样，在此不再赘述。

破解冲突图方法3：何时改变&何时不改变

第三种方法很有意思，非常符合中国人灵活、善于应变的特点。简单来说，第三种方法就是人们常说的因地制宜或因时制宜。什么情况和条件下改变，什么情况和条件下不改变，将两者结合起来考虑，总能满足彼此的需求。俗话说，活人还会被尿憋死？既不否定过去的做法，也不排斥未来的做法，完全看是否具备条件，具备条件就这样做，不具备条件就那样做。此时，改变与不改变并不被视为彼此对立、非此即彼的行为，而被视为两个都可以接受的选项，只是因时、因地制宜而已。就像油电混合动力汽车一样，根据实际场景可以在油和电两种动力之间来回切换使用。

何时改变&何时不改变并不是改变与不改变的折中或妥协，更不是在两者之间摇摆不定，而是把两者纳入整体来考虑，并根据现实条件交替采取看似对立的行为。改变或不改变这两个彼此对立的行为本质上是因为欠缺某个条件，所以选择任一行为都无法满足彼此的需求。但如果具备了这个条件，就可以统一这两个看似矛盾的行为。所以，需要找出冲突图中彼此对立的行为之间背后隐含的假

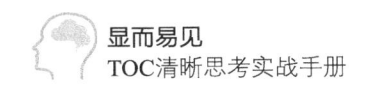

设，才有可能破解冲突图，如图7-30所示。

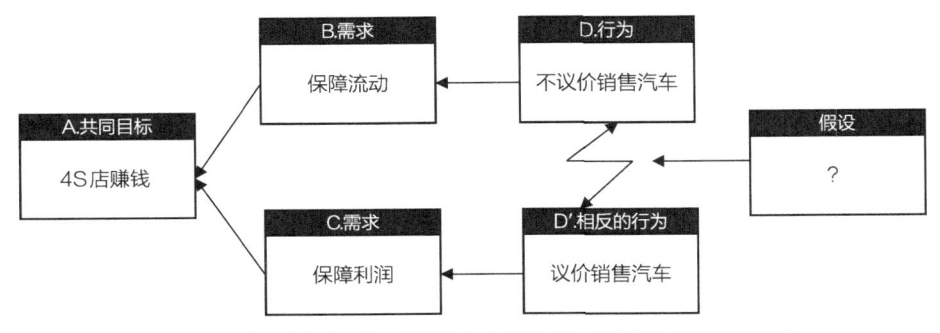

图7-30 何时改变&何时不改变方法之画"假设"实体框示例

第1步：找出假设

寻找D与D'之间双向折线箭头背后所隐含的假设的方式与单向箭头不同，请读者注意它们之间的区别。实践应用中有两种询问方式，可以启发你找出双向折线箭头背后所隐含的假设。

（1）什么情况下D与D'会发生冲突？

（2）缺少什么时D与D'会发生冲突？

例如，在本示范中，在什么情况下"不议价销售汽车"与"议价销售汽车"会发生冲突？大多数情况下很难回答这个问题，因为"不议价销售汽车"这个行为并未发生，所以很少有人能感知未发生的事情。那么如何回答这个问题呢？其实，只要你能找出什么时候会有放弃现有做法的念头，就能顺利找出假设。什么时候4S店想放弃"议价销售汽车"这一做法呢？其实只要发生议价无法满足预期利润的情况，4S店就会产生放弃的念头。当讨价还价所付出的成本远远高于收益时，谁还会出力不讨好呢？所以，这里有一个技巧请读者注意，那就是当某种行为无法满足人们的需求时，人们便会产生放弃现有做法的念头。例如，在本示范中，"议价销售汽车"行为D'无法满足"保障利润"需求C，人们就会对"议价销售汽车"这个行为产生怀疑。但是此时破解冲突图并未结束，还要进一步推论：什么情况下议价无法满足预期利润？

现实中，在两种情况下议价无法满足预期利润，第一种情况是库存多而畅销车不足，第二种情况是客户多而销售顾问不足。第二种情况很容易解决，只要匹配足够数量的销售顾问就可以了，现实情况往往是客户数量不足。第一种情况比较麻烦，也就是在库存结构不合理的情况下，畅销车资源不足，议价很难保障预期利润。换句话说，如果库存结构合理，畅销车资源充足，那么就不用纠结到底是议价还是不议价了，汽车根本不愁卖。

非常遗憾的是，现实中人们基本不会产生放弃现有做法的念头，因为人们已经习惯了现有做法，就像"久居兰室不闻其香，久居鲍市不闻其臭"一样，习惯成自然了。所以，很多时候需要启用第二种询问方式，才能引导人们找出隐含假设。缺少什么时，"不议价销售汽车"与"议价销售汽车"会发生冲突？自然是缺少足够数量的畅销车时，两者之间会发生冲突。君不见，曾几何时，汽车行业某些品牌车型加价卖车还供不应求。缺少什么时，D与D'会发生冲突？这里缺少的有可能是资源、政策、规则、程序、技能、知识、方法、信任、尊重等元素或条件。在本示范中缺少的是"资源"，即缺少足够数量的畅销车资源。何时改变&何时不改变方法之找出假设示例如图7-31所示。

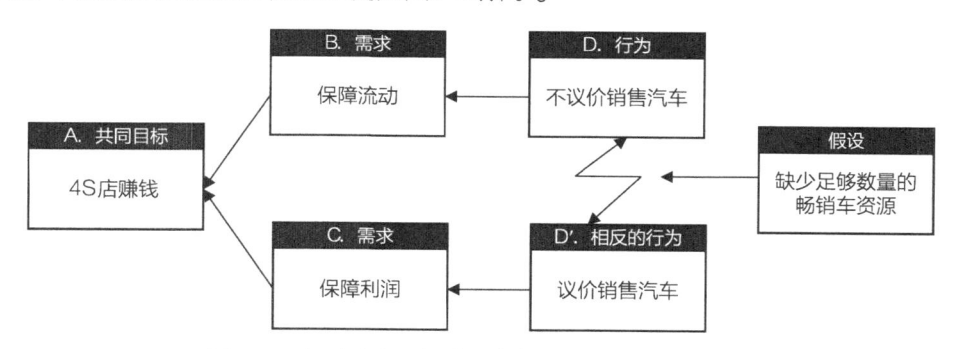

图7-31 何时改变&何时不改变方法之找出假设示例

第2步：验证假设

验证D与D'之间双向折线箭头背后隐含的假设的方法很简单。如果假设的反面存在，那么改变与不改变之间不会发生冲突。假设"缺少足够数量的畅销车资源"的反面是"有足够数量的畅销车资源"。如果"有足够数量的畅销车资源"，那么"不议价销售汽车"与"议价销售汽车"之间不会发生冲突。

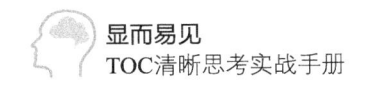

第3步：挑战假设

1.是真的吗

"缺少足够数量的畅销车资源"是真的吗？是真的。这通常是由两方面原因导致的，一方面，4S店的采购模式是基于销售和库存状况做预测，因为预测不可能完全准确，所以很容易造成库存过剩与缺货并存的状况，就是畅销车更容易缺货，滞销车更容易过剩。又因为滞销车占用了大量资金，很容易造成流动障碍，制约4S店的现金流，同时处理滞销车意味着销售利润遭受损失，甚至是亏本清库存，从而又影响畅销车的及时补货。

另一方面，上游汽车生产厂家与下游4S店在区域市场、产品结构、销售任务、商务政策和采购规则等方面有不同程度的供需矛盾，所以不可能完全满足4S店对"有足够数量的畅销车"这一需求。

2.总是真的吗

"缺少足够数量的畅销车资源"总是真的吗？也不一定，从绝对数值来看总是真的，从相对数值来看并不总是真的。也就是说，有时候畅销车数量是足够的，有时候是不足够的，但总体来看是不足够的，呈现出统计学上的波动。例如，淡旺季、补货周期前后、事故等不确定性因素会导致畅销车数量出现不同程度的波动和差别。

换言之，"缺少足够数量的畅销车资源"的假设并不总是成立的，但也并不总是不成立的。因为这个假设成立与否，并不完全由4S店决定。也就是说，有一部分影响因素并不在4S店可控制的范围内，至于这部分影响因素有多大？谁也说不清楚，有时可能是"黑天鹅"，有时可能是"灰犀牛"，更多的情况可能是"疯狗浪"。

第4步：注入激发方案

第三种破解冲突的方法为何时改变&何时不改变，激发方法自然是何时改变与何时不改变。因为D与D′之间双向折线箭头背后隐含的假设"缺少足够数量的畅销车资源"有时为真,有时为假,所以注入的激发方案是:以畅销车资源是否充裕为前提条件,充裕时"议价销售汽车",不充裕时"不议价销售汽车"。请读者注意,这里的议价或不议价并不是只针对畅销车,而是针对整个议价或不议价的销售模式。畅销车资源充裕意味着库存结构非常理想,即畅销车占比大于滞销车,所以采取议价模式更有利于在保障利润最大化的同时,积极转换和消化滞销车。因为畅销车充裕会带来集客效应,有了客源保障,就不用发愁滞销车的销售了。这样一来,不仅可以"保障利润",而且可以"保障流动"。

反过来看,如果畅销车资源不充裕,说明库存结构不理想,即滞销车占比大于畅销车,所以只有采取不议价模式才能快速通过销售来调整库存结构,在保障流动的同时守住利润。例如,采取库龄折扣透明化销售模式,或者配合畅销车饥饿营销模式等,总能通过区隔市场来获得丰厚的利润。

何时改变&何时不改变方法之注入激发方案示例如图7-32所示。

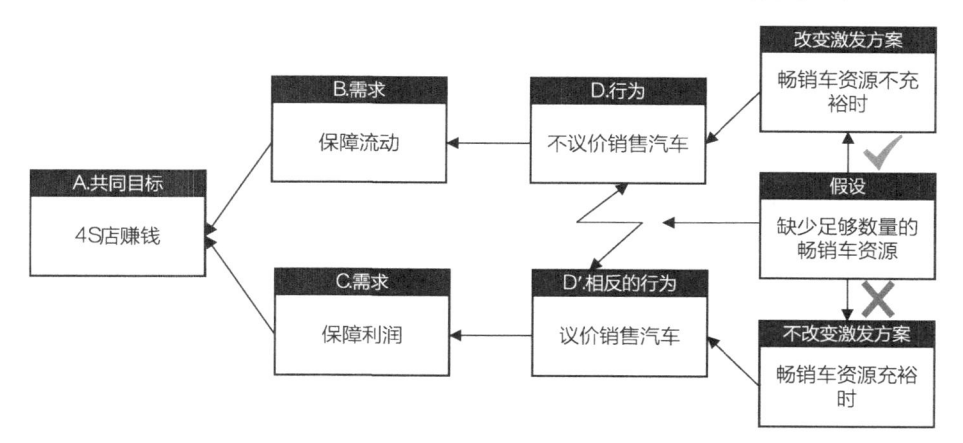

图7-32 何时改变&何时不改变方法之注入激发方案示例

在图7-32中,在"假设"实体框上下两边分别做了打钩和打叉的标识。打钩代表假设成立,假设成立则改变;打叉代表假设不成立,假设不成立则不改变。

这里再次提醒读者,以上假设和激发方案并不是标准和唯一答案。由于每个人的认知和所处的环境不同,有可能得出不一样的假设,因此激发方案完全有可能不尽相同。这也是破解冲突图的魅力所在,否则如何为相同行业的不同客户开

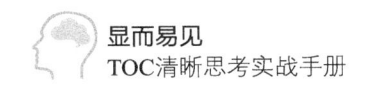

发不同的个性化解决方案呢？在本示范中，其实只要存在不同的制约因素，就存在不同的假设，激发方案自然会有所不同。如果客户是制约因素，或者销售顾问的销售能力是制约因素，那么其假设和激发方案就会大不相同。但无论如何，只要掌握基本的方法论，就可以在面对任何类型的冲突时，做到手到擒来，破解冲突图于无形。

在实际应用何时改变&何时不改变方法时，并不局限于以上示例的方法。例如，你可以与团队一起探讨什么需要改变，什么不需要改变，并且明确改变的条件和时机，以及约定改变的规则。实际上，过去很多做法之所以能够沿袭至今，是因为它们有可取之处。只是你要留意当初这样做所隐含的假设。如果假设随着时代变迁而改变了，或者前提条件发生了改变，那么你必须勇于接受现实，善于自我否定和挑战假设，而不是被假设禁锢和限制思想。没有什么东西是一成不变的，关键在于明确自己想要什么。当你无法获得自己想要的东西时，首先需要检讨的并不是做事的方法，而是方法背后隐藏的假设。假设总有其存在的理由，但存在并不总见得都是合理的。尝试着去挑战假设，总能发现新的可能。挑战假设并不意味着一定要推翻假设，而是为了更深入地理解假设——理解假设助推或制约目标的实现的意义和价值。

破解冲突图方法4：另一种改变

第四种破解冲突图的方法试图超越冲突和问题本身，寻求具有突破性的另一种改变，直接满足彼此的需求，而不是在改变和不改变的拉锯战中争论不休。这就像邓小平同志提出的"一国两制"基本国策，它是在时代背景下解决中国历史遗留问题的最佳方案。在一个中国的前提下，国家的主体坚持社会主义制度，香港、澳门、台湾地区保持原有的资本主义制度长期不变。我尝试用第四种破解冲突图方法——另一种改变，来解读"一国两制"这一基本国策，如图7-33所示。

当一个国家面对如此复杂的历史遗留问题时，尚可如此创造性地解决，那么我们普通老百姓还有什么"大事"不能解决呢？另一种改变方法为人们提供了解决冲突的全新视角：跳出问题解决问题。通常情况下，人们往往受困于问题本身，一叶障目，不见森林。如果能够无限拉长时间尺度或放大空间维度，你会发现，所有问题其实都是局部问题，对系统整体而言都不是事儿。因此，爱因斯坦说："你无法在制造问题的同一思维层次上解决这个问题。"也就是说，要解决问题，需要将思维上升到更高的层次，否则问题很难解决。

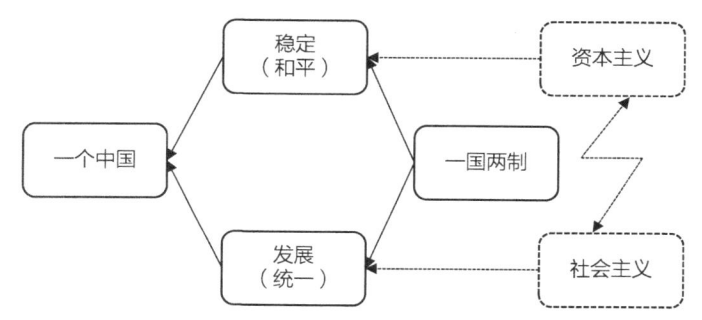

图7-33　另一种改变方法之"一国两制"示例

所以，你会发现破解冲突图的4种方法，其实是由问题定义1到问题定义2，思维层次由低到高逐渐跃升的过程。越到后面，思维越不会被对立的行为约束，解决问题的灵活性和自由度也越不会被假设限制。当然，难度也会越来越大。不过，正是因为有难度，才让解决问题的过程充满挑战的乐趣。如果问题简单，就不用使用冲突图了。

正因为将思维层次跃升到了更高层次来看待冲突，所以使用另一种改变方法寻找假设不再关注行为层面，而是直接针对需求层面进行探寻：为什么不能同时满足彼此的需求？为什么没有可以同时满足彼此需求的方法？例如，在本示例中，为什么不能同时"保障流动"和"保障利润"？或者，为什么没有可以同时"保障流动"和"保障利润"的方法？如图7-34所示（"假设"实体框的两个单向箭头上画两条横线，表示阻止或抵触的意思）。

第1步：找出假设

通常寻找假设的询问方式是：为什么不能同时满足需求B和C？或者，为什么没有可以同时满足需求B和C的方法？在本示范中，可以询问：为什么不能同

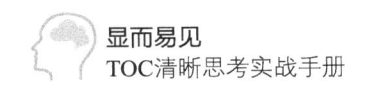

时"保障流动"和"保障利润"？为什么没有可以同时"保障流动"和"保障利润"的方法？

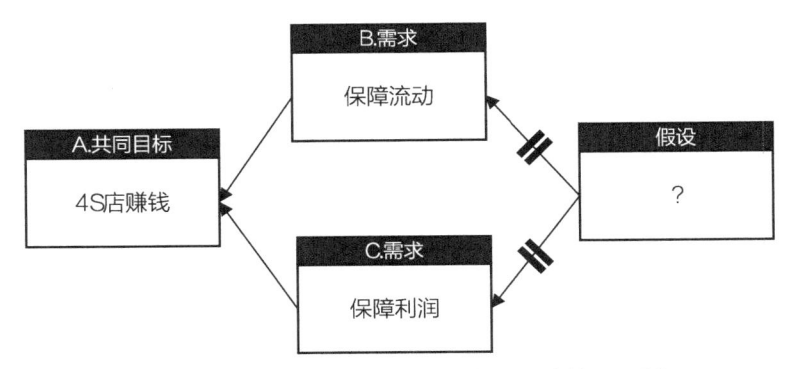

图7-34　另一种改变方法之画"假设"实体框示例

我发现这两个问题等于白问，因为很少有人能够上升到抽象层面来思考问题，特别是对于纯概念的推论。换言之，必须把这两个问题还原到具象层面才有利于思考。简单来说，"保障流动"就是车卖得快，"保障利润"就是钱不少赚。一言以蔽之，就是车卖得又快又赚钱。为什么4S店卖车不能"又快又赚钱"呢？因为卖得快的车都是走量的车，走量的车通常都不赚钱，而赚钱的车通常都是卖得比较慢的车。也就是说，因为没有卖得又快又赚钱的车。

这是第一种找出假设的方法，我再介绍另一种方法：为了满足需求B，除非在什么条件下，才能同时满足需求C？或者，为了满足需求B，在缺乏什么条件的情况下，无法满足需求C？反之亦然。在本示范中就是，要想卖车快，除非在什么条件下才能同时多赚钱？或者，要想卖车快，在缺乏什么条件的情况下无法多赚钱？答案仍然是：除非有卖得又快又赚钱的车，才能同时多赚钱；或者，在缺乏有卖得又快又赚钱的车的情况下，无法多赚钱，如图7-35所示。

第2步：验证假设

验证假设的方法也很简单，如果假设存在，那么无法同时满足需求B和C。如果"缺乏卖得又快又赚钱的汽车资源"，那么无法同时"保障流动"和"保障利润"。只要逻辑合理，符合常识，就算验证通过。

第七章 如何双赢解决问题

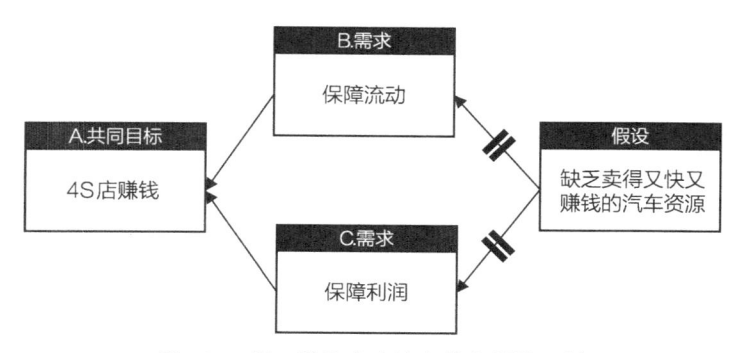

```
         B.需求
        保障流动
                        ╱╲
A.共同目标                 ╱  ╲        假设
 4S店赚钱                        缺乏卖得又快又
                                 赚钱的汽车资源
                        ╲  ╱
         C.需求            ╲╱
        保障利润
```

图7-35　另一种改变方法之找出假设示例

第3步：挑战假设

提问：是真的吗？

"缺乏卖得又快又赚钱的汽车资源"是真的吗？这就要看如何定义"卖得又快又赚钱"了。"快"很好定义，就是卖得快。当然，卖得快也有指标可以衡量，如库存周转天数，行业做得最好的是美东汽车，2021年其库存周转天数为5.8天，汽车经销商上市企业前10名的库存周转天数平均为40天。"赚钱"通用的衡量指标是毛利率和净利率，汽车经销商上市企业前10名的毛利率在10%以内，如果排除售后毛利率，那么整车综合毛利率更低。实际上你不需要弄清楚毛利率是多少。假设在毛利率不变的情况下，衡量4S店是否赚钱完全取决于库存周转天数。库存周转天数越短，越赚钱，反之则不怎么赚钱。

此外，无论毛利率和库存周转天数具体是多少，实际上都是以平均数作为衡量标准的。也就是说，总是存在不同车型的SKU（最小库存单位，具体到车型、配置和颜色的最小单位）高于或低于平均数，这就意味着"缺乏卖得又快又赚钱的汽车资源"并不一定是真的。即使某些车型SKU毛利率很低，但如果库存周转天数足够短，那么也是赚钱的。

如果经过第一问"是真的吗"，假设被推翻，就不需要追问第二问了。

第4步：注入激发方案

事实上，大部分4S店很少考虑以库存周转天数为赚钱衡量指标的流动性经营，大家的关注焦点往往是新车毛利率。毛利率高就认为赚钱，反之则认为不赚

191

钱，从来不关注资金的使用效率和收益率。资金通常情况下是大部分4S店经营的制约因素，资金使用效率和收益率低，意味着资金存在严重浪费，即没有充分利用和发挥资金杠杆应有的效用。

通常情况下，4S店的资金杠杆率为90%（外部借用资金/自有资金）。假设资金成本年化率为7%，以10万元一辆车的进货成本考虑，相当于4S店只需付出1万元自有资金就可以从厂家进货，剩下9万元为外部借用资金，资金成本为6 300元（9万元×7%）。假设新车销售毛利率分别为1%、2%和3%，下面来看看在不同库存周转天数下，汽车经销商自有资金的收益率，如表7-3所示。

表7-3 4S店自有资金收益率测算

杠杆率（外部借用资金/自有资金）	资金成本年化率	销售毛利率	库存周转天数（天）	周转利润（元）	自有资金收益率（周转利润/自有资金）
90%	7%	1%	12	5 700	57%
			9	2 700	27%
			6	−300	−3%
			3	−3 300	−33%
		2%	12	17 700	177%
			9	11 700	117%
			6	5 700	57%
			3	−300	−3%
		3%	12	29 700	297%
			9	20 700	207%
			6	11 700	117%
			3	2 700	27%

从表7-3中的测算结果可以看出，新车销售毛利率固然重要，但即使在销售毛利率为1%的较低水平下，保持库存的高周转率也能获得较高的收益。因此，4S店在经营过程中不仅需要关注销售毛利率，更应该关注库存周转因素，如果一味追求单次销售盈利水平，而牺牲资金使用效率，从综合盈利水平上看反而得不偿失，甚至导致库存积压过多，在资金成本和现金流的双重压力下，不得不通过

更大的折扣来清理库存，从而造成巨大的损失。

以上简单的测算还没有考虑自有资金收益部分的持续投入所产生的回报，如果考虑进去的话，保持或持续提高库存周转率，收益呈现指数级增长也不是什么神话。因此，在本示范中，另一种改变方法注入的激发方案是：采取以库存流动性为主的经营模式，如图7-36所示。

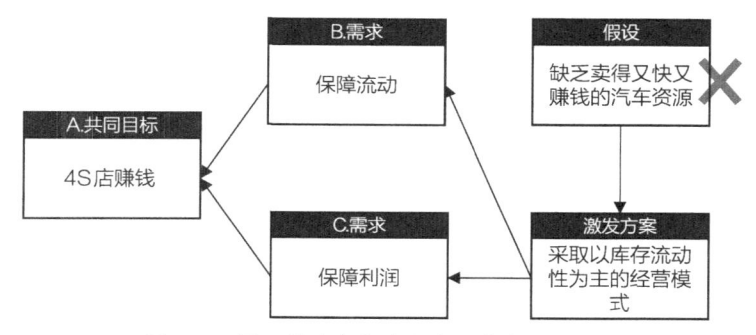

图7-36　另一种改变方法之注入激发方案示例

至此，破解冲突图的4种方法介绍完毕。本示范也是我第一次用破解冲突图的形式"剧透"我们的咨询服务项目，其中并不涉及任何商业秘密。换言之，任何人只要掌握了破解冲突图的以上4种方法，就可以开发出适合自己所在行业企业的解决方案。

我之所以选择用这个示范来讲解如何破解冲突图，主要是因为相对破解其他类型的冲突图，这个示范比较简单。但先难后易未尝不是一种有益的尝试。其实所有破解冲突图的方法论都在本书入门篇介绍过了，只是现在把它们贯穿起来应用而已。其他类型冲突图的破解，都可以仿照和参考本示范所讲的步骤。当然，适当的练习仍然是不可或缺的。

我已经破解了不少于100幅冲突图，但每次破解都会有不同的体验和认知上的突破，因此破解冲突图已经成为我进行自我修炼的"不二法门"。我总能突破对固有假设的执念，豁然开朗，拨云见日。难怪高德拉特博士当初会把冲突图称作疑云图（Cloud）。人们面对冲突和问题时，犹如乌云笼罩，蔽日遮天。但只要推翻无效假设，冲突就犹如乌云四散，艳阳高照。

为方便读者学习和查阅，我把以上破解冲突图的4种方法汇总在表7-4中。

表7-4 破解冲突图的4种方法汇总

方法	找出假设	验证假设	挑战假设	注入激发方案
改变++ （D→C）	为什么改变无法满足需求C	如果改变，同时假设，那么无法满足需求C（通顺即成立）	是真的吗 总是真的吗 有没有例外	如果改变，同时如何，将满足需求C
不改变++ （D′→B）	为什么不改变无法满足需求B	如果不改变，同时假设，那么无法满足需求B（通顺即成立）	是真的吗 总是真的吗 有没有例外	如果不改变，同时如何，将满足需求B
何时改变& 何时不改变 （D→D′）	什么情况下D与D′会发生冲突 或者，缺少什么时D与D′会发生冲突	如果假设的反面存在，那么改变与不改变就不会发生冲突（通顺即成立）	是真的吗 总是真的吗 有没有例外	何时，在某种条件下，改变与不改变不会发生冲突
另一种改变 （B→C）	为什么不能同时满足需求B和C 或者，为了满足需求B，除非在什么条件下才能同时满足需求C	如果假设存在，那么无法同时满足需求B和C（通顺即成立）	是真的吗 总是真的吗 有没有例外	是否存在某种条件，可以同时满足需求B和C

如果你深谙破解冲突图背后的原理，那么你也可以创造自己熟悉的询问方式，并不一定要使用表7-4中的询问方式。用以上4种方法破解冲突图后，你需要选择一个激发方案。虽然之前说过这4种方法各有各的使用场景和条件，但如果是破解核心冲突和重要冲突，我建议将这4种方法都使用一遍，尝试破解，最后选出一个最佳激发方案，采取具体行动。当然，如果多个激发方案都有条件组合应用的话，威力将成倍地增加。

如何选出一个最佳激发方案并采取行动呢？可以用"能力-影响力"模型进行评估和选择。把"能力-影响力"作为横坐标，把"价值评估"作为纵坐标，对4个激发方案进行评估，如图7-37所示。

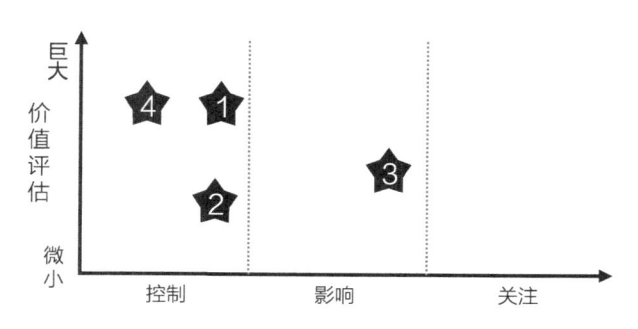

图7-37 激发方案评估与选择示例

首先，对每个激发方案的价值进行评估，评估时只需凭直觉进行主观判断即可，没必要建模测算评估，"大概对"胜过"精确的错"。其次，评估此时此刻改变的能力-影响力范围，就是根据自己的能力把每个激发方案放入"控制-影响-关注"区域。最后，选择价值最大且在可控制范围内的激发方案，采取行动。图7-37中的序号分别代表破解冲突图方法1~4中的4种改变。

为了方便评估和选择激发方案，我做了一张激发方案汇总选择表，如表7-5所示。

表 7-5 激发方案汇总选择表

类型	探寻	假设	注入	选择
改变 ++ （D→C）	为什么"不议价销售汽车"就无法"保障利润"	不议价就没有议价利润空间	库龄折扣透明销售模式	
不改变 ++ （D'→B）	为什么"议价销售汽车"就无法"保障流动"	议价会延长销售周期	控制销售人员手头的客户数量	
何时改变 & 何时不改变 （D→D'）	什么情况下"不议价销售汽车"与"议价销售汽车"会发生冲突	缺少足够数量的畅销车资源	以畅销车资源是否充裕为前提条件，充裕时"议价销售汽车"，不充裕时"不议价销售汽车"	
另一种改变 （B→C）	为什么不能同时"保障流动"和"保障利润"	缺乏卖得又快又赚钱的汽车资源	采取以库存流动性为主的经营模式	√

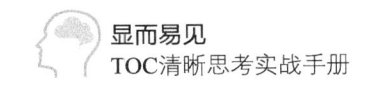

这里有一个"三个一"原则可以指导你正确行事：为了实现一个共同目标，一次性想清楚问题，一次只做一件事情。"三个一"原则可以说是TOC从理论到实践的成功心法，也是我经历了惨痛的教训才总结出来的经验，请读者特别注意。就像我经常开玩笑说的："不听老高言，吃亏在眼前。"很多时候，道理过于简单，人们反而不以为然。很多事情只有做到了才能真知道。王阳明的知行合一，诚不我欺。

此时，选出要采取行动的激发方案，仅代表明确了改变的方向。也就是说，破解冲突图只回答了"要改变成什么"这一问题的一半，还有另一半需要使用未来图来回答。但我会把未来图放在本书进阶篇进行介绍，这样做出于两个方面的考虑：一是传统未来图的画法采用演绎法推演未来，有一定的难度；二是激发方案本身并不完善，可能不够全面，也可能存在负面效应。因此，在接下来的第八章和第九章，我会继续完善激发方案。只有在方案设计层面下足功夫，才能保障在执行层面不找借口。

拓展实践：如何制造冲突、解决冲突

在实践应用中，有时候不见得非要坐下来画冲突图才能解决问题。只要熟记冲突图的框架和结构，你也可以在大脑中快速画出冲突图。很多事情并不总能按照人们的意愿发展，就像很多故事的转折都是为冲突埋下的伏笔，如果没有冲突，那么故事将索然无味。可以说，故事的高潮部分就是发生冲突和破解冲突的过程，正是冲突推进了故事情节的发展。同样的道理，无论是在生活中还是在工作中，任何事情的发展都需要冲突来推进。没有冲突，就没有发展。

从表面来看，冲突是事物发展的障碍，但如果你知道冲突的根源在于错误的假设和认知，那么你可以充分利用解决冲突的机会来尝试消除这些错误的假设，谋求满足彼此关系中各自的利益和需求。所以，冲突其实只是彼此利益和需求未能得到满足时释放出来的信号，尽管这样的信号时常伴随着激烈的情绪波动，但不能因此使其成为人们追求各自利益和需求的拦路虎。

儒家倡导"和为贵"的道德实践原则。《论语·学而》曰："礼之用，和为贵。"意思是说，按照礼来处理一切事情，人和人之间的各种关系都能够调解适当，使彼此和谐融洽。但人们往往只记住了"和为贵"，时常忘记了"礼之用"。就像人们时常把"手段"当作"目的"，而面对冲突时又把"目的"当作"手段"。所以，在"和为贵"的道德实践原则指导下，人们在面对和处理冲突时，经常以掩盖问题本质为代价进行妥协与退让。大家表面上一团和气，背地里却各种猜疑、算计、钩心斗角。"礼之用"中的"礼"，从现代人的思想来说，是指秩序和规范。"礼之用"就是礼的作用——使人们的行为符合秩序和规范，这样就达到了人际关系的和谐融洽。之所以"和为贵"，就是因为人们很难做到"礼之用"，所以和谐难能可贵。换言之，不择手段才是人们处理冲突时的常态。

TOC也讲究和谐。和谐有两个缺一不可的必要条件：稳定和发展，但先决条件是有效消除行为层面的冲突。请读者注意高德拉特博士与孔子在以达成和谐为根本目标的冲突处理方式上的差别。孔子试图用"礼"来规范人们的行为和安顿秩序，高德拉特博士则把秩序和规范视为假设，是挑战的对象，以满足人们彼此非对立的需求。正所谓，天理即人欲。当然，这里的人欲是指人们正常合理的需求，而不是非分之想。如果是非分之想，那就要"存天理，灭人欲"了。秩序和规范并非不用遵守，而要看它们是不是将和谐强加于冲突之上的秩序和规范，用来约束人们的行为而单方面满足既得利益者的利益。

东西方文化中实现和谐的不同途径注定让这两种文化之间存在差异，中国人更崇尚由内而外的和谐，如克己复礼、修齐治平，反映在待人接物上，更多的是温、良、恭、俭、让。在现实生活中，只要存在限制，冲突就在所难免。如果只从"礼让"这一视角来面对冲突的话，对于解决所有类型的冲突并没有帮助，有时候反而会让彼此得非所愿或愿非所得。我在实践冲突图的过程中发现，有时候并不一定是忍一时风平浪静，而是进一步海阔天空。

很多时候，所谓的冲突都是一些鸡毛蒜皮的小事，所以相互谦让和包容基本能息事宁人，让冲突双方相安无事。但是，人们很少关注这些鸡毛蒜皮的小事背后所隐藏的根本假设，直到某天与他人发生激烈的冲突，人们还沉浸在就事论事的幻觉中，误以为争辩对错可以消弭彼此的误解。然而，即使争辩赢了，也会输了人际关系和感情，而且问题依旧没有得到任何推进和解决。所以，不仅要重新评估鸡毛蒜皮的小事，而且要善于利用或"制造"鸡毛蒜皮的小事来化解更大的冲突。我在实践中总结了两个原则，以下逐一介绍。

原则1：有冲突，解决冲突。

TOC四大支柱之一认为，不要接受冲突是必然的，每个冲突都可以被解决。采用本章介绍的破解冲突图的4种方法，基本可以解决所有类型的冲突。

原则2：没有冲突，制造冲突解决冲突。

没有冲突，不代表没有小冲突。小冲突所隐含的假设本质上能反映出冲突双方认知和观念上的差异。可以彼此"和而不同"，但请不要因为"不同"而造成误解和误判。制造冲突并不是搬弄是非或制造人民内部矛盾，唯恐天下不乱，而是透过小冲突触及人们隐约感觉到的更深层次的冲突，从而直面并解决真正的核心冲突。所谓"不打不相识"，就是这个道理。不过，请读者注意，不到万不得已千万不要随意使用原则2，因为其中的奥妙不见得所有人都能掌握，如果掌握不好，很可能弄巧成拙。

我总结了一套制造冲突解决冲突的步骤，如图7-38所示。

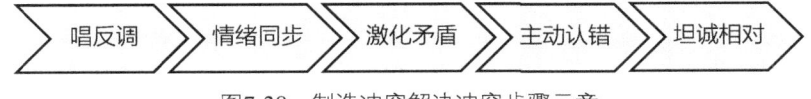

唱反调 → 情绪同步 → 激化矛盾 → 主动认错 → 坦诚相对

图7-38 制造冲突解决冲突步骤示意

第1步：唱反调，顾名思义，唱反调就是对着干，对方支持的你反对，对方反对的你支持。请读者注意，这里的唱反调不是故意找对方的茬，而是通过果因果正负分析法模型来唱反调。你可以成为"但是"先生/女士，但凡对方说什么，你都可以接话说："但是……"

第七章 如何双赢解决问题

第2步：情绪同步。情绪同步不是让你演戏，而是让你真情流露。如果你情商很高，请不要低估别人的智商，只有真诚才能入戏。

第3步：激化矛盾。激化矛盾时最好有外人在场，因为只有把矛盾公开，才能迫使你"一意孤行"，直至化解冲突。因此，你要让在场的部分人员为你站队，你会发现其实大部分人都会保持中立，他们并不想卷入一场不知道对自己有利还是有害的纷争之中。有人为你为你站队最好，没人为你站队也无关紧要，他们只要为你做见证即可。

第4步：主动认错。这一步是关键的转折点，成败在此一举。注意此举一定要在私下表达，而不是公开表达。激化矛盾与主动认错之间最好有一段时间间隔，代表你冲动过后的冷静和反省。认什么错呢？这并不重要，重要的是传递出你主动认错、示好求和的态度和诚意。能够做到这一点，已经非常难能可贵了。其实世界上的事情哪有什么对错之分？只有目标之下的有效与否。通常情况下，如果你主动认错，对方也会表现出宽宏大量的态度和行为，这就为最后一步铺平了道路。

第5步：坦诚相对。此时你可以"诉苦"了，把你与对方之间的分歧和假设坦诚地告诉对方，进一步揭示自己的偏见和认知局限等错误，争取对方也对你交心。通常情况下，所谓的冲突都是未经验证的揣测、猜疑或自以为是的假设。一旦打开窗户说亮话，很多假设和误解自然会烟消云散，冲突双方也会冰释前嫌。

对于以上5步，请读者慢慢体会。有时候，只要秉持解决冲突的良好初衷和态度，哪怕在技巧或战术上使用一些"小伎俩"，也无伤大雅。所以，请不要认为我是教你"使坏"。其实，任何冲突都是改善彼此关系的机会，因为冲突本身就潜藏着让其成立的隐含假设。大家应该以积极的态度欢迎和拥抱冲突，请不要再说没有机会，机会就是冲突。特别是有些人在面对冲突时唯恐避之不及，这样就把无数个机会一次又一次地拱手让给了他人。对这些人而言，冲突或许意味着纠结、焦虑和痛苦，另一些人却以此为乐，从来不会被情绪控制或绑架自己清晰思考的能力。

人际关系如此，商业关系亦如此。

练习题

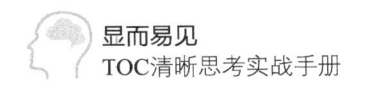

1. 请根据3种不同类型冲突中的日常冲突和不良效应冲突，分别构建冲突图。请按以下所给空白模板（见表7-6、图7-39、表7-7和图7-40）分别描述问题和构建冲突图。题材自选，注意步骤和顺序，要求画不少于3幅冲突图。

（1）日常冲突图构建练习。

表 7-6 日常冲突图问题描述

发生了什么问题	
该问题对我有什么危害或影响	
我想如何做或如何解决该问题	
解决该问题对我有什么好处	
我为什么没有去做	
我被迫做什么	

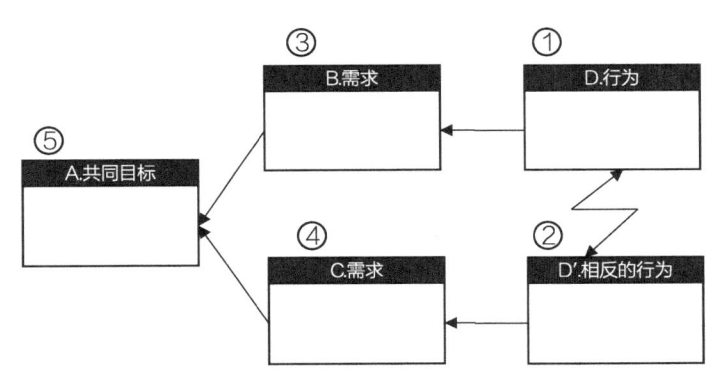

图7-39 日常冲突图构建步骤空白模板

（2）不良效应冲突图构建练习。

表 7-7 不良效应冲突图问题描述

客户/系统的不良效应是什么	
不良效应的存在会给客户/系统造成什么危害或影响	

续表

理想状态下客户/系统应该如何做或如何解决该不良效应	
解决该不良效应对客户/系统有什么好处	
客户/系统为什么没有去做或没有解决该不良效应	
客户/系统被迫做什么相反的行为	

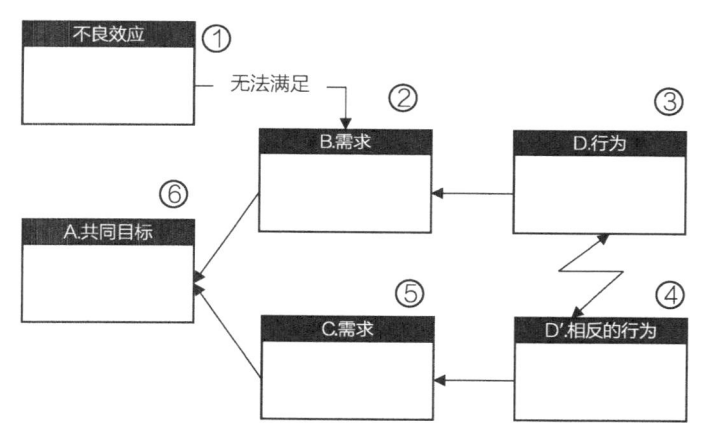

图7-40 不良效应冲突图构建步骤空白模板

2. 从你在第1题中构建的冲突图中选择一个，尝试应用本章所述的4种方法进行破解，并画出可视化逻辑图和汇总表（模板请参考本章示范）。

第八章

如何消除对激发方案的顾虑

第八章
如何消除对激发方案的顾虑

通过第七章的学习，你用4种方法破解了冲突图，并通过"能力-影响力"模型选出了最佳激发方案。但是，现在的激发方案还是半成品，不足以让你采取必要的行动。因为此时激发方案并不完善和强健，人们对其能否顺利执行有所顾虑。顾虑的方面一是激发方案可能不全面，二是激发方案可能存在负面分支，三是对激发方案可能存在执行和心理上的双重障碍。所谓顾虑，就是对激发方案有可能对自己或事情不利而产生的顾忌和忧虑。人们并不会直接表达自己的顾虑，但会用"是的……但是……"等转折句来间接地表达。也就是说，只要存在顾虑，人们就无法顺利地接受和拥抱改变。

对这3个方面的顾虑反映在清晰思考流程中，就是改变四象限的具体内容，对此我在本书入门篇已经埋下伏笔。只有消除这些顾虑，才能真正说服对方做出改变，只有完善和强健激发方案，才能保障各方利益和需求，实现共同目标。对激发方案存在执行和心理上的双重障碍这方面的顾虑，我会放在第九章进行介绍，本章重点讲解前两个方面的顾虑及消除方法。

本书入门篇介绍了果因果正负分析法模型，激发方案不全面和存在负面效应其实都隐含在这个模型里，如图8-1所示。

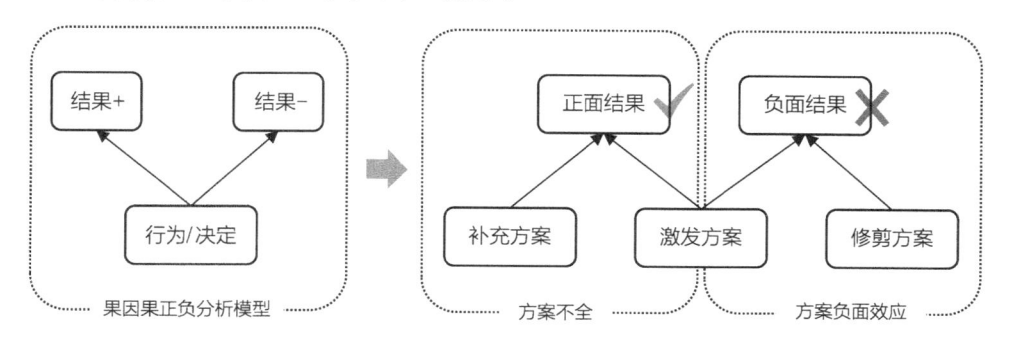

图8-1 从果因果正负分析法模型到激发方案顾虑示意

简单来说，激发方案不全面就是激发方案不充分，不足以达成人们想要的正面结果。由冲突图可知，正面结果就是彼此的需求B和C，需要补充一个或多个激发方案，才能获得金子和美人鱼。为什么激发方案不全面呢？还记得冲突图是必要条件逻辑图吗？把必要条件逻辑切换为充分条件逻辑，你就会发现激发方案并不充分,所以才会出现不全面的问题。

激发方案存在负面效应,就是激发方案虽然可以满足人们的诉求,但同时存在副作用,如面临断腿和痛失美人鱼等风险。只有修剪掉激发方案的负面分支,才能完善和强健激发方案,消除人们的顾虑和担忧。

如何消除对激发方案不全面的顾虑

激发方案必要但不充分,所以需要补充方案。那么如何补充方案呢?从在冲突图中注入激发方案后的模型开始。把注入激发方案的模型顺时针旋转90°,把必要条件逻辑图转为充分条件逻辑图,并把需求B和C合并为一个预期结果。激发方案必要条件转为充分条件示意如图8-2所示。

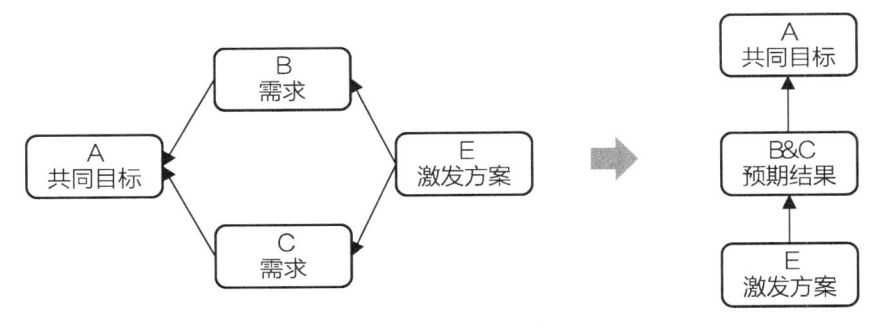

图8-2 激发方案必要条件转为充分条件示意

现在你只需要关注一点:激发方案为什么能够实现预期结果?通常情况下,你并不能用一句话回答清楚这个问题。也就是说,如果需要做更多的解释才能完整地表述清楚激发方案和预期结果之间的因果逻辑关系,那么说明两者之间的跨度太大,需要多个中间项把它们连接起来。请读者注意,本书中询问原因为什么会引发结果的答案通常是假设,而此处并不是假设,而是一种诠释。假设本身是一种解释,它和诠释的区别在于,一句话能解释清楚的叫假设,多句话才能解释清楚的叫诠释。假设是研究者对事物的主观理解和说明,而诠释是对事物的客观陈述和解说。激发方案和预期结果之间的连接与诠释示意如图8-3所示。

第八章
如何消除对激发方案的顾虑

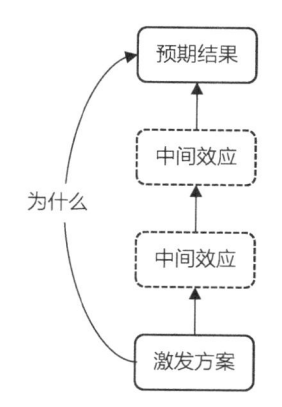

图8-3 激发方案和预期结果之间的连接与诠释示意

为什么激发方案会引发一系列中间效应直至预期结果发生？我把这个诠释的因果链称作激发方案到预期结果的逻辑主干。换言之，首先要把这个逻辑主干诠释清楚。下面还是通过案例来示范讲解，这样比较容易理解和操作。

第1步：诠释激发方案到预期结果的逻辑主干

在第七章4S店的案例中，选择的激发方案是采取以库存流动性为主的经营模式，简称流动性经营。预期结果是冲突图中的两个需求B和C，即保障流动与保障利润，合并为一句话就是：卖得又快又赚钱。为什么4S店采取"流动性经营"能够"卖得又快又赚钱"呢？需要对此做出诠释，如图8-4所示。

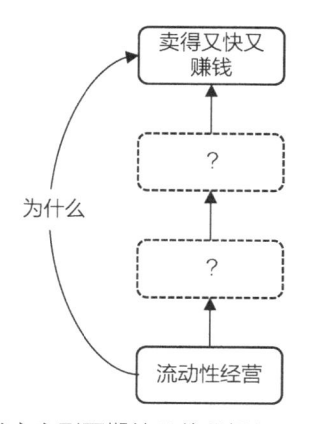

图8-4 激发方案到预期结果的逻辑主干诠释示例

以预期结果"卖得又快又赚钱"为终点，以激发方案"流动性经营"为起

205

点，尝试以终点为目标，思考起点与终点之间的连接路径。采用演绎法从起点开始推演：如果采取"流动性经营"，那么会发生什么直接的预期结果？请读者注意，直接的预期结果并不是最终的预期结果"卖得又快又赚钱"。这个问题通常比较难以回答，因为问题过于抽象，需要把"流动性经营"还原为具体的做法和措施，才能回答清楚这个问题。如果大家都明白"流动性经营"的具体做法和措施，可以省略这一步。

什么是4S店的流动性经营？流动性经营是以4S店库存产品缩短变现周期为目标的经营模式。第七章说过，资金是大部分4S店经营的制约因素，只要保持较高的库存周转率，即使在毛利率较低的情况下也能获得较高的收益。其中库存周转率是关键，然而影响库存周转率的关键因素是长库龄滞销车。长库龄滞销车之所以滞销，又是因为追求单车毛利最大化。为什么会这样呢？因为绝大多数人做生意都是基于加法效应累积财富的，就是1分钱+1分钱+……局部之和等于整体。因为单车毛利最大化，所以累积起来整体销售毛利最大。然而，现实不是这样的，追求单车毛利最大化必然会延长销售周期。因为销售并不像拍卖一样出价高者得，4S店不可能在几个客户之间做选择题，客户不购买就会流失。4S店永远不确定、也不知道下一个客户会以什么样的价格购买，但4S店总是有价格底线的，那些不接受价格底线的客户就会流失。直到某一天4S店发现，某些车型车辆的持有成本远远大于所追求的单车毛利，此时4S店已经错失了大量潜在客户。随着汽车在库时间的增加，4S店不得不一而再、再而三地调整毛利预期，直至亏本清仓也在所不惜。

追求单车毛利最大化无可厚非，但这是在竞争对手应许的前提条件下才可能发生的事情，只要存在竞争环境，那么产品价格总是趋于行业平均水平，甚至更低。汽车厂家为什么会不断推出新品？其中一个重要的原因就是通过推出新品保持或提升价格和利润空间，逐渐淘汰价格透明的老产品。该道理也适用于流动性经营，4S店只有降低滞销车型的占比，才能优化库存结构，提高库存周转率。也就是说，不能只考虑单车毛利的局部最优解，而要从整体有效产出的视角优先保

第八章 如何消除对激发方案的顾虑

障流动性。只要整体有效产出呈增长趋势，哪怕局部个别车型或SKU低于进货成本销售，也是可以接受的。高德拉特博士在《站在巨人的肩膀上》一文中提出了流动的4个概念，它们是指导人们采取流动性经营的最佳实践策略和举措。

（1）加快流动（或缩短生产所需时间）是运营的主要目标。

（2）这项主要目标应该转化成一套实用的机制，以指导运营何时不应生产（以防止过度生产）。

（3）必须废除局部效率。

（4）必须建立一套聚焦于平衡流动的流程。

对应4S店的流动性经营，我和我的搭档刘振老师根据我们在汽车行业多年的实践经验，把流动的4个概念翻译如下。

（1）加快流动（相当于缩短库存变现周期）是4S店运营的主要目标。

（2）指导运营何时不应进货（以防止过度进货）的机制，包括但不限于SKU目标库存动态缓冲管理及销售和补货机制。

（3）必须废除局部效率，包括但不限于根据SKU可得性的风险来决定销售和补货的优先顺序。

（4）聚焦于平衡流动的流程，包括但不限于根据实际市场需求和供应的变化来调整SKU目标库存，并消除库存流动缓慢的主要影响因素。

简单来说，4S店的流动性经营就是以SKU为经营和管理库存的最小单位，通过建立SKU目标库存，并根据其消耗情况制定销售和采购策略及优先顺序，在保障SKU库存可得性的同时降低库存，达到提升库存周转率和缩短库存变现周期的目的。因为同时解决了产品缺货与库存过剩的问题，所以可以达成"卖得又快又赚钱"的预期结果。

前文大致解释了一下流动性经营的做法和举措，下面使用演绎法来完善逻辑主干。如果4S店采取"流动性经营"，那么必然产生什么中间效应呢？必然"采取SKU目标库存缓冲管理"。什么是SKU目标库存缓冲管理？简单来说，就是根据过往一个SKU补货周期的销量乘以缓冲系数，设定为SKU目标库存水位，然后根据库存消耗状态对应的不同的警戒线采取不同对策的一种库存管理方式。SKU目标库存缓冲管理不仅可以反映SKU库存流动状况，而且可以提前预警，防患于未然，起到SKU目标库存缓冲保护的作用。这是TOC在供应链运营和配销管理中开发的成熟解决方案，可以广泛应用于各行业的供应链运营管理。由于TOC进入我国相对较晚，所以SKU目标库存缓冲管理不为公众所了解。

继续用"如果……那么……"关联词进行推论，就能把激发方案到预期结果的逻辑主干补充和诠释清楚，如图8-5所示。

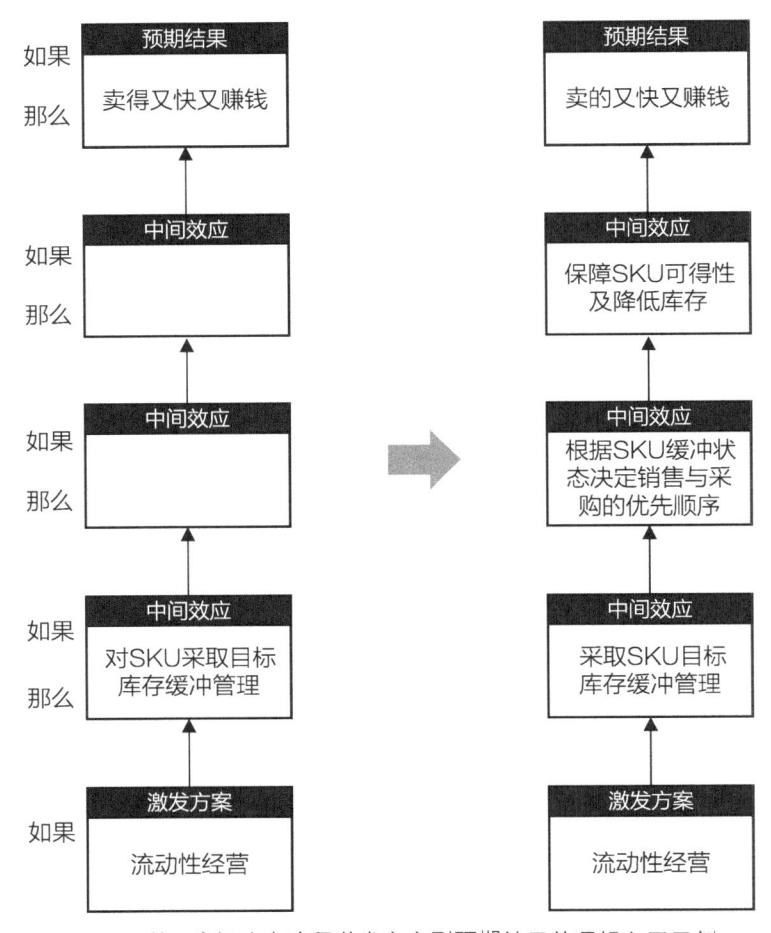

图8-5　利用演绎法来诠释激发方案到预期结果的逻辑主干示例

激发方案和预期结果之间需要补充多少个中间效应，取决于逻辑主干因果关系连接的顺畅程度，只要存在不顺畅之处，就要增加中间效应。另外，激发方案和预期结果之间除了逻辑主干，也存在逻辑分支，这是未来图的画法，不是本章的重点内容，所以暂时不讨论。逻辑主干完成后还需要补充假设，假设是补充激发方案的关键环节。

第2步：补充逻辑主干的假设

可以按照本书入门篇介绍的方法补充假设。例如，为什么4S店采取"流动性经营"，就要"采取SKU目标库存缓冲管理"？或者，如果4S店采取"流动性经营"，那么要"采取SKU目标库存缓冲管理"，是因为什么呢？因为SKU目标库存缓冲管理可以保障SKU的流动性。下面验证一下该假设是否成立。如果4S店采取"流动性经营"，同时为了"保障SKU的流动性"，那么要"采取SKU目标库存缓冲管理"。读起来通顺，即视为假设成立。

继续补充假设，为什么"采取SKU目标库存缓冲管理"，就要"根据SKU缓冲状态决定销售与采购的优先顺序"？因为SKU目标库存缓冲状态能预警SKU是否过剩或缺货。下面验证该假设。如果"采取SKU目标库存缓冲管理"，同时"SKU缓冲状态能预警SKU是否过剩或缺货"，那么要"根据SKU缓冲状态决定销售与采购的优先顺序"。依次补充和验证剩余的假设，如图8-6所示。

第3步：补充方案

如果假设成立，需要采取什么行动，才能保障上一层的效应发生？所采取的行动就是补充方案。你可以这样询问来推导出补充方案：除非采取什么行动，假设才会成立？例如，除非采取什么行动，才能"保障SKU的流动性"？说实话，这个问题很难回答。你可以增加一个步骤进一步询问：现实情况是什么让假设很难成立或做到？采取行动，即解决现实中存在的问题或障碍，让假设成立的同时形成补充方案。

```
          ┌─────────────┐
          │  预期结果    │
          │ 卖得又快又赚钱│
          └─────────────┘
                ▲
         ┌──────┴──────┐
   ┌─────────────┐  ┌─────────┐
   │  中间效应    │  │  假设    │
   │保障SKU可得性 │  │库存周转更快│
   │  及降低库存  │  │         │
   └─────────────┘  └─────────┘
          ▲
   ┌──────┴──────┐
   ┌─────────────┐  ┌─────────────┐
   │  中间效应    │  │   假设      │
   │根据SKU缓冲状 │  │集中优势资源聚│
   │态决定销售与采│  │焦重点工作   │
   │购的优先顺序  │  │             │
   └─────────────┘  └─────────────┘
          ▲
   ┌──────┴──────┐
   ┌─────────────┐  ┌─────────────┐
   │  中间效应    │  │   假设      │
   │ 采取SKU目标  │  │SKU缓冲状态能│
   │库存缓冲管理  │  │预警SKU是否过│
   │             │  │剩或缺货     │
   └─────────────┘  └─────────────┘
          ▲
   ┌──────┴──────┐
   ┌─────────────┐  ┌─────────────┐
   │  激发方案    │  │   假设      │
   │  流动性经营  │  │保障SKU的流动│
   │             │  │性           │
   └─────────────┘  └─────────────┘
```

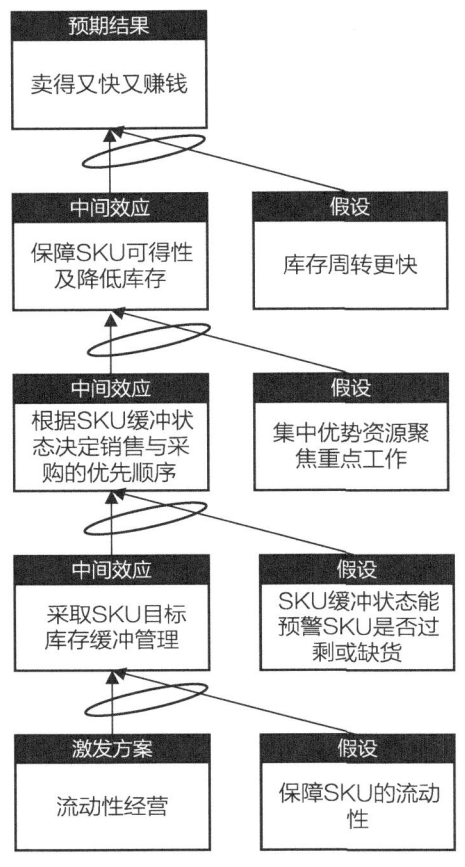

图8-6 补充逻辑主干假设示例

现实中4S店存在什么情况从而很难"保障SKU的流动性"呢？4S店通常是按车系、车型类别对进销存进行管控的，管控对象颗粒度比较粗，很少有精确到SKU的管控。甚至有的4S店依然从传统成本会计意义上对产品数量、进货日期、进货成本、销售价格和毛利等实施管控，很少对不同类别的SKU进行流动性经营管控。一言以蔽之，就是没有针对SKU的流动性进行管控。针对这一现实情况，补充方案是：根据流动的快慢对SKU进行分类管理。可以从SKU的毛利高低和销售快慢两个维度把在售SKU分类为猎豹、大象、兔子和乌龟[①]4种类别，并制定相

---

① 猎豹代表毛利高且销售快，大象代表毛利高但销售慢，兔子代表毛利低但销售快，乌龟代表毛利低且销售慢。

第八章 如何消除对激发方案的顾虑

应的对策和机制，对它们分别进行不同的管控，而不是搞"一刀切"。

我把现实情况叫作现实假设，只要找出现实假设，补充方案就会很容易地显现出来。我过去也忽视了现实假设的重要性，所以在以往的课件中并没有提及它，造成大部分学员练习时很难补充方案，或者补充的方案比较牵强。

剩余的现实假设和补充方案我就不展开讲解了，请读者参考图8-7自行琢磨。从中我有了一个心得，那就是TP可以把人们的专业知识和技能贯穿并整合起来，起到"1+1>2"的效果。当然，前提条件是要专业，既要对业务专业，也要对清晰思考专业，两者缺一不可。就像给你一杆枪，如果你不会用，子弹再多也白搭；如果你会用但没有子弹，那你枪法再好也无用武之地。清晰思考是武器，你的业务或知识就是子弹。

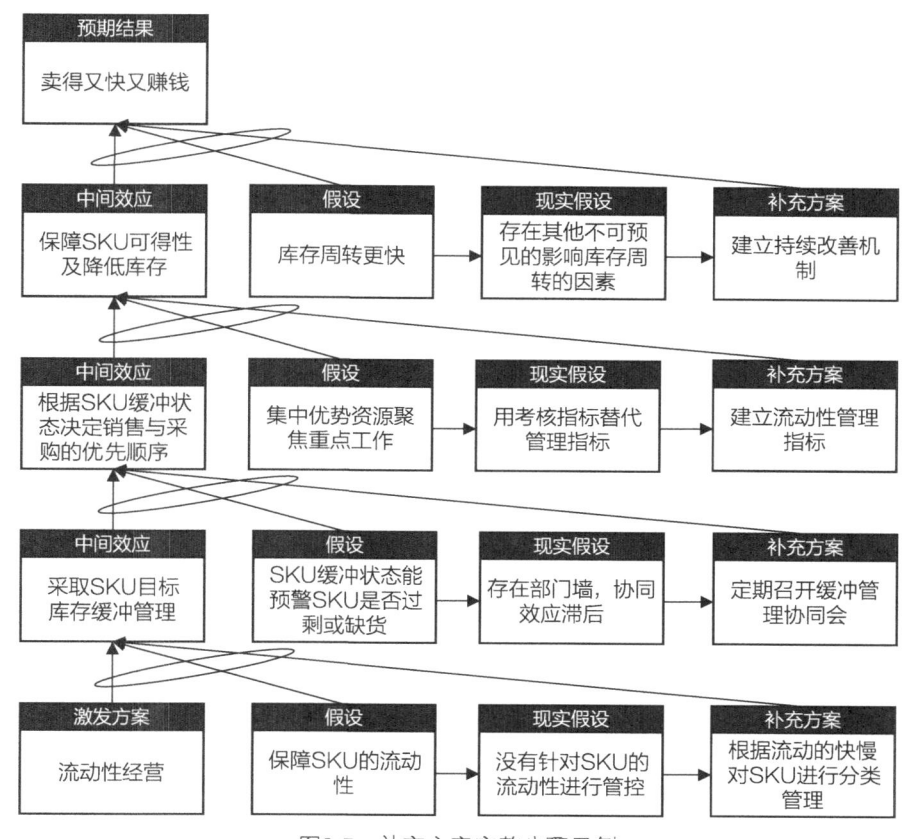

图8-7　补充方案完整步骤示例

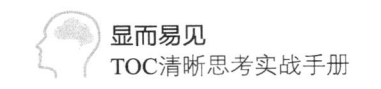

最后，把激发方案的补充方案全部汇总起来，不仅方便阅读和审视，而且更有助于建立改善的整体意识，如图8-8所示。

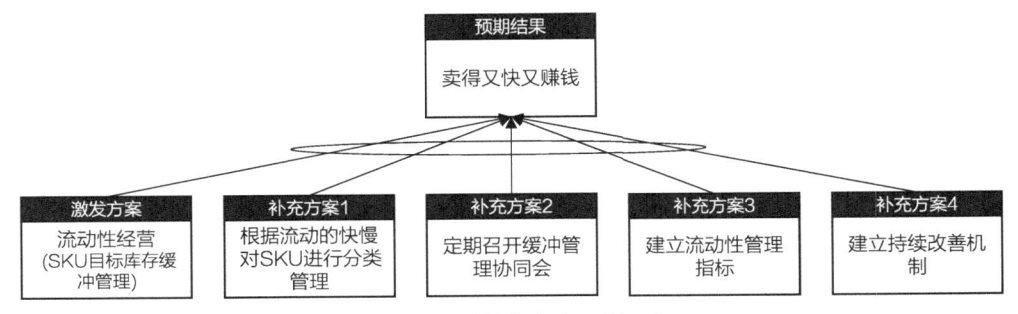

```
                        预期结果
                      卖得又快又赚钱

激发方案        补充方案1        补充方案2        补充方案3        补充方案4
流动性经营    根据流动的快慢   定期召开缓冲管   建立流动性管理   建立持续改善机
(SKU目标库存缓  对SKU进行分类   理协同会        指标            制
冲管理)      管理
```

图8-8　范例补充方案汇总示意

如何消除对激发方案存在负面分支的顾虑

"花开两朵，各表一枝"，前文介绍了激发方案的"正面之花"，接下来介绍激发方案的"负面之花"。从激发方案到正面结果被视为人们想要的逻辑主干；从激发方案到负面结果被视为人们不想要的逻辑分支，又称负面分支。负面分支自然会长出负面结果，不过，这都是人们预期的负面结果。预期是对未来情况的估计，因为未来充满了不确定性，所以对负面结果的预期会有两种结果：要么发生，要么不发生。如果负面结果发生，那么激发方案"是药三分毒"。或许激发方案所带来的正面结果不足以抵消负面结果带来的危害。因此，必须尽早修剪负面分支，否则后患无穷。如果负面结果不会发生，那么顾虑就是多余的。但人们如何才能知晓顾虑是多余的，或者尽早防患于未然呢？

尽管预期是对未来情况的估计，但预期来源于过去的经验和认知。换句话说，过去的经验和认知有可能有效或无效，如果有效，则预期有可能发生；如果无效，则预期不会发生。如果你把过去的经验和认知视为一种假设，就能有效管控预期。如果导致顾虑的假设有效，那么必须调整激发方案以避免出现预期的负面结果；如果导致顾虑的假设无效，那么无须庸人自扰。

修剪负面分支、消除负面结果的流程与消除激发方案不全面的顾虑的流程基

第八章 如何消除对激发方案的顾虑

本一致，所不同的是第一步需要收集预期负面结果或顾虑清单，最后一步需要挑战假设，可能需要注入新的激发方案。下面仍通过案例来讲解。

第1步：收集顾虑清单

顾虑清单的范围并不只限于激发方案本身，还包括之前增加的补充方案。激发方案和补充方案会产生什么预期的负面结果呢？下面仅以激发方案的负面分支为例做示范，因此省略补充方案部分的负面分支，当然在实际应用过程中这部分内容是不能省略的，请读者注意。激发方案"流动性经营（SKU目标库存缓冲管理）"会产生什么预期的负面结果呢？也就是说，4S店会有什么顾虑和担忧呢？

通常预期的负面结果或顾虑来自两个方面：一是采取激发方案，未来有可能面临的风险和代价，即改变四象限中的拐杖部分；二是采取激发方案，现在有可能失去之前没有考虑到的好处和关系，即改变四象限中没有考虑到的美人鱼。前者是对未来的顾虑，后者是对当前的顾虑。我汇总了这两种类别，罗列了4S店对激发方案的顾虑。

（1）SKU目标库存设置得不准确，市场的高度不确定性造成库存积压或缺货。

（2）为追求SKU的流动性，造成部分车型SKU损失了本来可以获得的利润。

（3）无法完成厂家的销售任务，影响销售返利。

（4）与厂家的采购政策和商务计划冲突，无法获得厂家支持。

（5）厂家压货，无法做好SKU目标库存缓冲管理。

（6）频繁补货导致运费和运营管理费用增加。

（7）降低库存导致没有太多车型，影响客户选择和销售。

（8）SKU级精细化管理导致现有的工作负担增加。

……

画现状图时，不要求穷尽不良效应，而要求尽可能穷尽激发方案的预期负面结果或顾虑。现在穷尽是为了避免因考虑不周而给未来留下隐患和风险，正所谓"凡事预则立，不预则废"，说的就是这个道理。

列出顾虑清单后，要先检查一遍其中是否有执行障碍，有时候障碍也会被视为负面结果。虽然两者都是预期的，但也有区别：负面结果是执行激发方案后产生的后果，障碍则是执行激发方案时遇到的阻力和困难。前者是执行后的预期负面结果，后者是执行中的预期负面结果，请读者注意区分。例如，上述顾虑中"与厂家的采购政策和商务计划冲突，无法获得厂家支持"和"厂家压货，无法做好SKU目标库存缓冲管理"就是预期的障碍，而不是预期的负面结果。

第2步：诠释激发方案到预期负面结果的逻辑负面分支

我选取顾虑清单中的前两条作为示范，即"SKU目标库存设置得不准确，市场的高度不确定性造成库存积压或缺货""为追求SKU的流动性，造成部分车型SKU损失了本来可以获得的利润"。这两个是大家普遍关心的问题。诠释负面分支示意如图8-9所示。

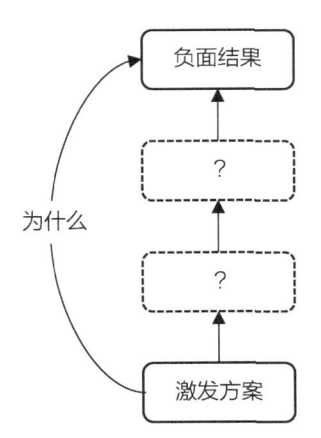

图8-9 诠释负面分支示意

为什么激发方案"流动性经营（SKU目标库存缓冲管理）"会导致"SKU目标库存设置得不准确，市场的高度不确定性造成库存积压或缺货"这一负面结果呢？这个负面结果中其实已经包含了有因果关系的逻辑，现在只需稍加整理就

第八章 如何消除对激发方案的顾虑

可以诠释其负面分支。仍然用演绎法进行推论。如果4S店采取"流动性经营",那么会导致什么直接结果呢?如果4S店采取"流动性经营",那么会对每个在售SKU设置目标库存。如何设置呢?依据补货周期内的最高销量来设置。例如,补货周期是1个月,在过去的3个月至半年内,某个SKU的月最高销量是8辆,那么该SKU的目标库存可以设置为8辆,或者乘以系数1.5,设置为12辆。

继续推论,如果"对每个在售SKU设置目标库存",那么又会导致什么直接结果呢?会导致有的SKU目标库存合理,有的不合理,这是因为过去的销量并不代表今后的销量,关键是市场的高度不确定性使销量客观存在统计学意义上的波动,那么必然导致某些SKU过剩,某些SKU缺货。用负面分支图呈现出来,如图8-10所示。

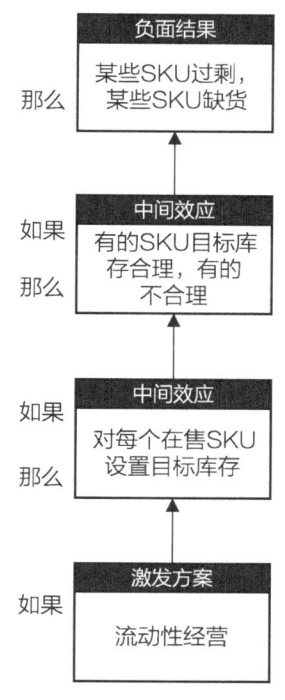

图8-10 诠释负面分支示例

第3步:补充假设

为什么4S店采取"流动性经营",就要"对每个在售SKU设置目标库存"

呢？因为只有设置目标库存才能衡量SKU的流动状况。下面验证一下，如果4S店采取"流动性经营"，同时"只有设置目标库存才能衡量SKU的流动状况"，那么要"对每个在售SKU设置目标库存"。继续，为什么"对每个在售SKU设置目标库存"，会导致"有的SKU库存目标合理，有的不合理"呢？因为依据过去的销量设置目标库存并不一定准确。再验证一下，如果"对每个在售SKU设置目标库存"，同时"依据过去的销量设置目标库存并不一定准确"，那么会导致"有的SKU目标库存合理，有的不合理"。逻辑合乎现实。

继续，为什么"有的SKU目标库存合理，有的不合理"，会导致"某些SKU过剩，某些SKU缺货"呢？因为销售客观存在波动。验证一下，如果"有的SKU目标库存合理，有的不合理"，同时"销售客观存在波动"，那么会导致"某些SKU过剩，某些SKU缺货"。是的，因为销售并不像生产一样能相对稳定地输出成品数量，所以该假设合乎逻辑。把以上推论可视化，如图8-11所示。

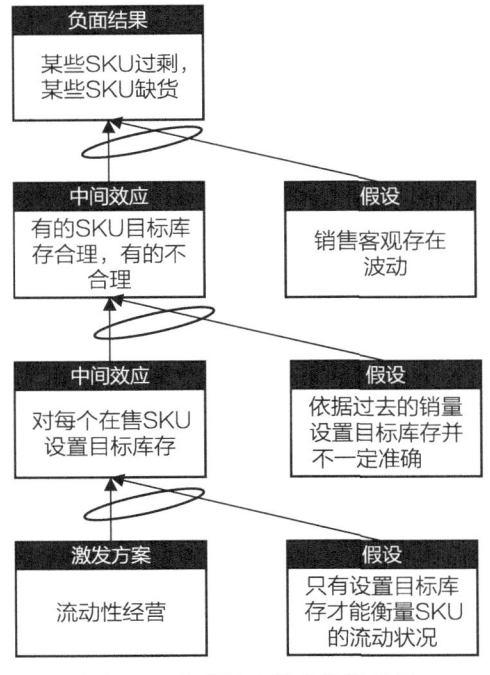

图8-11 负面分支补充假设示例

第4步：修剪负面分支

修剪负面分支，就像园丁修剪树木多余的枝条，园丁心目中自然有自己的修剪标准。那么，修剪负面分支将从何处下手呢？先分析负面分支中每个实体框所陈述内容的性质，积极正面的标记为"＋"，消极负面的标记为"－"，中性状态的标记为"〇"。把事情由积极正面或中性状态转变为消极负面的地方定义为转折点，即将负面效应的下方位置视为转折点。事情由积极正面或中性状态转变为消极负面的地方，就是要修剪负面分支的地方，如图8-12所示。

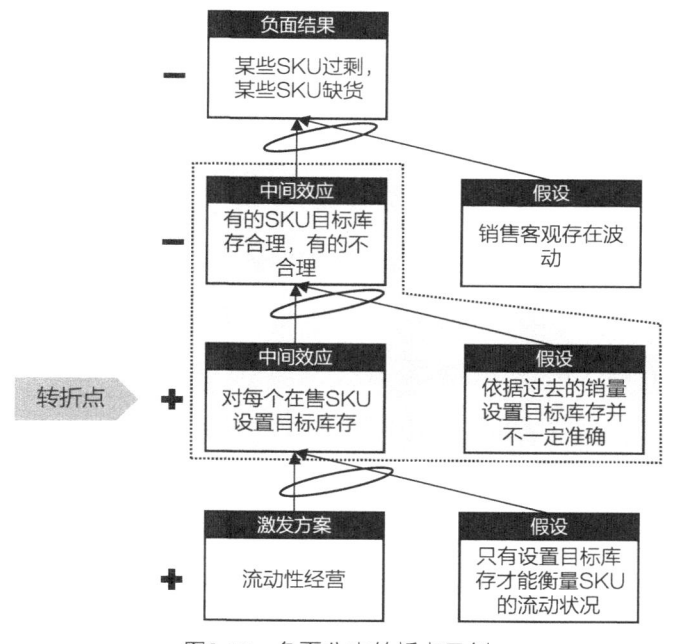

图8-12　负面分支转折点示例

修剪负面分支，就是要挑战转折点处的假设，并注入新的激发方案图8-12中灰色部分的逻辑关系，让负面效应和负面结果消失。挑战假设及注入新激发方案的方法与破解冲突图的方法相同，唯一不同的是，修剪负面分支时，如果假设有效，那么必须找出让负面效应或负面结果不会出现的新假设，并开发新激发方案，或者调整原激发方案，消除负面效应或负面结果；如果假设无效，那么只需要修正假设，即增加新假设，就可以消除对负面效应的顾虑。修剪负面分支示意如图8-13所示。

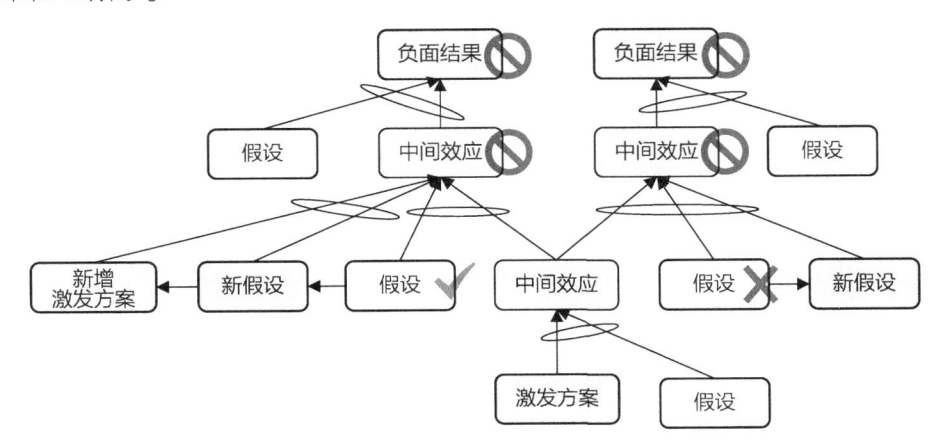

图8-13 修剪负面分支示意

（注：图中"假设"实体框处的横箭头代表顺序，而非因果关系。）

如果"对每个在售SKU设置目标库存"，那么会导致"有的SKU目标库存合理，有的不合理"，是因为"依据过去的销量设置目标库存并不一定准确"。"依据过去的销量设置目标库存并不一定准确"是真的吗？不一定。"依据过去的销量设置目标库存并不一定准确"总是真的吗？换言之，总是不准确的吗？也不一定。例如，过去某些SKU的最高销量恰好与所设置的目标库存一致。但从更长的时间维度来看，该假设是不准确的，因为波动是常态。也就是说，如果把准确定义为不变或确定的一个数值，那么该假设总是真的，没有例外。该假设有效，意味着需要调整激发方案的具体措施以避免出现预期的负面结果。调整什么呢？在"依据过去的销量设置目标库存并不一定准确"的前提条件下，如何"对每个在售SKU设置目标库存"，才不会让"有的SKU目标库存合理，有的不合理"负面效应发生？除非增加什么新假设，即在新的前提条件下，采取什么新行动，才能消除负面效应？这个提问有点绕，通常也很难回答。有没有什么诀窍呢？

诀窍就是，总是反过来想假设，就能找出新假设，并以新假设为前提条件开发新激发方案以消除负面效应。"依据过去的销量设置目标库存并不一定准确"

第八章
如何消除对激发方案的顾虑

反过来是什么？为什么SKU设置目标库存要准确呢？变量太多，凭什么要设置准确呢？追求准确如同追求确定性一样，都是为了追求一种虚幻的稳定感和安全感。为什么过去的销量不能成为设置目标库存的参考值，然后根据实际变化情况进行调整呢？就像骑自行车一样，你不可能永远走直线，在骑行中动态调整平衡才是关键。所以新假设就是：依据过去的销量设置目标库存初始值不需要准确。新增激发方案是：根据实际需求和供应的变化动态调整SKU目标库存。这样就可以最大限度地避免"有的SKU目标库存合理，有的不合理"负面效应，从而在转折点修剪负面分支，如图8-14所示。

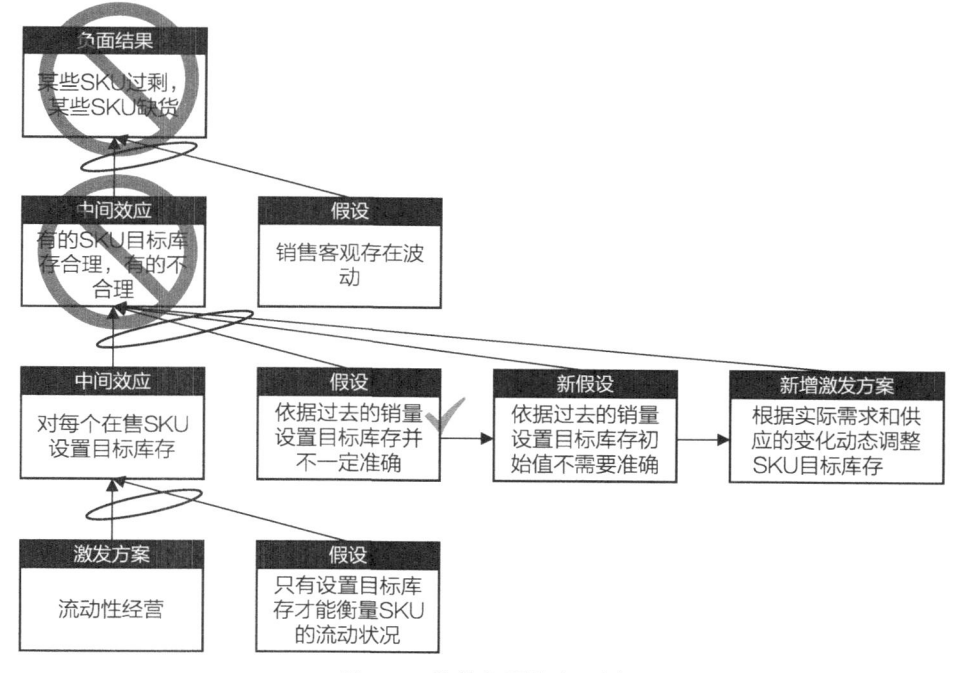

图8-14　修剪负面分支示例

（注：图中"假设"实体框处的横箭头代表顺序，而非因果关系。）

再修剪另一个负面分支：为追求SKU的流动性，造成部分车型SKU损失了本来可以获得的利润。直接进入第2步：诠释激发方案到预期负面结果的逻辑负面分支。先简化一下这个负面结果，将"为追求SKU的流动性，造成部分车型SKU损失了本来可以获得的利润"简述为"部分SKU该赚的钱没赚到"。为什么4S

店采取"流动性经营",就会造成"部分SKU该赚的钱没赚到"呢?如何解释?什么情况下会发生这样的事情?例如,有的SKU很赚钱,但是卖得慢且库存高,为了追求流动性,4S店只能被迫让利,造成该赚的钱没赚到。

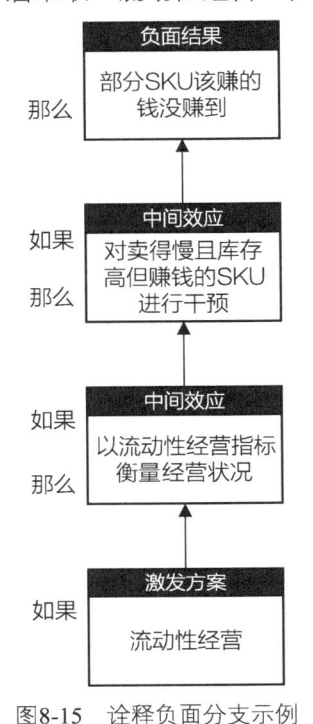

用演绎法推论一下。如果4S店采取"流动性经营",那么会导致什么直接的结果?会导致4S店用流动性经营指标衡量经营状况。如果"以流动性经营指标衡量经营状况",又会导致什么直接的结果?会导致对卖得慢且库存高但赚钱的SKU进行干预。如果"对卖得慢且库存高但赚钱的SKU进行干预",又会导致什么直接的结果?导致"部分SKU该赚的钱没赚到"负面结果,如图8-15所示。

接下来补充负面分支的假设。具体过程就不以文字形式逐一推导了,如图8-16所示。

图8-15 诠释负面分支示例

接下来,修剪负面分支。转折点显然是"对卖得慢且库存高但赚钱的SKU进行干预",其性质为中性,因为"干预"没有正面与负面之分,取决于结果是积极的还是消极的。如果"对卖得慢且库存高但赚钱的SKU进行干预",那么导致"部分SKU该赚的钱没赚到",是因为"采取价格干预会损失利润",是真的吗?是的,采取价格干预会损失利润。"采取价格干预会损失利润"总是真的吗?换言之,采取价格干预总是会损失利润吗?

这就取决于如何衡量利润了。根据有效产出会计原理,加上成本时间这一维度做一个简单的测算。假设一辆车的进货价是10万元,2个月卖出,取得11万元的销售收入,毛利率为10%,这已经非常高了。但现在销售周期由2个月变成3个月,同样取得11万元的销售收入,毛利率仍为10%。下面看看在时间维度下两者的收益率。

成本时间值=进货成本×时间

第八章 如何消除对激发方案的顾虑

收益率=毛利金额÷成本时间值

2个月卖出的收益率=10 000÷(100 000×2)×100%=5%

3个月卖出的收益率=10 000÷(100 000×3)×100%≈3%

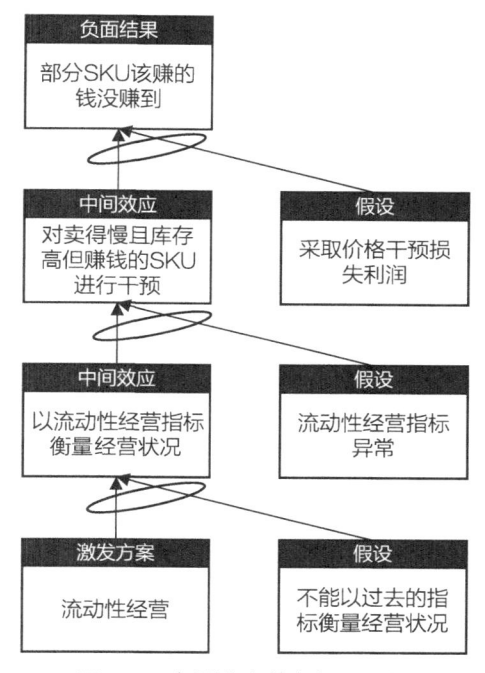

图8-16 负面分支补充假设示例

加入时间维度考虑金钱的时间价值，就得出了完全不一样的结论。再假设将当前的毛利率10%降低一半，为5%，即采取价格干预措施，如果销售周期缩短一半，即由2个月缩短为1个月，由3个月缩短为1.5个月，会出现什么结果？

1个月卖出的收益率=5 000÷(100 000×1)×100%=5%

1.5个月卖出的收益率=5 000÷(100 000×1.5)×100%=3%

通过以上简单的测算，就可以推翻"采取价格干预会损失利润"这个假设。只要增加一个新假设，就可以消除对负面结果的顾虑——采取价格干预会大幅缩短销售周期，如图8-17所示。

激发方案的负面分支越多，顾虑越多，顾虑越多，竞争对手抄袭和模仿的难度越大。修剪负面分支的难度在于挑战假设。假设是一种对事实理所当然的认

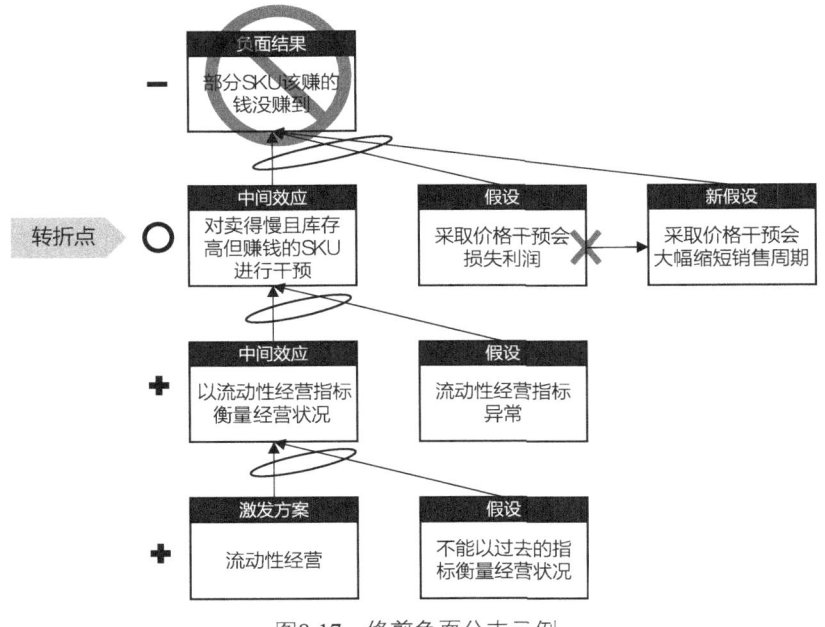

定，这种认定其实是一种假定。然而，人们的大脑根本分不清楚什么是真实的事实，什么是假定的事实，一旦认知便是事实。所以，高德拉特博士在《目标》一书的前言中说："关键在于，要有勇气面对我们看到的种种矛盾，以及推论问题是怎样引发的。挑战基本假设，对达到突破非常重要。"勇于挑战假设，意味着要否定自己固有的认知和观念。然而，人们的认知和观念都是美人鱼存在的价值与意义，挑战假设的难点就在于此：挑战本身会触发人们厌恶损失的本能，使人们竭力捍卫美人鱼。所以，高德拉特博士曾把勇于挑战自我假设的人称作勇士。在我看来，真正的勇士就是对自己"反人性"，对他人满足其人性。

图8-17 修剪负面分支示例

所有的认知和观念都只是辅助人们认识或解释这个世界的假设。假设没有对错之分，只有是否有效之别。有效或无效不代表永远有效或无效，只是姑且认定为有效或无效，一旦情景和条件发生变化，一切皆可"过河弃舟"，甚至放弃"过河"本身。

第八章
如何消除对激发方案的顾虑

拓展实践：如何推销不成熟的想法

高德拉特博士在"卫星系列八讲"教学视频的第七讲中指出，将人员管理的核心浓缩为一个词就是"尊重"——你必须给予别人尊重，也必须赢得别人的尊重。然而，在人员管理方面经常发生不尊重的现象，其中之一就是忽略别人的想法。为什么会忽略别人的想法呢？因为认为别人的想法不成熟。所谓不成熟，指的是当事人对别人针对某个问题和意见提出的改善方法或建议存在负面分支。你是否有过这样的经历：你满怀兴奋地向领导或同事提出某一问题的解决方法，期待得到他们的认可和赏识，却遭遇他们无情的打击和批评？我在这里并不想转述高德拉特博士所讲的关于如何尊重别人的内容。我会反过来思考：如何赢得别人的尊重？特别是在自己有不成熟的想法时，如何充分利用不成熟的想法赢得别人的尊重？

因为自己的想法不成熟，所以备受别人的打击和批评，这在所难免。此时，你面临两种选择：一是心灰意冷，从此再也不主动向领导或同事提出自己的想法；二是积极进取，充分利用不成熟的想法推进问题的解决。通常情况下你会如何选择？我的观察是，大多数人都会选择前者，我过去也是这样选择的。得不到认可，或者总是被别人挑毛病，是对自身存在的价值和意义的重大否定，这种否定并不一定都来自别人，更多的时候来自自己。

人们总是活在评价和被评价的社会环境之中，都希望能够得到外界积极正面的评价，所以人们会极力表现自己"伟光正"的一面，同时掩饰自己不足的一面。当人们提出自己的想法或建议时，会自我屏蔽不成熟的方面，只看到好的方面。这是因为想法是与个人的投入和努力程度息息相关的一种成本，付出必然要有收获，否则成本无法收回，所以人们总是试图放大不成熟的想法的好处以获取别人的认可和赏识。然而，别人根本不关注你的投入成本，他们只关心你的想法的实际意义和价值，但凡存在任何负面分支，必然会引发他们规避风险的顾虑和担忧。也就是说，你的想法和别人的看法其实是两种完全不一样的思维视角，这

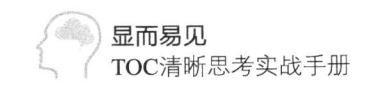

两种不同的思维视角非常像产品思维与用户思维。你的想法就是你生产的产品，这与厂家生产的产品没有任何区别。你和厂家对各自所生产产品的价值的理解和定义完全一样——产品的价值取决于投入的成本，成本与价值成正比。

用户可不是这样看待产品的价值的，在他们看来，产品的价值取决于其是否能够为他们解决问题和带来好处。如果你把不成熟的想法视为半成品，用户肯定不会买账。如果你把别人视为用户，那么不成熟的想法真的就无法推销出去吗？我现在介绍第二种选择，即积极进取，充分利用不成熟的想法推进问题的解决。

别人给予你尊重和你得到应有的尊重是两件事情，请不要混淆。别人给予你尊重是基于别人的价值，而你得到应有的尊重应该基于你的价值。如果你的价值必须通过别人的尊重才能体现，那么这样的尊重只是一种客套。在这种情况下，你提出不成熟的想法不仅会让自己陷入难堪的境地，也会让别人陷入两难境地。如果别人认同你的想法和建议，就要采纳你的想法和建议，但又无法保障你的想法和建议的可行性，因为存在负面分支；如果别人不认同你的想法和建议，那么必然引发你情绪上的波动，破坏良好的关系和氛围，甚至挫伤你的积极性。所以，有时候你也会因此陷入两难境地：提出想法，如果想法没用会被批评，不提想法，又会让别人觉得我无用。到底提不提呢？这是一个问题，一个未解决的冲突。多数情况下你会选择妥协，这里所谓的妥协，就是不主动提出自己的想法，除非万不得已才会表露自己的想法，甚至在表露想法时顾左右而言他。如何破解这个冲突呢？只有先破解自己提不提想法的冲突，才能破解给别人造成的冲突。这其实是一个巴纳德双重冲突图，如图8-18所示。

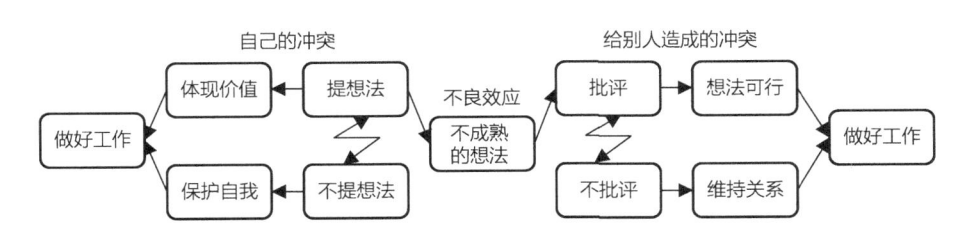

图8-18 巴纳德双重冲突图示意

我选择破解巴纳德双重冲突图的方法是，即使提出不成熟的想法，也不会遭到别人的批评。如何做到呢？首先，你需要明确一点，任何成熟的想法都存在负面分支。还要承认一点，你不是神，不可能做到算无遗策。所以，当你有想法时，不能抱有理想主义的幻想，而要通过自己的想法抛砖引玉，促成问题的解决或取得共识。其次，你要接受自己存在思维盲区和证实性偏差，特别是当你无法用系统的思维看待问题时，更容易陷入局部或先入为主的思维限制中，只见树木不见森林。或许你的任何想法都只是针对问题症状做的表面处理，并未涉及更深层的核心问题。所以，当别人以旁观者的视角看待你的想法时，更容易察觉到你的想法的局限性。而此时，正是因为不成熟的想法给了你最直接的及时反馈，才让你以最低的成本验证自己想法的可行性，而不需要试错。最后，你要以不成熟的想法为契机，争取让别人和你一起解决问题，而不是自己孤军奋战。这样不仅可以进一步完善你不成熟的想法，而且可以让别人拥有参与感，成为解决方案的贡献者和拥护者。

根据修剪负面分支的原理，我总结了一套推销不成熟想法的方法。实践证明，这套方法不仅可以以不成熟的想法为切入口，促进彼此的了解，聚焦核心问题和彼此的假设，开诚布公地探讨，而且可以争取对方参与修剪不成熟想法的负面分支，共创解决方案，有效推进问题的解决。这里所谓的推销，是指以主动推进别人接受和采纳你所提想法或建议的一系列行为。这里有一个误区需要提前消除，那就是推销并不是一举定成败的一次性行为，而是以达成问题的解决为目标的持续性行为。一次失败，那么再来一次，每次失败都为你指明了下次努力的方向。

当你推销想法时，心心念念的都是想法所带来的好处，就像有光环效应一样，你的大脑会自动遮蔽所有不成熟的方面。你无法知道自己的想法是否成熟，你的关注点也不在这方面。所以，你无须在意想法本身是否成熟，只要在推销过程中做到以下几点即可。

第一，提出想法前必须学会加"缓冲垫"。所谓加"缓冲垫"，就是不要一上来就推销自己的想法，而要在提出想法前增加一个预设评判标准的步骤，以起到缓冲和保护想法或自己的作用。先预设一个想法还不成熟的标准，以降低对方对你和你的想法的预期。例如，你可以这样开场："对于××问题，我有一个不成熟的想法，恳请大家为我参谋或完善。"或者这样说："对于××问题，我有一个不成熟的想法，不知道该不该讲？"当然还有更多的表达方式，请读者自行摸索，但只要加"缓冲垫"，就会赢得一个良好的开端。

如果不预设评判标准，那么对方只会按照你所提的想法与其预期结果进行因果关系连接。如果你的想法与对方的预期结果存在偏差，那么对方一定会否定你的想法。但是，如果你预设了评判标准，那么即使你的想法与对方的预期结果之间存在偏差，对方也会因为你预设了标准而调整对你的预期，而不会对此感到失望和进行评判。也就是说，别人之所以对你的不成熟想法进行评判，根本原因是你的想法达不到他们的预期结果和标准。换言之，增加预设评判标准"缓冲垫"一方面可以降低对方的心理预期，另一方面可以引出对方的预期结果和标准，并对评判标准取得共识。因此，你必须做到第二点。

第二，对预期结果取得共识。大多数情况下人们还没有对预期结果取得共识，就急于提出想法或建议，所以很容易造成在想法或做法层面产生意见和分歧。如果双方对预期结果的理解存在偏差，那么对达成预期结果的路径和想法的理解也会存在偏差。所以，你最好将对预期结果取得共识作为推销想法的一个重要组成部分，否则再好的想法也没有任何意义。

对预期结果取得共识，意味着对目标达成共识，但人们对目标的定义的理解也会存在偏差。人们经常会把目标与目的混为一谈，请读者注意两者的区别。目的是做一件事情的意义和价值，目标是做一件事情要达成的结果；目的回答"为什么要做"，目标回答"做成什么样"。通常人们谈论的目标隐含了目的，就像假设隐含在因果关系的箭头中。但人们经常把目的当成目标，所以才有了目标不清晰的说法。因为目的本身带有主观和抽象倾向，目标则可以通过客观的量化指标进行衡量。从严格意义上讲，"对目标达成共识"中的"目标"，必须同时包括目的和量化目标这两部分，对于这部分内容，我会在本书进阶篇详细讲解。从

第八章
如何消除对激发方案的顾虑

通常意义上说,要想对目标达成共识,你只需要明确自己到底想要什么。所谓目标,就是想要什么;所谓想法,就是达成目标的策略与方法。

要想对预期结果取得共识,你只需要在加"缓冲垫"之后明确预期结果或目标是否一致即可。你可以这样说:"对于如何解决××问题,我预期的结果是这样的……不知是否与大家/您的预期结果一致?如果与大家/您的预期结果一致,那么我接下来重点介绍我的想法。"当然,你也可以在陈述完想法后明确彼此的预期结果是否一致。如果预期结果一致,那么接着看第三点。

第三,对想法存在的负面分支和修剪负面分支取得共识。当你介绍完自己的想法后,最好重申一遍"缓冲垫"。你可以这样说:"虽然我这个想法可以解决××问题,可以获得好处,但是我感觉它仍然不够成熟,恳请大家/您多提意见,帮助我继续完善。"此时,你最好拿出本和笔做记录,以示诚意。通常情况下,大家会非常友好地提出对你的想法的意见或建议,整个气氛就像你预期的那样和谐。换言之,你控制了整个推销想法的节奏,即使此时出现某些意见上的分歧,你也可以使用一些清晰思考的技巧,理解彼此意见分歧背后的假设,以及尝试消除无效假设,推进解决问题的进程。

通常,当别人提出负面分支质疑你的想法时,你会理所当然地为自己的想法进行辩护,这是推销中的大忌。正确的做法是,坦诚接受别人对你的质疑,因为任何质疑只要不是故意或刻意挑刺,那么都有其充分的理由和前提条件。正是因为别人的质疑,你才能认识到自己的思维盲区和认知遮蔽,所以你应该感到荣幸和高兴。虽然质疑会有损颜面和尊严,但在自我成长面前,所谓的面子都是浮云。我知道很多人很难做到这一点,因为人们普遍存在一个错误假设:别人的质疑代表否定自己的想法,否定自己的想法代表否定自身的价值。最后演变成为:质疑代表颜面扫地。如果你反过来想,质疑并不代表否定你的想法,反而代表完善你的想法,只不过忠言逆耳,那么你所有的负面情绪和感受都会烟消云散。

对想法存在的负面分支和修剪负面分支取得共识,不仅意味着你要及时修正假设,而且意味着你要收集负面预期结果和画负面分支图,并修剪负面分支。当

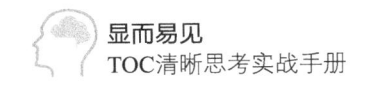

然，这些工作都可以事后进行。

如果以上这些工作都能够做到位，我相信推销不成熟的想法一定会成功。如果没有成功，那么你可能需要克服下一章所说的障碍。当然，或许我总结的推销不成熟想法的这些方法本身仍然不够成熟，所以恳请读者为我提出宝贵意见。

练习题

1. 请根据第七章破解冲突图的激发方案做激发方案不全面的补充方案练习，请按照诠释逻辑主干补充中间效应、假设、现实假设和补充方案的顺序练习。请使用如图8-19所示的空白模板进行练习。请注意，中间效应可增可减，只要逻辑通顺即可。

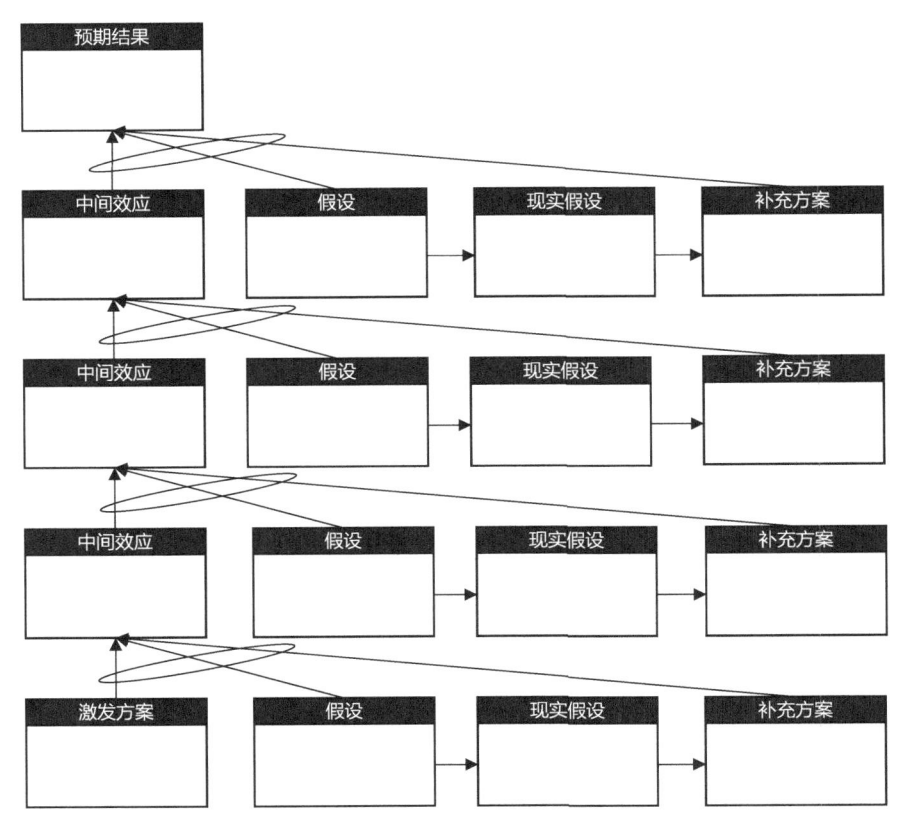

图8-19　补充方案完整步骤空白模板

第八章
如何消除对激发方案的顾虑

2. 请根据第七章破解冲突图的激发方案做修剪负面分支练习，请参考图8-20画可视化图。练习至少包括假设成立和不成立两种情况，熟练掌握对这两种情况修剪负面分支的方法。

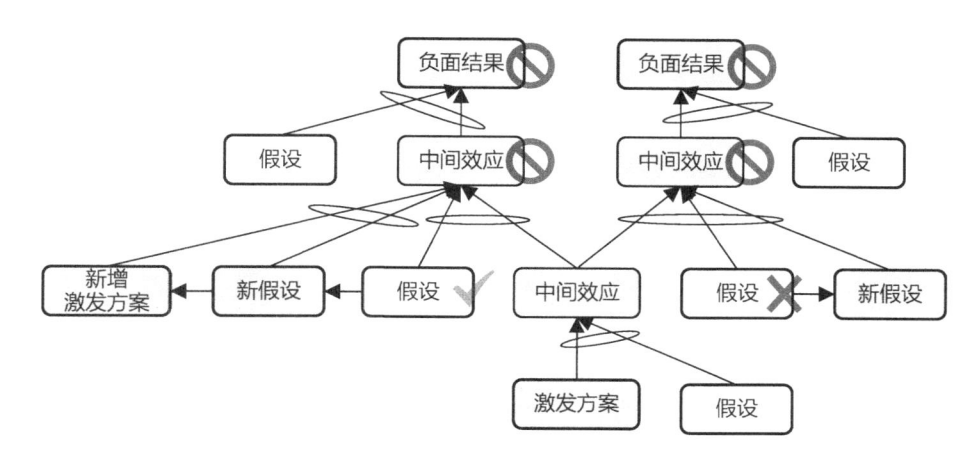

图8-20　修剪负面分支示意

第九章

如何克服激发方案的障碍

第九章 如何克服激发方案的障碍

第八章讲过，人们会对激发方案存在3个方面的顾虑，由于前两个方面的顾虑都是激发方案和预期结果之间的因果逻辑连接，而第三个方面的顾虑与前两个方面的顾虑有所不同，所以我把前两个方面的顾虑合在一起讲解，而第三个方面的顾虑单独讲解。第三个方面的顾虑是，对激发方案可能存在执行和心理上的障碍。所谓障碍，指的是阻挡人们前进的东西。所谓激发方案存在障碍，就是存在阻挡激发方案顺利实施的东西。前两个方面的顾虑是执行激发方案后可能遇到的问题，第三个方面的顾虑是执行激发方案前可能遇到的问题，让激发方案一开始就无法执行。我用示意图把这3个方面的顾虑与激发方案的对应关系呈现出来，如图9-1所示，请读者注意区分。

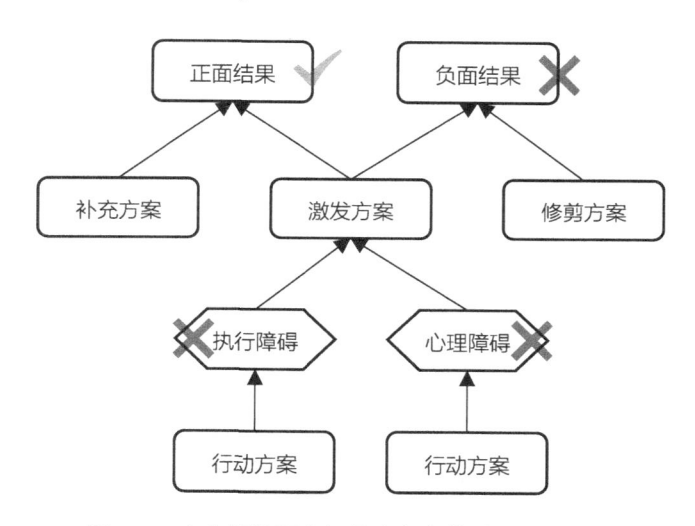

图9-1 3个方面的顾虑与激发方案的对应关系示意

激发方案存在障碍本质上是因为缺乏前提条件，所以让人们无法采取激发方案的行动以实现预期结果。在清晰思考流程中克服障碍的思考工具叫作前提条件图，它是经典"改变三问"中最后一问"如何引发改变"的重要组成部分之一。前提条件图与冲突图都是必要条件关系逻辑图。在冲突图中，隐藏在行为与需求之间连接箭头背后的假设，在前提条件图中就是障碍，因为假设不具备，所以成为满足需求的障碍。换言之，激发方案因为前提假设不具备，所以存在障碍，无法实施激发方案。这里请读者特别注意，并不是只有激发方案才存在障碍，第八章所述的补充方案和新增激发方案同样存在障碍，只是克服障碍的方法都是一样的，所以我以激发方案代指所要采取和实施的所有方案或措施，在实际应用过程中，都要用前提条件图来分析和克服障碍。

通常激发方案的障碍根据难易程度可分为容易克服的障碍和难以克服的障碍两种类型，对于容易克服的障碍可以忽略，我只针对难以克服的障碍用前提条件图来进行分析和消除。克服障碍有两种方式，一种是直接跨越或绕开障碍，就像路上有障碍物，你只需跨越或绕开它即可；另一种是如果无法直接跨越或绕开障碍，只能消除障碍才能确保激发方案的顺利实施。在现实中面对障碍时，如何决定选择哪种方式来克服障碍呢？首选自然是绕开障碍，其次才是直接消除障碍，如果绕不开，就只能面对。我用转化中间目标的方式来表达这两种克服障碍方式的优先顺序，如图9-2所示。

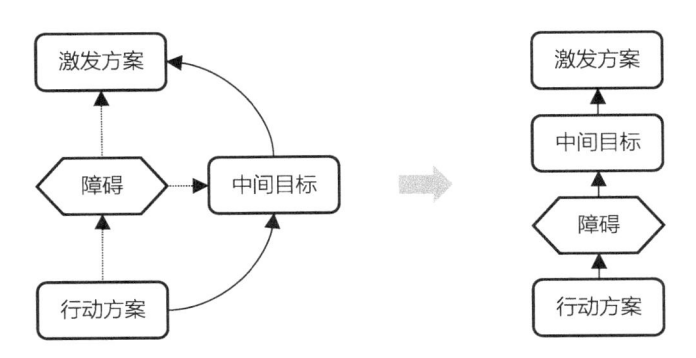

图9-2 中间目标克服障碍示意

中间目标是指实施激发方案的必要条件。每个中间目标都是为了克服阻挡激发方案实施的障碍，实现了中间目标就意味着克服了障碍。中间目标是由障碍转化而成的。面对障碍或困难，不要急于寻找克服的办法，而要先假设如果克服了障碍或困难会实现什么中间目标，然后根据中间目标的指引寻找和思考行动方案。换言之，中间目标是克服障碍想达到的预期效果和预设标准，只有以目标为导向，才不至于迷茫和不知所措。

想做成一件事情并不容易，大多数情况下，人们一想到将面对各种障碍或困

第九章
如何克服激发方案的障碍

难,哪怕还没有真正遇到,就选择了放弃。工作中的艰巨任务、个人遥不可及的梦想,以及那些看似无法实现的目标,哪一项不是充满了困难与挑战?过去人们认为克服障碍或困难需要强大的意志力,所以常把失败和错误归因于个人缺乏毅力。但毅力只是成功的必要条件之一,而不是充分条件。直到有一天,人们真正掌握了把障碍或困难转化为中间目标的"天才"举措,才发现所谓的障碍或困难原来是成功路上的踏脚石,而不是绊脚石。

如何克服执行障碍

市面上有很多关于执行力的书籍和培训课程,但迄今为止我还没有发现谁能够通过执行层保障执行到位。执行不力本质是执行过程中遇到了障碍。但大多数企业管理者错误地将其归因于员工执行力不足,所以试图提高员工执行力的举措往往都会无功而返。因为他们将执行力的因果关系本末倒置了,只有在方案层面克服了执行障碍,才能保障执行到位。如果一个方案中没有包含克服可预料的障碍,它就是一个天然存在缺陷的不合格方案。就像一个人先天存在基因缺陷,却试图通过后天锻炼身体来改变健康状况,往往收效甚微。

一个完整的方案必须考虑未来执行时可预料的障碍,并提前采取行动克服障碍。但这并不代表在执行过程中可以完全避免遭遇障碍和困难,毕竟未来充满了各种不确定性。不过,即使未来会遇到无法预料的障碍和困难,也应尽量提前预防和采取措施,从而在真正遇到障碍和困难时拥有足够的资源,从容应对,而不至于束手无策。很多时候,导致一个方案失败的原因,并不见得是方案本身存在重大失误,更有可能是未考虑执行障碍客观存在的现实,或者忽视了方案执行的困难程度。

很多事情之所以虎头蛇尾,或者雷声大雨点小,正是因为人们严重低估了方案执行的困难程度,所以半途而废或知难而退也是情有可原的。我发现一个普遍存在的现象,就是当人们是方案的制订者时,往往会高估方案效果而低估执行难度；但当人们是方案的执行者时，又会低估方案效果而高估执行难度。为什么会这样呢？因为方案的制订和执行是两种完全不同的思维模式，方案制订聚焦核心问题的解决，方案执行则聚焦当下工作的重点；聚焦核心问题更容易看到解决方案的好处，聚焦工作重点更容易看到当前的困难和障碍。如果能够把这两种思维模式结合起来，就可以把方案执行视为方案制订的延续，而方案制订又会成为方案执行的前奏，那么方案制订和执行就不会存在割裂和分离的情况，而是一个高度融合、不可分割的整体。

要做到这一点并不容易，但可以尝试先让部分执行层人员参与方案设计和制订过程，最大限度地保障在方案制订阶段能听到更多不同的声音。正如克服执行障碍要先收集不同的声音一样，如果方案制订和执行各行其是，那么再好的方案也会夭折。我继续用前文的示范来讲解如何克服执行障碍。

第1步：收集执行障碍

激发方案"流动性经营（SKU目标库存缓冲管理）"会面临什么预期的执行障碍呢？或者，目前不具备什么条件从而阻碍4S店采取"流动性经营"呢？我大致收集了以下几个执行障碍。

（1）与厂家的商务政策和采购计划冲突，无法获得厂家支持。

（2）厂家压货，无法做好SKU目标库存缓冲管理。

（3）追求单车综合毛利最大化，阻碍销售流动。

（4）销售顾问的收入以销售提成为主，鼓励局部利益最大化。

（5）集批采购订单，集批交车。

（6）销售、采购、财务和售后等部门之间流程烦琐，协同性不足。

（7）汽车合格证赎证准备金不足，经常滞后。

（8）库存数据更新不及时。

我重新整理和简述以上执行障碍如下。

（1）厂家商务政策不支持。

（2）厂家压货，无法做好SKU目标库存缓冲管理。

（3）追求单车综合毛利最大化。

（4）销售绩效鼓励局部利益。

（5）存在不同程度的集批效应。

（6）部门间协同效应不足。

（7）汽车赎证经常滞后。

（8）库存数据更新不及时。

第2步：把执行障碍转化为中间目标

如何转化呢？方法很简单，就是弄清楚如果克服了障碍，预期可以达成什么目标或效果。还有一个更简单的方法，只需把执行障碍转化为其反面，将其作为中间目标。不过，使用这个方法时有一个问题需要注意，有的障碍超出了人们的可控范围，其反面不一定能够实现，对此可以适当地调整理想的预期效果，同时可以消除障碍。例如，执行障碍（1）"厂家商务政策不支持"的反面是"厂家商务政策支持"，这一点很难做到，那么可以把中间目标调整为"不受厂家商务政策影响"。

我将转化后的中间目标用表格呈现出来，如表9-1所示。

表 9-1　将执行障碍转化为中间目标

执行障碍	中间目标
（1）厂家商务政策不支持	（1）不受厂家商务政策影响
（2）厂家压货，无法做好 SKU 目标库存缓冲管理	（2）厂家压货不影响 SKU 目标库存缓冲管理
（3）追求单车综合毛利最大化	（3）追求车辆整体流动最佳
（4）销售绩效鼓励局部利益	（4）销售绩效废除局部利益
（5）存在不同程度的集批效应	（5）去除各环节集批效应
（6）部门间协同效应不足	（6）提升部门间协同效应
（7）汽车赎证经常滞后	（7）确保汽车赎证正常
（8）库存数据更新不及时	（8）库存数据更新及时

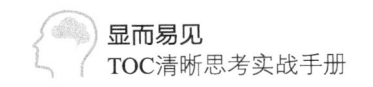

第3步：制定实现中间目标的行动方案

正如前文所述，将执行障碍转化为中间目标后，中间目标会成为预设标准，指引你寻找行动方案，有效克服执行障碍。首先选择直接跨越或绕开障碍的方式，如果中间目标可以达成，即使障碍依然存在，只要不妨碍你实施激发方案，也无伤大雅。如果绕不开障碍，那么选择直接面对障碍、消除障碍的方式。如何判断是否可以绕开障碍呢？仍然可以用"能力-影响力"模型来判断，即对于不在控制范围内的障碍，可以绕开，反之则无法绕开。

通常，无法绕开的障碍更容易克服，可以绕开的障碍反而更麻烦。下面先处理更麻烦的。还记得前文讲过的当激发方案不全面时如何形成补充方案吗？只需要找出现实假设，就可以形成行动方案。这里的现实假设是指，现实中存在的什么问题让你无法实现中间目标。换言之，行动方案只要解决了现实中存在的问题，就实现了中间目标。例如，执行障碍（1）"厂家商务政策不支持"的中间目标是"不受厂家商务政策影响"，那么现实中存在什么问题才会受到厂家商务政策影响呢？从流动性的视角来看，无法完成厂家的各种KPI指标（含厂家销售任务或主推车型销售任务），会受到厂家商务政策影响，那么行动方案就是"配合厂家完成主要KPI指标"。

再做一个示范，执行障碍（2）"厂家压货，无法做好SKU目标库存缓冲管理"的中间目标是"厂家压货不影响SKU目标库存缓冲管理"。在什么情况下厂家压货才会影响SKU目标库存缓冲管理呢？无法做好SKU目标库存缓冲管理的原因是做不了SKU目标库存缓冲管理，因为厂家压货会打乱SKU目标库存缓冲管理的节奏。通常经销商怕厂家压什么类型的货呢？不好卖的货。也就是说，不好卖的车型压货会打乱这些车型SKU目标库存缓冲管理的正常节奏，这就是现实假设。可以将其简述为：难卖的SKU压货会打乱SKU目标库存缓冲管理节奏。针对现实假设，应该采取什么行动来实现中间目标呢？调整压货难卖的SKU的目标库存，提高关注度优先级。因为4S店在左右不了厂家压货行为的前提下，只能通过调整应对措施来打破压货导致的被动局面。

剩下的几个执行障碍都是无法绕开的障碍，既然无法绕开，那就直接面对。直接面对障碍就是直接针对障碍采取行动，或者间接针对中间目标采取行动。例如，执行障碍（3）"追求单车综合毛利最大化"的中间目标是"追求车辆整体流动最佳"。如何才能克服"追求单车综合毛利最大化"这一执行障碍呢？需要采取什么行动？追求单车综合毛利最大化会导致加法效应，在4S店表现为三级毛利都要积极争取最大化，最终会导致销售周期延长，影响流动性。所以，只要不以综合毛利为考核指标，就可以消除这个障碍，实现中间目标。

其他几个执行障碍我就不再逐一展开讲解了，请读者参考表9-2自行琢磨。原则上只要把障碍视为问题来进行具体分析，就可以找出行动方案来克服障碍。我更愿意相信每个人都具备解决问题和克服障碍的能力，只要移除限制并创造尊重人的良好工作氛围，每个人都能发挥各自无穷的潜力，收获出乎意料的惊喜。

表 9-2 根据执行障碍形成行动方案

执行障碍	中间目标	行动方案
（1）厂家商务政策不支持	（1）不受厂家商务政策影响	（1）配合厂家完成主要KPI
（2）厂家压货，无法做好SKU目标库存缓冲管理	（2）厂家压货不影响库存缓冲管理	（2）调整压货难卖的SKU的目标库存
（3）追求单车综合毛利最大化	（3）追求车辆整体流动最佳	（3）不以综合毛利为考核指标
（4）销售绩效鼓励局部利益	（4）销售绩效废除局部利益	（4）不以销售提成为主要绩效考核机制
（5）存在不同程度的集批效应	（5）去除各环节集批效应	（5）缩小批次处理规模
（6）部门间协同效应不足	（6）提升部门间协同效应	（6）设计各部门配合销售部的机制
（7）汽车赎证经常滞后	（7）确保汽车赎证正常	（7）建立现金缓冲池
（8）库存数据更新不及时	（8）库存数据更新及时	（8）建立库存日报制

以上行动方案以实际情况为准，本书所提供的方案仅供参考。请读者注意，传统思考流程中的前提条件图并未涉及行动方案，而是在中间目标中包含行动方案。这一点很容易给清晰思考的初学者造成认知混乱，所以我特意把它分离出

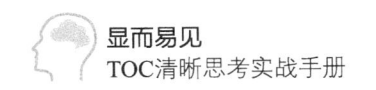

来，方便初学者理解和掌握。初学者熟练掌握后，也可以把行动方案包含在中间目标中。

第4步：根据实现中间目标的优先顺序画出前提条件图

中间目标是采取激发方案的必要条件，即为了采取激发方案，必须实现中间目标；为了实现中间目标，必须克服障碍；为了克服障碍，必须采取行动方案。由于人们的资源总是有限的，而且所有中间目标之间都存在内在的顺序，所以首先需要决定实现中间目标的优先顺序。可以通过它们之间的必要条件关系确定先做什么、后做什么，或者并行做什么。

先选出两个具有时间依存关系的中间目标，进行必要条件关系连接。例如，中间目标（3）"追求车辆整体流动最佳"与中间目标（4）"销售绩效废除局部利益"，两者之间显然存在时间相关性。只有先实现"销售绩效废除局部利益"，才可能实现"追求车辆整体流动最佳"。再看中间目标（5）和（6），要"去除各环节集批效应"，必须"提升部门间协同效应"。但你会发现，如果中间目标（7）"确保汽车赎证正常"做不到，也很难保障"去除各环节集批效应"。因为如果汽车赎证经常波动的话，那么一定会积压交车批量，造成集批效应。但要做到中间目标（7）"确保汽车赎证正常"，必须"提升部门间协同效应"。先把以上几个中间目标的必要条件关系连接起来，如图9-3所示。

第九章 如何克服激发方案的障碍

```
                    ┌─────────────┐
                    │ 3#中间目标    │
                    │ 追求车辆整体流动│
                    │ 最佳         │
                    └─────▲───────┘
                          │
    ⎡3#追求单车综⎤         │
    ⎣合毛利最大化⎦────────▶│
                          │
                    ┌─────┴───────┐
                    │ 3#行动方案    │
                    │ 不以综合毛利为考│
                    │ 核指标       │
                    └─▲─────────▲─┘
                      │         │
            ┌─────────┴───┐ ┌───┴─────────┐
            │ 4#中间目标   │ │ 5#中间目标    │
            │ 销售绩效废除局│ │ 去除各环节集批 │
            │ 部利益      │ │ 效应         │
            └──▲──────────┘ └────▲────────┘
               │                  │
    ⎡4#销售绩效鼓⎤          ⎡5#存在不同程⎤
    ⎣励局部利益 ⎦─▶│       │◀─⎣度的集批效应⎦
               │                  │
            ┌──┴──────────┐ ┌─────┴───────┐
            │ 4#行动方案   │ │ 5#行动方案    │
            │ 不以销售提成为主│ │ 缩小批次处理规│
            │ 要绩效考核机制│ │ 模           │
            └─────────────┘ └──────▲──────┘
                                   │
                            ┌──────┴──────┐
                            │ 7#中间目标   │
                            │ 确保汽车赎证  │
                            │ 正常        │
                            └──────▲──────┘
                                   │
              ⎡7#汽车赎证经⎤         │
              ⎣常滞后    ⎦────────▶│
                                   │
                            ┌──────┴──────┐
                            │ 7#行动方案   │
                            │ 建立现金缓冲池│
                            └──────▲──────┘
                                   │
                            ┌──────┴──────┐
                            │ 6#中间目标   │
                            │ 提升部门间协同│
                            │ 效应        │
                            └──────▲──────┘
                                   │
                            ⎡6#部门间协同⎤
                            ⎣效应不足   ⎦
                                   │
                            ┌──────┴──────┐
                            │ 6#行动方案   │
                            │ 设计各部门配合│
                            │ 销售部的机制 │
                            └─────────────┘
```

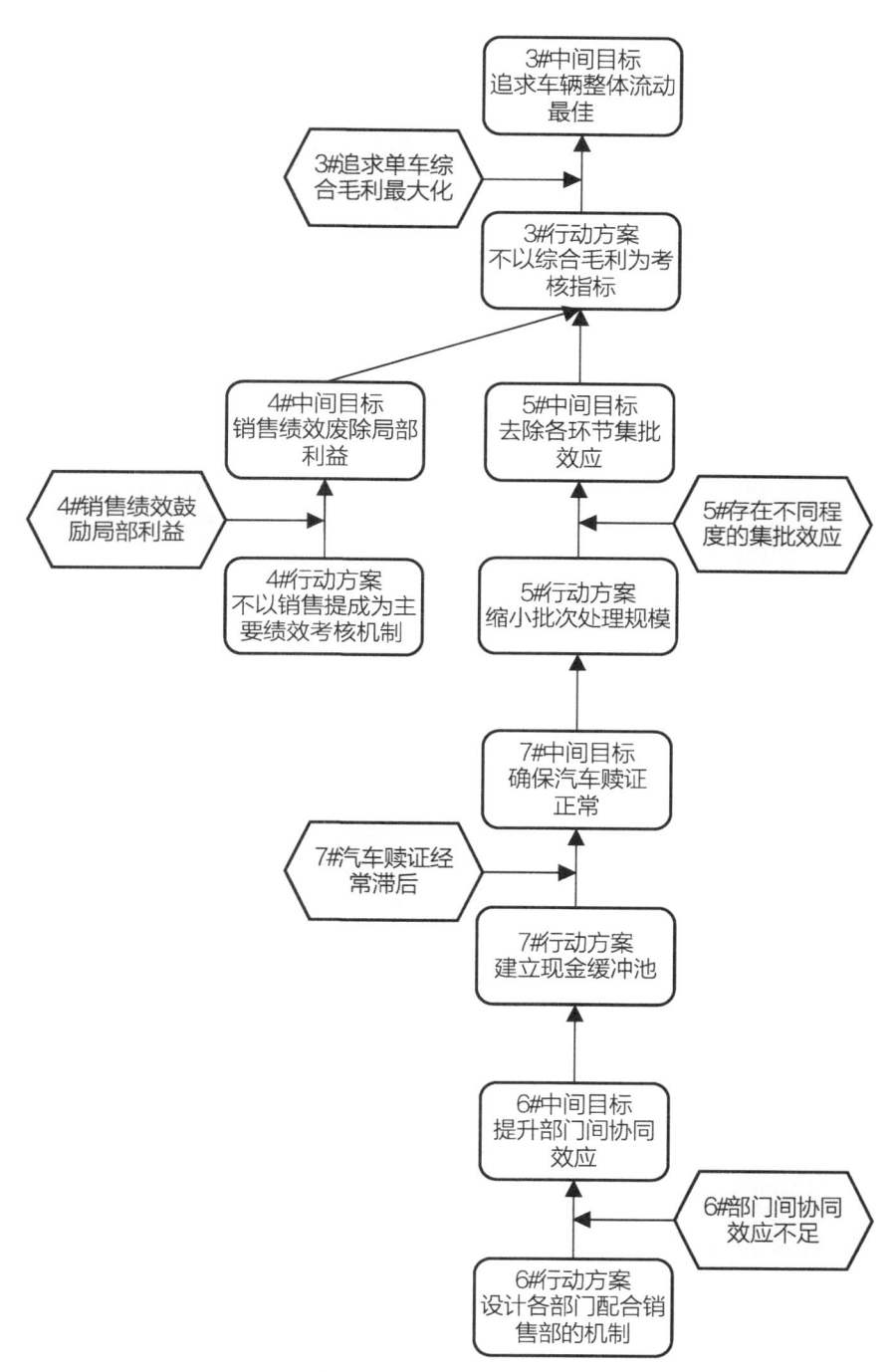

图9-3 中间目标的必要条件关系连接示例

接着连接其他几个中间目标，中间目标（2）和（8）也有关联，如果实现中间目标（2）"厂家压货不影响SKU库存缓冲管理"，那么中间目标（8）"库存数据更新及时"也能手到擒来，因为中间目标（2）要采取"调整压货难卖的SKU的目标库存"行动方案，如此中间目标（8）的行动方案"建立库存日报制"才有依据和价值。然而，要实现中间目标（2）"厂家压货不影响SKU目标库存缓冲管理"，必须先实现中间目标（6）"提升部门间协同效应"，否则涉及进销存的各部门还是各自为政，根本无法应对厂家压货。另外，如果实现了中间目标（6）"提升部门间协同效应"，那么也能促进中间目标（1）"不受厂家商务政策影响"的实现，毕竟中间目标（1）的行动方案需要各部门"配合厂家完成主要KPI"。如果中间目标（1）可以实现，那么自然可以实现中间目标（4）"销售绩效废除局部利益"，因为厂家政策的背后都是利益导向的。

还剩中间目标（8）没有连上，继续分析。如果中间目标（8）"库存数据更新及时"，那么销售部无论是卖车还是交车，都能及时调整优先顺序，即可以保障中间目标（3）"追求车辆整体流动最佳"的实现。最后把中间目标（3）"追求车辆整体流动最佳"与激发方案连接起来，完成前提条件图，如图9-4所示。

这里有一点有必要向读者交代清楚：前提条件图所呈现的满足激发方案的前提条件，并不一定是全面完整的前提条件，以上只是从克服执行障碍的角度来完善前提条件。换言之，前提条件图中的假设是默认预期障碍之外的其他前提条件已经具备，只是在前提条件图中没有罗列出来而已。

实际上，前提条件图可以广泛应用于各种规划、计划的实施，如组织战略规划、市场营销策略、企业年度经营计划、业务流程开发、项目规划与实施等，是达成目标最重要的思考和计划工具之一。我和我的搭档刘振老师开发的"齐套销售法"，就是根据前提条件图思维模式在销售领域探索的实践应用。关于前提条件图的拓展应用，我会在后文做一个案例介绍，接下来还是按照本章的结构介绍另一种障碍。

第九章
如何克服激发方案的障碍

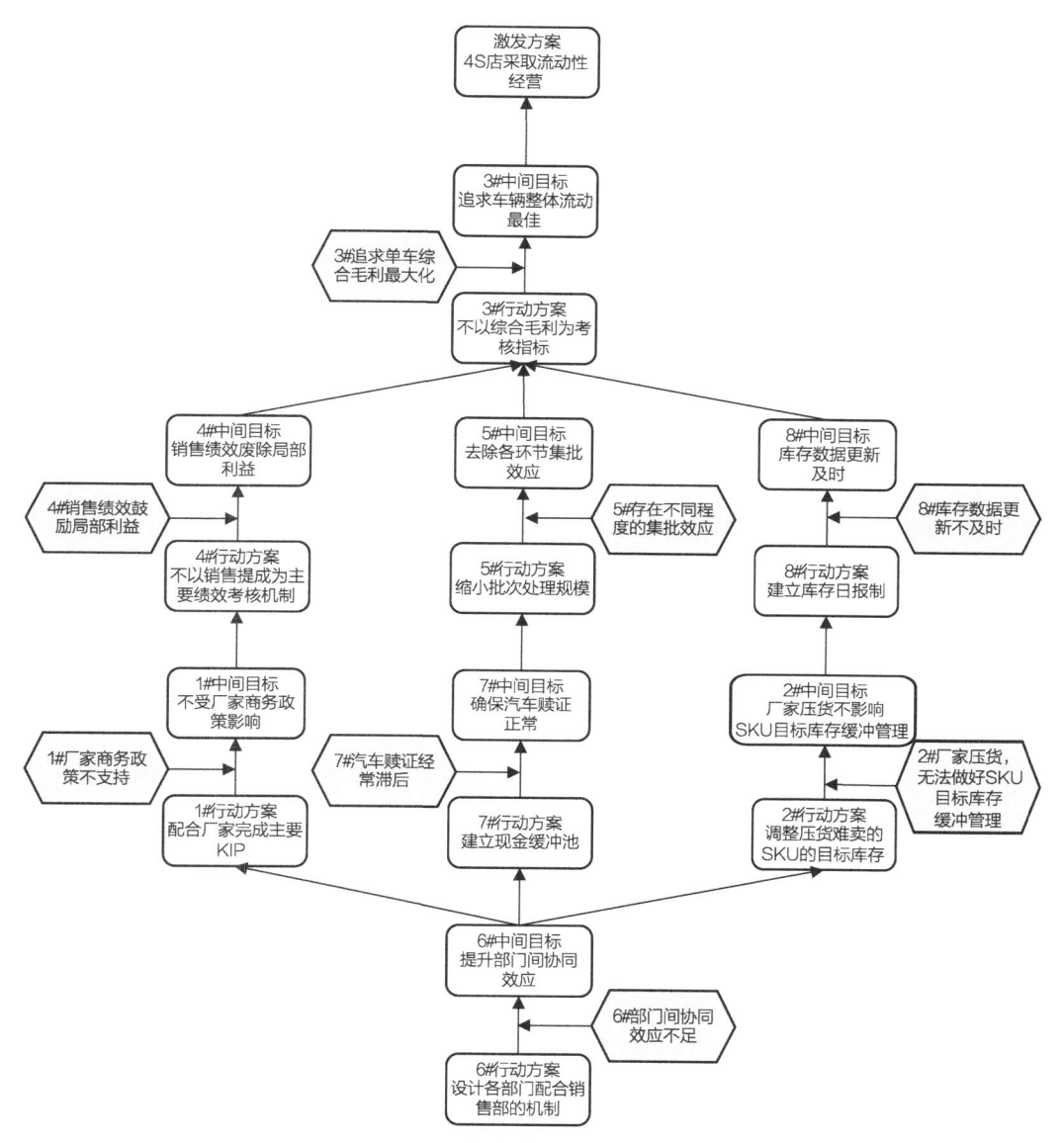

图9-4 完成前提条件图示例

如何克服心理障碍

清晰思考流程中有一个著名的"六层抗拒"，其中第六层抗拒是莫名其妙的顾虑和担忧，其实就是心理障碍。很多时候说服人们做出改变往往卡在第六层

241

抗拒上。前面五层抗拒侧重逻辑层面的以理服人，通常人们基于理性思考和分析都能认可和接受改变，心理障碍却很难通过讲道理和摆事实来克服。由于涉及心理抗拒和障碍方面的文献有很多，所以这方面的内容不在TOC的研究范围之内，只需把社会心理学和行为经济学等学科的研究成果拿来充分利用即可，没有必要"重复发明轮子"。然而，TOC信念讲究内在简单性，克服心理障碍的方法纷繁复杂、层出不穷，让人们很难选择。什么方法有效或无效，以及为什么有效或无效？这是清晰思考无法回避的课题。

我根据TOC前辈们的研究资料和自己多年的实践经验，大致总结了几种心理障碍及克服方法，供读者参考。很多经验都是我成长过程中的辛酸血泪史，但直到最后我才发现，它们都是显而易见的常识，当初我却视而不见。或许只有经历过千辛万苦的思考，才能够清晰地获得所提问题显而易见的答案。

心理障碍1：不确定性规避

高德拉特博士在《抉择》一书中指出，如果改变所涉及的行动超出了人们的舒适区，那么改变必然遇到预料中的抗拒。高德拉特博士给舒适区下的定义是，人们有足够因果关系知识的认知区域，在这个区域，人们知道改变可能导致什么有利或不利的预期结果。如果人们基于经验所构建的因果关系存在错误的范式，那么只要通过耐心解释新范式的逻辑，并协助他们运用丰富的经验来验证做出改变的原因，人们也会接受改变的行动。如果人们对建议做出的改变所涉及的行动没有任何亲身经验，那么解释新范式的逻辑远远不够，必须鼓励人们进行可控范围内的尝试性测试。人们只有看到测试结果才会逐步建立改变所必需的因果关系范式转移。这就是人们常说的，因为看见而相信，而不是因为相信而看见。

为什么改变超出了人们的舒适区就会遭遇抗拒呢？荷兰著名心理学家、管理学家吉尔特·霍夫斯泰德（Geert Hofstede）从社会心理学的角度提出不同国家社会文化差异的4个维度，其中第二个维度"不确定性规避"可以回答这个问题。所谓不确定性规避，是指人们对不确定性和模糊情景感受到的威胁程度。感受到的威胁程度越高，人们越倾向于回避模棱两可的情景，反之亦然。这是因为不确定性有可能威胁人们对稳定和安全的基本需求，所以人们倾向于规避不确定性。例如，在一个具有较高的不确定性规避文化的组织中，组织趋向于建立更多的工作条例、流程或规范以应对不确定性。而在一个具有较低的不确定性规避文化的组织中，组织很少强调控制、工作条例、流程规范化和标准化。也就是说，如果一项改变超出了人们的舒适区，人们会将不确定的、含糊的、前途未卜的未来情景视为一种威胁，所以选择不确定性规避是人之常情。

我把不确定性规避视为改变的第一个心理障碍，其本质是人们对安全有强烈的需求，这也是马斯洛需求金字塔中的底层需求，仅次于生存需求。要克服不确定性规避心理障碍，除了高德拉特博士在《抉择》一书中介绍的耐心解释新范式逻辑和做测试，也可以采取B.J. 福格博士在《福格行为模型》一书中介绍的缩小规模策略，就是把改变步骤缩小为一个足够小的步骤，与"天下难事必做于易，天下大事必作于细"是同一个道理。然后，对达成每个步骤的中间目标给予及时的反馈和奖励，就能降低改变的难度，持续激励人们改变的意愿。此时，前提条件图就大有可为了。

不过，通过降低难度和缩小可控范围做测试仍然不足够，因为这只满足了对未来不确定性规避的需求，并未解决当前不确定性规避的问题。也就是说，对改变四象限中的拐杖采取措施，仍然不足以打消对失去美人鱼的顾虑。所以，反过来也可以充分利用不确定性规避这个心理障碍，"以毒攻毒"，放大和强调维持现状对安全的威胁，放出鳄鱼"袭击"美人鱼，以提升人们做出改变的动力。双管齐下，确保克服不确定性规避心理障碍。

心理障碍2：社会压力

社会压力是指能够约束个体行为或群体活动，并使其趋于特定目标或共同规范的社会力量。这种社会力量是由社会通过成文或不成文的规定、舆论、习俗等施加于社会个体的力量，以使个体感受到社会对自己的无形约束。它包括两个方

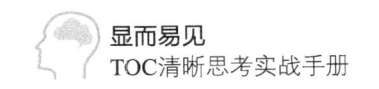

面：一是社会上的大多数人有意识地对个体或群体施加影响，如当团体中出现分歧时，多数成员要求少数成员服从；二是个体或群体感受到社会对自己施加的无形的压力，如当团体中大多数人都不赞成做某件事时，少数赞同的人就会感受到一种无形的压力。

在社会压力下，个体会在行为上趋于与群体保持一致，因为个体如果做出任何"出格"的举动，就会被群体视为异类或被孤立。人类毕竟是社会性动物，必须融入群体关系中才能够得到最大限度的生存保障。虽然人类目前的生存状况已经得到了前所未有的保障，但能否得到社会的认可仍然是个体最重要的需求之一。罗伯特·西奥迪尼在《影响力》一书中把这个重要的需求转述为社会认同原则——在判断何为正确时，人们会根据他人的意见行事。这一原则尤其适用于对正确行为的判断。《影响力》一书介绍了在3种特定情形下，社会认同原则将发挥超强的影响力。第一种特定情形是不确定感。如果人们不确定，掌握的情况很模糊，就会选择不确定性规避，同时更有可能关注和参考他人的行为，并认为这些行为是正确的。例如，相比以往成熟的做法，倘若所采取的新行动模糊不清，这时人们是否愿意做出改变会受到他人行为的极大影响。我在做咨询时，客户通常会询问是否有同行业的相关成功案例，这正是人们深受该原则影响的一种表现。第二种特定情形是从众效应。人们更倾向于根据群体人数的多少来选择从众。如果人们看到很多人在做某种行为，往往更愿意追随，因为人们会自我合理化该行为，会认为该行为更正确、更有效或更具可行性。例如，网红餐厅出现排队效应，人们就会不假思索地认为该餐厅的食物一定好吃，否则怎么会有这么多人愿意排队等待？第三种特定情形是同侪效应。这是指个体在与自己所接触的同侪的相互比较中所获得的自我评价。在同侪群体中，每个人都希望被他人接纳和认可，并在群体中找到归属感，他人的看法往往很容易影响个人的行为表现。例如，人们更倾向于顺从与自己相似的人的信念和行为，正所谓近朱者赤，近墨者黑。

社会认同原则是影响力的重要武器之一，也是人们做出改变决定时的重要心理障碍。社会认同需求所产生的压力具体表现在3个方面。一是保持与群体一致性的压力,听取他人的意见对人们来说至关重要;二是来自权威的压力,来自老板或意见领袖的意见让人们根本无法忽视;三是根据社会角色行事的压力,"屁股决定脑袋"会让人们身不由己。至于以上3个方面的社会压力会在多大程度上影响人们做出改变的决定,其实谁也说不清楚,因为很难用某个指标对其进行衡量,或者很难找到适用于所有人的通用标准对其进行考量。但这并不意味着人们对此束手无策。如果一个人做出改变的决定无法获得他人的认同,而且无法判断其所承受的社会压力究竟来自哪方面,那么可以尝试逐个排除,这就要用到果因果模型了。当然,更高明的方法并不一定需要见招拆招,人们可以提前布防和制约。

对于由社会压力导致的改变心理障碍,首先,要默认其存在,而且相信其有存在的理由。你甚至不用刻意分析存在哪方面的社会压力,以及这些社会压力产生的原因,只需默认其存在就行。其次,充分利用社会认同原则制造适当的社会压力,以促成人们对心理障碍的克服。在实践应用中有两种有效的方法可以选择,一是自上而下的方法,你可以争取老板或意见领袖参与改变的决策和行动过程,发挥权威影响力来消除人们对改变的不确定感。二是自下而上的方法,找到首位从众效应的跟随者,有一就会有二,随后就会接二连三,形成从众效应。无论是采取自上而下的方法还是采用自下而上的方法,或者两者混合使用,都遵循关键少数的基本假设,即任何改变总是从关键少数的特征、行为和人员开始的。试图毕其功于一役,总会以失败而告终。最后,要克服社会压力心理障碍,归根结底需要改变产生社会压力的环境,特别是改变社会角色赋予人们行为规范所带来的心理约束。社会角色与个体自我本色并不能一概而论,如能恰当地区分两者,就能缓解社会压力带来的顾虑。最简单的方法就是改变和营造有利于做出改变的环境。例如,换个地方和场景,摆脱社会角色的禁锢,让你的自我本色更容易显露出来,总是遵循内心的指引做出发自内心深处的改变。

社会压力无处无时不在,它是外界社会给予每个人反馈和调节的一种机制,然而这种反馈和调节机制反过来也会给他人造成社会压力。例如,因为社会压力让我有改变自己的意愿，我通过学习TOC得到了成长和收益，却因为自己的认知发生了改变而给身边的人造成了一定的压力，有的人慢慢与我疏远，而我对此却后知后觉。你最终会发现，与你息息相关的社会影响力都来自你的人际关系圈子，你被人际关系圈子深刻地影响着，你也深刻地影响着人际关系圈子。所以，改变的本质一定是先改变自己，只有这样才有可能改变和影响你周围的人际关系。良好的人际关系则是消除人们心理障碍，促使其做出改变的前提保障。

心理障碍3：个人主义

个人主义心理障碍正好与社会压力心理障碍相反，后者来自社会，前者来自内在自我。个人主义并非集体主义的对立面，它是个体追求自己的利益或至少有权利为自己的利益着想，而无须考虑社会利益的一种状态。并不能简单地将个人主义等同于利己主义，因为在个人主义思想中，个人对自己行为负责的同时，并不会妨碍和影响他人利益的实现，甚至可能存在利他的行为。例如，我在第七章讲解如何破解冲突图时提到的"利人利己"双赢策略，就是个人主义的理想状态。那么，为什么个人主义会成为改变的心理障碍呢？

心理学上有一个效应叫宜家效应，源于宜家家具商店出售的家具需要顾客动手组装而出现的一种心理效应，即顾客对自己投入劳动、情感而创造的物品，往往会高估其价值。人们对某一事物付出的努力越多，就越容易高估该事物的价值。这就是高德拉特博士所说的成本世界思维模式，所有投入和付出都是成本叠加所带来的加法效应，所以原来的事物已经不是当初的状态，而是成为对个人主义不同程度的承载，因此高估其价值理所当然。但是，反过来思考，如果对某一事物没有或很少投入或付出，那么其价值是不是会被低估呢？

丹·艾瑞里（Dan Ariely）在《怪诞行为学2》（*The Upside of Irrationality*）一书中用"孩子是自己的好"法则回答了这个问题。这一法则的中心思想是：如果不是我（我们）发明的，就没有什么价值。这便是个人主义成为改变心理障碍的表现之一。一旦人们认为某个点子或主意不是自己想出来的，就很容易陷入

第九章
如何克服激发方案的障碍

"孩子是自己的好"法则,认为"别人的孩子没有自己的好"。丹·艾瑞里在书中用爱迪生捍卫自己发明的直流电来诋毁特斯拉发明的交流电这一案例,充分说明了迷恋自己的见解可能导致僵化。一旦人们迷恋上自己的见解,那么在需要灵活时就不可能做到随机应变。人们很可能拒绝接受别人提出的建议,尽管它实际上比自己的高明;或者尽管有时自己没有任何主意,也很难接受别人提出的建议。对于自己的见解情有独钟这种倾向在纯粹、客观的科学领域同样存在,并被戏称为"牙刷理论"——人人都想要牙刷,人人都需要牙刷,人人都有牙刷,但谁也不想用别人的牙刷。正如爱迪生因为对自己发明的直流电有过度保护的心态,所以他费尽心机地证明交流电很危险,而忽略了其对世界提供动力的巨大潜力。

科学家尚且如此,更不要说普通人了。不过,就像本书入门篇介绍的果因果正负分析法一样,"孩子是自己的好"也有正负两面性。从正面来看,如果人们对一件事情投入了一定的时间和精力,就会引发其专属感和自豪感,你就可以充分利用人性的这个特点来引导和鼓励人们参与到改变中来,让他们觉得主意是自己想出来的,从而有可能克服这个心理障碍。高德拉特博士一直强调,直接给出答案并不是最好的学习方法。同理,直接告诉人们解决方案也不是最好的改变策略和方式,所以学好清晰思考流程并不仅是为了清晰地获得显而易见的答案,更重要的是在整个学习过程中说服自己或他人并克服心理障碍。

让人们觉得方案是自己想出来的,不仅意味着要尊重他人的意见,还意味着要让渡方案的所有权,让参与者拥有所有权。请读者注意,"孩子是自己的好"法则对自己的作用也不例外,所以哪怕方案主体是你清晰思考的原创结果,你也要"反人性"地做到克服自己的个人主义心理障碍,通过启发式引导让他人获得方案的拥有感和所有权。不仅如此,你还要进一步做到放弃方案的控制权,让他人获得方案的主导权和控制权。为什么呢?因为你虽然可以让他人拥有方案的所有权,但事实上这样的所有权并非独占,所以仍然不足以彻底克服个人主义心理障碍。只有让他人获得方案的实际主导权和控制权,才能让他人觉得方案是自己的。请读者注意,让对方觉得"方案是自己想出来的"并不等同于让对方觉得

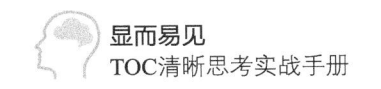

"方案是自己的"。改变的本质并不是改变人们不想做的事,而是帮助人们做他们想做的事。"方案是自己想出来的"并不一定是他们想做的事,而"方案是自己的"是他们想做的事不可分割的一部分。

心理障碍4:沉没成本

沉没成本是指已经付出且不可收回的成本。人们在决定是否去做一件事情的时候,不仅会看这件事对自己有没有好处,而且会看过去是不是已经在这件事情上投入过。这些已经发生的、不可收回的付出,如时间、金钱、精力等,称为沉没成本。

沉没成本与"孩子是自己的好"法则的相同之处是,两者都是人们对成本投入和付出的眷恋,不同之处在于两者对成本投入和付出的价值感知效应持不同的看法。前者因为无法收回成本,所以价值感知效应递减;后者因为成本叠加,所以价值感知效应递增。换句话说,当提到沉没成本时,说明投入与产出不成正比,所以人们会对之前的所有投入心有不甘。如果此时需要对现状做出改变,相当于对现状再次投入,那么人们就会意识到过去所有的努力都白费了,转而会对沉没成本产生依恋,使其成为做出改变的心理障碍之一。

就像患有斯德哥尔摩综合征的受害者对犯罪者产生情感,甚至反过来帮助犯罪者一样,人们非但没有放下沉没成本的影响,反而以沉没成本为由拒绝改变。斯德哥尔摩综合征的病因是,因为受害者的生死操控在犯罪者手里,所以他们会将犯罪者视为自己的命运共同体,并产生一种心理依赖,从而把解救者当成敌人。沉没成本代表过去投入的努力,努力代表了一种价值评价,改变意味着否定努力的价值,或者否定过去的做法。人们历来是"人事不分家"的,否定事就等同于否定人。与其说人们被沉没成本影响了决策,不如说人们被他人对自己的看法和评价绑架了自己的价值观,从而拒绝改变。

我接触过一些精益管理和营销等方面的专家,他们明知TOC在各方面都有建树,却不愿意放弃对过往专业的努力,或者浅尝辄止。究其原因,都是被沉没成

第九章
如何克服激发方案的障碍

本拖累了。当然，如果换成我，我也不会轻易转换赛道，把TOC弃如敝屣。简单来说，放下沉没成本并不是克服这个心理障碍的良策，只是心灵鸡汤，正如TOC不是包治百病的仙丹。那么，我是如何接受和学习其他优秀理论与新知的呢？换言之，人们如何摆脱沉没成本的影响，或者不被沉没成本进一步绑架自己的价值观呢？其实方法很简单。请读者注意，当我说方法简单时，其实是在说方法背后固有的简单性，但前提是学会思考流程的分析和解释。

如果用改变四象限来看沉没成本，它其实是一条虚幻的美人鱼。但你不能捅破这条虚幻的美人鱼，而要保留和利用它来促成人们克服这个心理障碍。你可以这样转换它：如果没有沉没成本这条美人鱼，那么过往的一切投入和努力都白费了，因为我的方案就是在它的基础上做的升级，而不是推倒重来或否定过去的做法，这只会让已经发生的事情变得更加美好。例如，我在讲营销时并不提TOC"黑手党"提案，而是说"十倍好"的定位认知方法论；我在讲生产运营管理时也不提TOC，而是说"站在巨人肩膀上的精益"，等等。美人鱼并未失去，沉没成本并没有完全沉没，它只是建造高楼大厦时被埋在地下深处的坚实的地基。就像《第五个包子》这个故事一样，你总不能只吃第五个包子吧？

心理障碍是做出改变的最后一道关卡，当然不见得所有改变都会遇到它，但当你遇到的时候，或许已经太迟了。所以，我的建议是，无论是否存在心理障碍，都假设其存在，从而提前布防和制约。如何提前布防和制约呢？简单来说，就是提前打预防针和事先约定，以达到制约或消除心理障碍的目的。例如，当对方认可你的方案后，不要急于执行，而要主动提出你的顾虑和担心，引出并确认对方可能存在的心理障碍，之后展开对对策和措施的讨论。或者在进行方案研讨前先约定前提条件，只有对方满足前提条件并做出承诺，才展开后续活动。例如，老板或某些管理者必须全程参与，如果中途有事情需要处理，那么研讨会暂停。

以上4种类型的心理障碍涵盖了人们做出改变时遭遇的大部分心理障碍，但心理障碍并不限于以上4种类型。对于更多类型的心理障碍，人们需要扩充自己的知识领域才能更好地识别和应对。相关心理学或行为心理学的书籍已经足够多了，但有一点请读者注意，任何知识如果不经由自己的思考和实践，永远都是原作者的东西，你偷不走、学不会。TP无疑是学习知识最好用的工具之一，我丝毫没有"孩子是自己的好"的偏见。

拓展实践：如何做项目计划

项目是指在限定的资源与时间内，为了达成目标所需要完成的任务，这个任务可以是一项工程、一个课题、一次活动，甚至是一种服务。前文从现状图中收敛改善的核心问题，再把核心问题以冲突图的形式呈现出来，然后用4种方法破解冲突图，注入激发方案，接着补充方案、修剪负面分支和克服障碍，使方案逐渐变得明朗和强健，但最终还要通过一系列的活动和任务来达成改善的目标。如果以项目管理的思维来看清晰思考流程，那么形成完整解决方案的过程可以被视为改善项目规划的过程，形成完整的解决方案相当于抵达第一个里程碑。但清晰思考的流程并未结束，为了抵达下一个里程碑，还需要TP的协助。

如果把项目规划定义为要到哪里，以及用什么方法到达那里，那么项目计划的定义是如何到达那里，而项目执行的定义是，走吧。"要到哪里"是目标；"用什么方法到达那里"是解决方案；"如何到达那里"是为了将解决方案转变成行动任务以达成目标而事先拟订的内容和步骤。不过前提是定义清楚目标。前文侧重介绍了解决方案的开发，现在把"定义清楚目标"这一课补上。

关于如何定义或制定目标，目前公认的方法是"现代管理学之父"彼得·德鲁克（Peter Drucker）提出的SMART原则。所谓SMART原则，是指目标必须同时满足具体的（Specific）、可衡量的（Measurable）、可实现的（Attainable）、相关的（Relevant）和有时限的（Time-bound）5个原则。但SMART原则并不能生成目标，它只是制定目标所依据的准则，准则就是不能违反的标准和原则。换言之，目标是人们想达到的标准，但达到标准的方法不能违反SMART原则，而SMART原则并不能让人们达到其想达到的标准。就像赚钱是大部分企业的目标，其中一个公认的不能违反的原则是不作恶，但是企业依据不作恶原则行事并不一定能达成赚钱的目标。那么如何定义或制定目标呢？

先排除一个常见的错误：很多企业或个人常常把目标等同于指标。例如，公司今年的目标是实现销售额1亿元。指标是与目标有关的特定的和可衡量的具体数值，目标是要达到的要求或标准，目标包含指标，指标服务于目标，但指标本身并不是目标。一个完整的目标应该包含两部分内容：第一，目的是什么；第二，期望的结果是什么。目的回答了实现目标的意义和价值，期望的结果回答了需要达到什么标准，其中包含具体的指标。例如，在"公司今年的目标是实现销售额1亿元"这个例子中，可以这样定义目标：假设该公司是某区域快消品经销商，由于受事故影响，上游厂家供货不畅，而且下游终端门店动销乏力，该公司销售业绩下滑36%。公司调整了对未来的预期，转为保守经营，制定目标如下。

目的：聚焦增量市场，确保公司活下去。

期望的结果：有效产出能够覆盖运营成本，年底实现销售额1亿元。

用一句话简洁明了地描述该公司的目标，将其作为公司的目标宣言：确保公司活下去，必须实现销售额1亿元。如果不能清晰地定义组织或个人的目标，就无法定义组织或个人的核心问题，进而无法正确制定或调整组织或个人的战略和战术。

回到项目计划上来，要做好项目计划，前提条件是项目定义清晰，否则就会出现"计划没有变化快"的尴尬局面。在执行中具体表现为，项目范围经常变更或增减，更麻烦的是频繁返工，让交期遥遥无期。项目的定义包括对项目目标、交付物和成功标准3个方面的定义。

- 目标就是项目想达到的标准，它由两部分构成：一是为什么要做这个项目，即做这个项目的目的是什么；二是做这个项目有什么好处，即这个项目期望的结果是什么。项目期望的结果应是可衡量的、有时限的。
- 交付物就是项目需要交付的成果，它是看得见、摸得着的具体的有形物体。它是为了实现目标，需要通过项目创造出来的东西，所以与目标高度相关。
- 成功标准就是评判项目交付物是否达成目标的依据和准则，它是交付物实现目标的证据。换言之，它是以项目的可实现性为前提条件，对成功的保障。脱离现实意义的成功标准只能是理想主义。

用目标、交付物、成功标准这3部分来定义项目，不仅满足SMART原则，而且更具操作性。因此，可以把项目的定义理解为项目管理中广义目标的定义，如表9-3所示。

表9-3 项目的定义：目标、交付物、成功标准

目标	交付物	成功标准
目的：这个项目的目的是什么 期望的结果：这个项目期望的结果是什么	为了实现目标，需要通过项目创造什么 为了实现目标，项目需要交付什么成果	从利益相关者的角度思考： 交付成果符合标准的证据是什么 交付成果实现目标的证据是什么

下面以两个示例来说明如何定义项目。

示例1：我曾经为某进口汽车品牌的全国30多家4S店提供服务，这些4S店使用我根据前提条件思维模式开发的"齐套销售法"来提升销售成交率和销售业绩。该项目简称齐套销售法辅导项目。该项目的定义如表9-4所示。

表9-4 齐套销售法辅导项目的定义：目标、交付物、成功标准

目标	交付物	成功标准
目的：通过建立客户购车齐套条件模型，快速识别和监控客户状态变化，及早干预和推进销售流程，提高4S店的销售成交率 期望的结果： （1）缩短平均销售周期30%以上 （2）平均销售成交率提升40%以上 （3）将销售管理层的关注度释放到需要关注的客户身上	（1）定制不同区域门店客户购车齐套条件清单和模型 （2）齐套销售管理流程培训 （3）重点客户跟进管理表单 （4）重点客户复盘及预案流程销售顾问培训 （5）集系统为一体的功能手机，销售顾问人手一部 （6）功能手机操作说明书	（1）客户购车齐套条件清单和模型，经销售经理在研讨会上认可，上传系统 （2）系统销售经理端口，销售经理按齐套销售管理流程管理销售顾问及客户，做到80%审批和回复 （3）对于跟进的客户，实现100%输入系统，80%以上的客户齐套状态实现系统标注 （4）销售顾问对重点客户实现100%跟进，跟进和复盘状态在系统中同步标注 （5）3个月试用期结束后，门店的员工续签率不低于80%

第九章
如何克服激发方案的障碍

在示例1的项目定义中,最难做的是对成功标准的设定,如何证明所交付的成果能够达成目标呢?在示例1中,只要实现了过程指标,目标大概率可以实现,但这仍然不足以证明达成了期望的结果。所以,只能假设如果"齐套销售法"能够帮助4S店提升销售成交率,那么大部分4S店会在试用期结束后选择与员工续签。非常遗憾的是,后期我并没有拿到全部门店的真实数据来证明齐套销售法是否达成了目标。但有一点可以证明,半年后我们启动了第二期项目辅导。一年后,与我们合作的软件系统公司凭借齐套销售法系统成功被某大型投资公司收购。

示例2:这是发生在我写本书过程中的一个小项目。由于我的计算机C盘空间被占满,导致系统运行越来越慢。我的计算机原装配置SSD是256G,明显不够用。因为计算机预留了一个硬盘接口,所以我决定增加一个1T的SSD硬盘。于是我购买了一个SSD硬盘,本想自己组装,但是计算机后盖的螺丝配的是六角形螺帽,需要专用工具才能拆机。换言之,工具不齐套无法开工。所谓齐套,是指在任务开始时就将完成任务所必需的东西准备好。也可以将齐套理解为达成目标所需的必要条件都已具备。因为没有六角形螺丝刀,所以我只能联系售后人员安装。但新问题来了,我购买的SSD硬盘不是计算机预留的M.2 SATA接口硬盘,而是M.2 PCIE接口硬盘。也就是说,我要么将所买SSD硬盘更换为M.2 SATA接口硬盘,要么替换原硬盘。

此时我面临一个冲突:如果将所买SSD硬盘更换为M.2 SATA接口硬盘,那么我要承担损失,因为商家以包装不完整影响再次销售为由拒绝免费更换。不更换的话,只能替换原硬盘。但如果替换原硬盘,那么意味着我不仅要重装系统,还要把原来硬盘中的文件导出来,比较麻烦。这样的小冲突不用通过画冲突图破解。常言道:"两利相权取其重,两害相权取其轻。"我在网上搜索,发现有一种方法不用重装系统和导出文件,只要把原硬盘的数据迁移至新硬盘上即可。所以,我决定替换原硬盘。

替换原硬盘就是我的项目,该项目的定义如表9-5所示。

表9-5 替换原硬盘项目的定义：目标、交付物、成功标准

目标	交付物	成功标准
目的：更换SSD硬盘，满足对计算机更大存储量的需求 期望的结果：自己能组装，不出问题；系统性能提升，不卡顿，反应快；保留原系统、软件和文件	更换完成预装原系统、软件和数据并分区的新SSD硬盘	（1）开机即用 （2）保留原系统、软件和所有文件 （3）分区预留足够的空间

前面说过，项目定义清晰是做好项目计划的前提条件。清晰的项目定义不仅明确了人们想要什么及想要什么的标准，而且清晰地界定了项目的范围，即人们控制影响力的边界，做到项目不逾矩、目标清晰、心无旁骛。可以用因果假设模型把项目定义中的目标、交付物、成功标准三者之间的关系表达出来，方便大家理解，如图9-5所示。

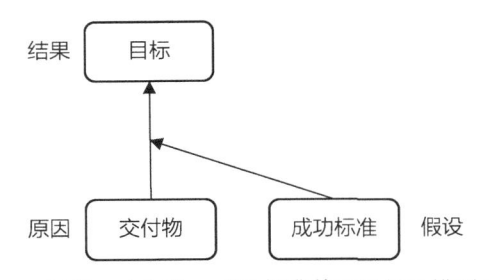

图9-5 目标、交付物、成功标准的因果假设模型示意

如果通过项目创造了交付物，同时满足成功标准，那么可以达成项目目标。换言之，交付物是项目的有形输出，如果没有交付物，就没有所谓的目标达成。也可以说，交付物是目标的载体，皮之不存，毛将焉附？然而，交付物需要通过完成任务来达成，而任务以满足任务活动的必要条件为输入，即完成任务所必需的条件都已齐套。交付物、任务与必要条件之间的关系示意如图9-6所示。

如果交付物无法满足成功标准，那么任务活动本身必然存在问题，或者输入的必要条件存在问题或不具备。所以，项目计划的核心是为保障交付物实现目标而采取必要的任务，非必要不行动。然而，任务的必要性取决于满足交付物的必要条件所对应的行动。因此，项目计划必须以前提条件图为桥梁，才能抵

达目标。TOC把作为项目计划的桥梁的前提条件图称为产品流图（Product Flow Diagram，PFD）。也就是说，项目计划可简单地分为三步，第一步是项目定义，第二步是项目产品流图，第三步是项目计划。我以自己更换计算机硬盘为例，介绍如何将产品流图转换为项目计划。

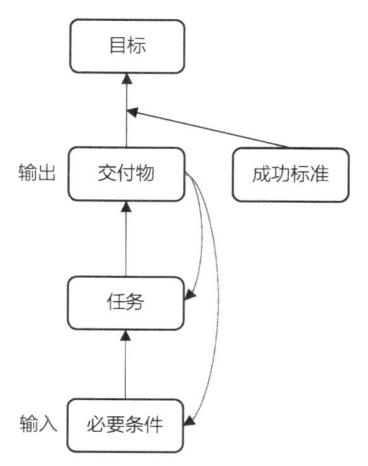

图9-6 交付物、任务与必要条件之间的关系示意

产品流图

如前所述，替换硬盘项目的交付物是更换完成预装原系统、软件和数据并分区的新SSD硬盘，简称新预装SSD硬盘。以终为始，把交付物放在产品流图的顶端。然后询问：为了得到"新预装SSD硬盘"，需要采取什么行动或措施？这是第一层任务。为了得到"新预装SSD硬盘"，我需要自己组装新预装SSD硬盘。接着询问：为了"自己组装新预装SSD硬盘"，需要输入什么具体的东西？也就是说，为了完成"自己组装新预装SSD硬盘"这个任务，需要具备什么齐套要素（条件）？这些齐套要素（条件）是以有形实物的形式存在的，而不是策略或想法。这个问题非常关键。为了完成"自己组装新预装SSD硬盘"这个任务，我至少需要具备以下齐套要素，如图9-7所示。

列出完成任务所需要的齐套要素之后，还需要回答一个问题：这些齐套要素足够了吗？或者，这些齐套要素能满足任务开工的要求吗？如果不能，那么继续补充齐套要素。还欠缺什么东西才能让我开始执行任务呢？如果齐套要素足够了，那么接着补充每个齐套要素所对应的任务，即第二层任务及其对应的齐套要素和任务（第三层任务），如图9-8所示。

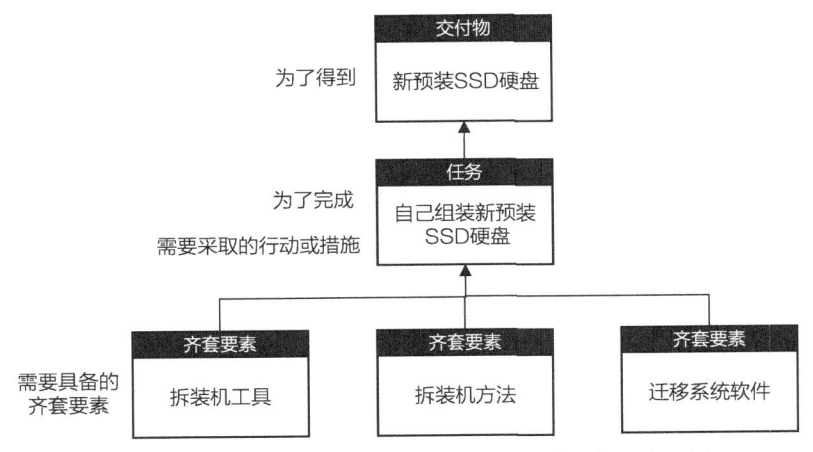

图9-7 产品流图之找出第一层任务及对应的齐套要素示例

在图9-8中，下一层任务并不是从上一层任务中分解出来的子任务，而是针对上一层任务的齐套要素展开的任务。换言之，单纯进行任务分解并不能保障子任务的必要性，这就向传统项目管理分解任务的思维模式提出了挑战。或者说，任务分解也没有错，只是存在如何分解的问题。如果不是按照完成任务所需的齐套要素进行分解，那么很有可能存在分解不必要或过度分解的问题。通常情况下，下一层任务如果可以直接上手操作，就不需要进行更下一层的分解了。例如，在图9-8中，第二层任务是"购买拆装机工具"和"上网查找拆装机方法并学习"，就无须向下找齐套要素进行任务分解了，因为这两个任务在我的经验可控范围之内，无须为了分解而分解。

替换硬盘项目虽然是一个再简单不过的小项目，但请读者注意两点：第一，任何一层任务都必须明确责任人，因为本示例中并不涉及他人，所以我没有在任务栏中注明责任人；第二，任何一层任务的齐套要素都是下一层任务的交付物，它既是上一层任务的输入，也是下一层任务的输出。所以，交付物不仅要清晰，而且要可衡量。最重要的是，交付物一定是看得见、摸得着的实物。

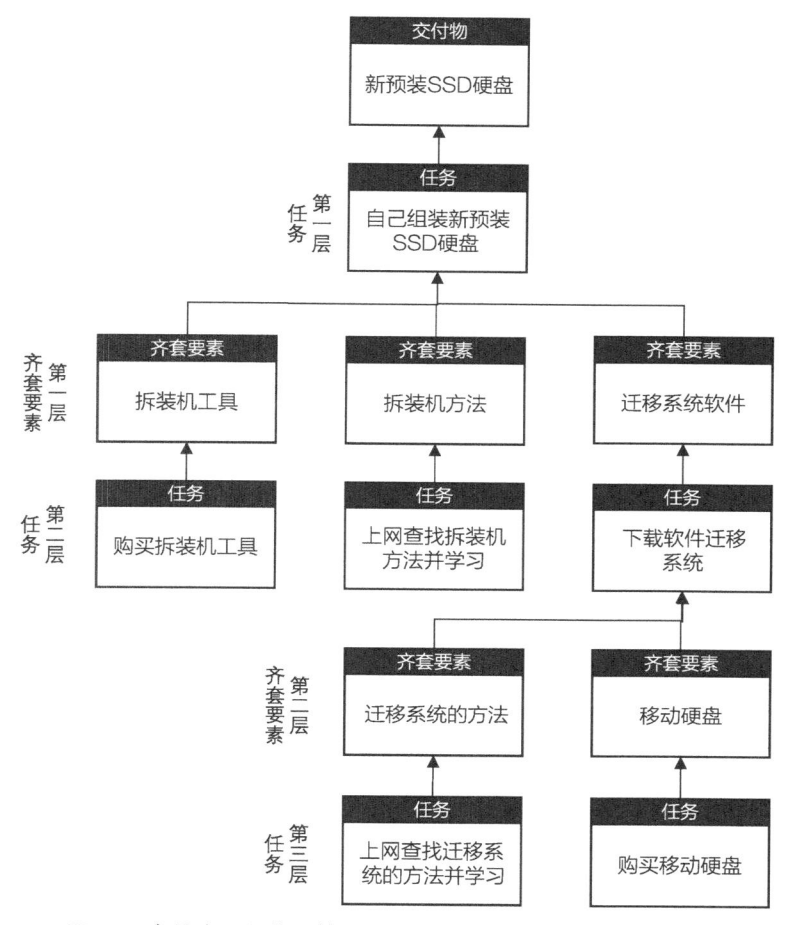

图9-8 产品流图之找出第二层任务及对应的齐套要素和子任务

项目计划

项目定义让人们明确了项目的目标，产品流图让人们明确了达成项目目标所必需的任务，以及完成任务所需要的输入，之后就可以着手做项目计划了。通常项目计划涉及时间、预算和范围等几个方面，此处不再展开介绍，因为与项目计划相关的图书很多，而且TOC还有更专业的关键链项目管理成熟解决方案。我重点介绍如何把产品流图转化为项目计划，在非多项目复杂环境下基本够用了。把产品流图顺时针旋转90°，并把其中的齐套要素删除，就可以视其为一份简洁的项目计划，如图9-9所示。

257

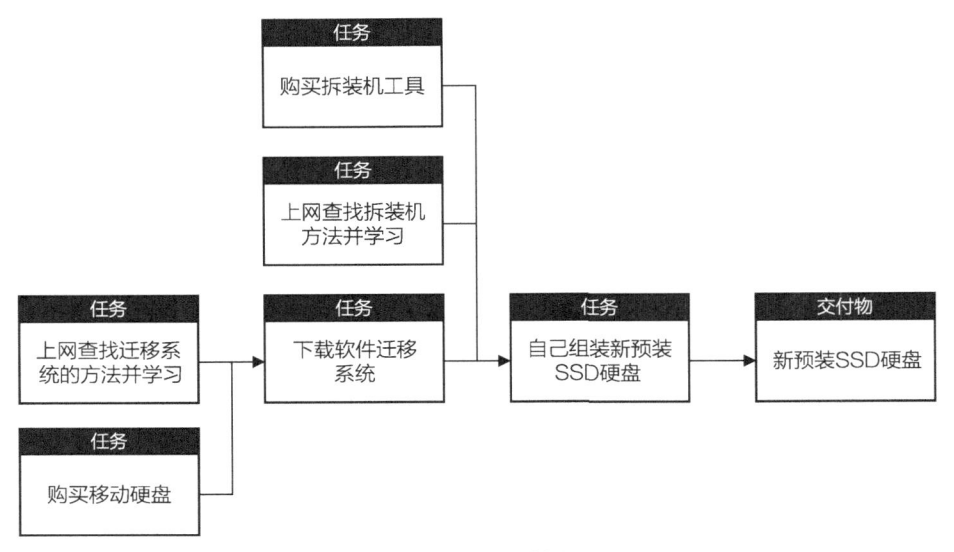

图9-9 项目计划

如果把关键资源和时间因素也考虑进去，必须错开利用关键资源做每个项目任务的时间。由于在本示例中关键资源是我，所以把需要执行的任务错开，因为我分身乏术，不可能同时做两个（及以上）任务。换句话说，由我完成所有任务的关键路径就是TOC项目管理所说的关键链。因为该项目较小，又没有交期要求，所以我就不考虑增加项目缓冲了。对TOC项目管理感兴趣的读者，可以阅读高德拉特博士的《关键链》（*Critical Chain*）一书，在此不做赘述。我把图9-9做成了一个简易版的没有时间限制的甘特图，如图9-10所示。

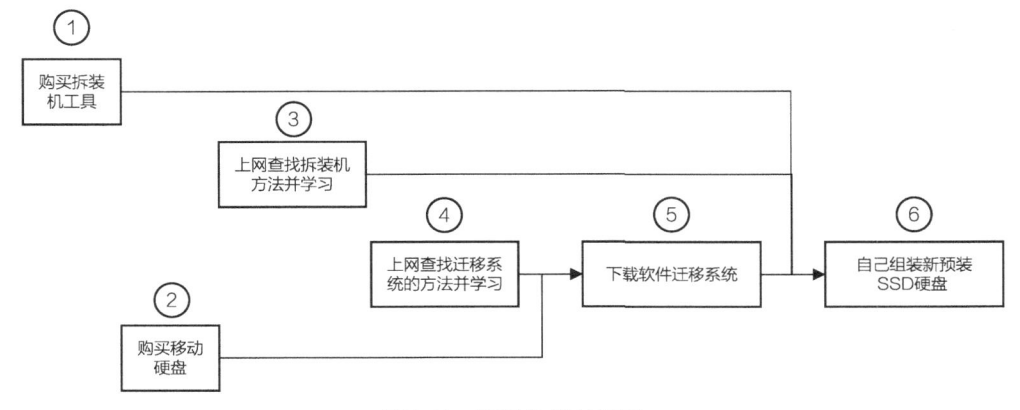

图9-10 项目计划甘特图

图9-10中的序号代表执行项目任务的先后顺序。一次只做一件事，任何时候这都是人们做事的第一准则。

练习题

1. 请在第七、八两章所开发的激发方案、补充方案和新增激发方案中任选其一，尝试按照本章所述步骤克服执行障碍，并最终以前提条件图的形式呈现出来。请注意针对绕得开和绕不开的两种障碍开发行动方案的不同之处。

2. 请根据日常生活中的实例，对本章所述的4种心理障碍进行举例说明，要求每种心理障碍至少做一个举例说明。

3. 就企业或个人短期目标做目标定义练习，并满足SMART原则。

4. 请根据日常工作或生活中的活动或项目进行项目定义，并根据项目定义尝试开发产品流图，最后根据产品流图做项目计划。练习模板请参照本章提供的示例自行调整，熟练掌握通过产品流图规划项目任务和所需输入齐套要素的重要方法。

进阶篇

第十章

从经验中学习

第十章
从经验中学习

本书实战篇完整地介绍了清晰思考解决问题的流程，以不良效应为起点，通过现状图收敛至核心问题，再把核心问题以冲突图的形式进行定义，然后用4种不同的破解方法注入激发方案，并通过补充激发方案、修剪负面分支和克服障碍等步骤，最终呈现出强健的新解决方案和行动方案。然而，采取改善行动是否得到了预期结果？如果得到了预期结果，那么是因为你通过清晰思考开发了有效的解决方案，还是因为你的运气比别人更好，抑或是因为其他你未曾思考和关注的因素？如果没有得到预期结果，那么是全盘或不完全否定你开发的解决方案，还是进一步探索真正的原因？

高德拉特博士在《抉择》一书中说："当一个原型——新方案——不起作用时，我们面临两种选择：一种是抱怨现实，另一种是收获它刚刚给我们的礼物，知道什么需要修正。" 在科学家眼里，新方案只不过是一个研究的"原型"——一个为了特定的目的，用思维形式对原型客体本质关系进行模拟和再现的思维模型。由于它是对原型客体的一种抽象化、理想化、理论化替代，所以必须通过实验或实践验证，获得关于原型客体的基本运作规律等知识，同时找出理想与现实之间的差距，找到改善实际对象以取得最佳效果的实践途径。原型不起作用，抱怨并不会自动消弭理想与现实之间的差距，唯有进一步找出无效的假设，才能修正原型，获得预期结果。正如爱迪生所说："失败也是我需要的，它和成功对我一样有价值。只有在知道一切做不好的方法以后，我才知道做好一件事情的方法是什么。"

把任何方案当作原型的思维模式，并不是为失败开脱，或者是为了缓解和消除做事失败带来的挫败感和心理负担，而是为了从经验中学习。从经验中学习意味着对任何方案的尝试都不是一次性行为，也不是以方案未能达成预期结果为终止标志。否则，人们对方案开发和执行所做的一切努力都将付诸东流，更严重的是人们付出了代价，但并未增长任何经验。

詹姆斯·马奇（James March）在《经验的疆界》（*The Ambiguities of Experience*）一书中指出，从经验中学习遵循一定的步骤，首先是观察行动与结果有何联系，然后是初步发现存在什么规律。由此，詹姆斯·马奇提出了从经验中获取智慧的两种模式。一种是"低智学习"，是指在不求理解因果结构的情况下复制与成功相连的行动。例如，学骑自行车，你无须知道自行车的工作原理，只需模仿别人如何骑行，然后多加练习，就能学会。另一种是"高智学习"，是指努力理解因果结构并用其指导以后的行动。例如，用清晰思考的模型去分析问题，厘清因果关系，然后指导实践改善。所谓学习，就是在观察行动与结果联系的基础上改变行动或行动规则。如果某些改变是改进，那么学习就能促进智慧的增长。学习经常而且容易带来改变，但是不一定能促进智慧的增长。因此，你无须迷信经验，也无须迷信学习，它们都有自己的边界。只有了解从经验中学习的局限和边界，你才更能看清经验的作用，并知道怎么使用它。

高德拉特实验室CEO艾伦·巴纳德博士总结了人们在从经验中学习时常犯的4个错误。

（1）人们甚至都不尝试。

（2）人们尝试，但不学习任何新东西。

（3）人们尝试，但是吸取了错误的教训。

（4）人们尝试，吸取了正确的教训，但不在生活的其他方面加以应用，或者没有充分利用。

为什么人们会犯这些错误？爱尔兰剧作家、诺贝尔文学奖获得者乔治·伯纳德·肖（George Bernard Shaw，萧伯纳）的解释是："我们从经验中学习到，人类永远不会从经验中学习任何东西。"彼得·圣吉博士的解释是："比我们的竞争对手更快地学习是我们唯一的可持续竞争优势……但存在一个主要障碍，我们的反馈系统会出现滞后/错误。"当然，还有更多心理学方面的解释，如存在知识偏见、证实性偏差、认知不协调、光环效应等。我更乐于用詹姆斯·马奇的"低智学习"和"高智学习"两种模式来解释，第1~2个常犯的错误属于"低智学习"模式错误，即不求甚解，要么模仿，要么不模仿，但从来不考虑行为背后的因果结构。第3~4个常犯的错误属于"高智学习"模式错误，要么理解因果结构存在错误,所以吸取了错误的教训;要么理解因果结构正确,但没有收敛至事物内在简单性和底层逻辑的一致性,所以不能做到举一反三或触类旁通,没有充分利用学到的经验或教训。

即使有更优雅的解释,也存在事后偏见,人们终究还是要减少或避免从经验中学习的错误。有没有办法减少这些错误?高德拉特博士在《目标》一书的前言"勇敢地挑战基本假设"中指出:"最后,最重要的是,我想表明我们都可以成为杰出的科学家。我相信,成为一名优秀科学家的秘诀不在于我们的脑力。我们已经足够了。我们只需要看现实,并且用逻辑清晰地思考我们所看到的。"高德拉特博士表示,关键要素是:(第一步)勇于面对自己(期望看到的)和行事方式……之间的不一致;(第二步)挑战与这些不一致相关的基本假设。这两个简单的步骤为人们提供了确保其真正能够从经验中学习的指导,确保人们不会重蹈覆辙,并能够充分利用失败的教训或成功的经验。

所谓不一致,就是预期结果与实际结果之间有差距。如果实际结果高于预期结果,那么定义为正面差距,反之则定义为负面差距。无论是正面差距还是负面差距,都要探寻其背后的假设,并从经验中学习。我用果因果模型把预期结果与实际结果之间的差距表达如图10-1所示。

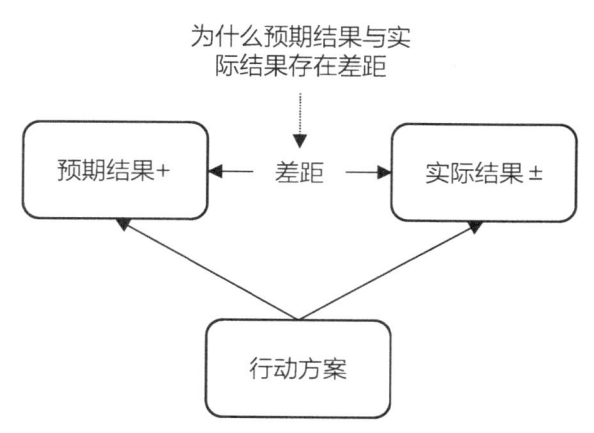

图10-1 预期结果与实际结果之间的差距示意

预期结果与实际结果之间之所以存在差距,是因为存在某些错误假设,人们根据这些错误假设建立了与现实不符的预期和决定。这些错误假设反映为两种情形，并最终阻碍了人们采取行动。第一种情形是，利益相关方采取行动存在阻碍（改变四象限中美人鱼和拐杖方面存在错误假设）。第二种情形是，利益相关方采取行动存在错误假设，造成冲突。当然，即使改善行动不存在阻碍（可以采取行动），也有可能存在预期结果与实际结果之间的差距，因为仍然有可能存在超出人们认知和经验范畴的因素，成为阻碍人们达成预期结果的根本原因。

换言之，从经验中学习其实有内在规律可循，人们遵循这些内在规律开发了从经验中学习的流程，从而规避和减少上述4个常犯的错误，同时真正做到"高智学习"。从经验中学习的流程示意如图10-2所示。

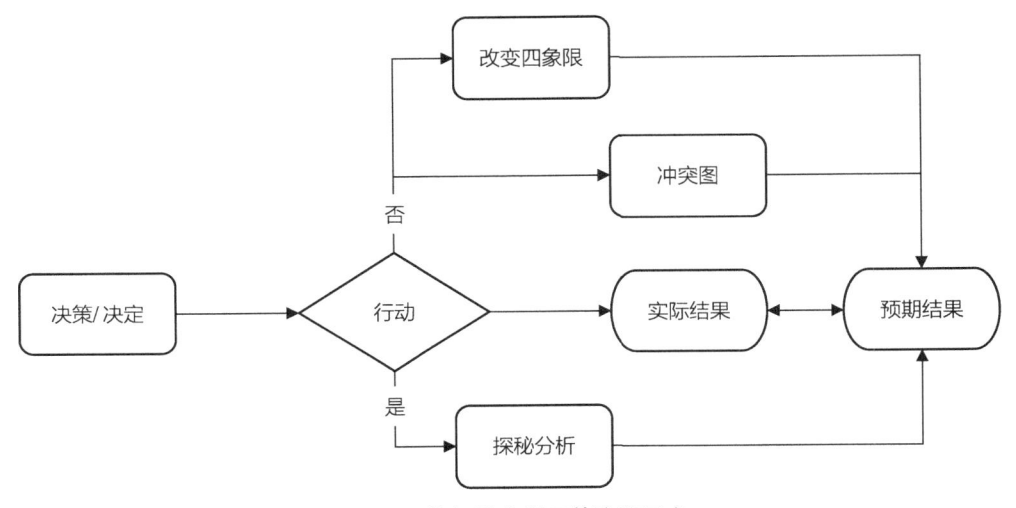

图10-2　从经验中学习的流程示意

在图10-2中，对采取行动但没有达到预期结果有两种判断，第一种判断是，行动"否"，"否"并不是没有做，而是做得不彻底、不到位。由于行动方案是组合方案，而不只是一项措施，所以其中又可以分为以下4种具体情况。

（1）有的做了，也达到了预期效果，简称已做有效。

（2）有的虽然做了，但做得不彻底，没有达到预期效果，简称已做未果。

（3）有的根本没做，简称未做。

（4）有的正在进行，尚未有结果，简称进行中未果。

第二种判断是，行动"是"，就是该做的都已经做了，但就是没有达到预期效果。也就是说，从经验中学习的流程的第一步是：区分和确认想采取的行动所面临的挑战。首先询问：我们是否采取了想采取的行动？如果回答"否"，那么继续探寻：是什么阻碍了我们采取行动？如果回答"是"，那么探寻另一个问题：是什么阻碍了我们想要的预期结果？下面我还是以具体案例来说明这两种判断下的操作步骤。

什么阻碍了人们想要采取行动

很久以前，我辅导某酒厂提升销售业绩，区域经理非常认可TOC的配销方案，我们达成共识，先在他所管辖的区域市场做试点。我们（指我和该区域经理）设定了一个保守的增长目标：半年内实现区域市场销售额增长20%，否则区域经理将面临被解聘的风险，因为酒厂一直不满意他所管辖区域市场的销售业绩。我们对达成目标的任务进行了分解，认为15%的销售额增长可以由现有经销商完成，剩余5%的销售额增长可以通过开发新经销商实现。我们共同开发了TOC配销方案，简称勤进快销法，同时提升现有市场销售额的增长速度并开发新市场，如图10-3所示。

3个月后，实际销售额只增长了10%。时间过半，目标只达成了一半，虽说还有3个月的时间，但并未达到我的预期，而且未来充满各种不确定性，所以我们启动了从经验中学习的流程进行分析，看差距找原因。第一步，我们区分和确认了想采取的行动所面临的挑战。我们是否采取了想采取的行动？我们评估了前面介绍的采取行动的4种情况，并分别标注出来：已做有效的打√，已做未果的打∠，未做的打×，进行中未果的打○，如图10-4所示。

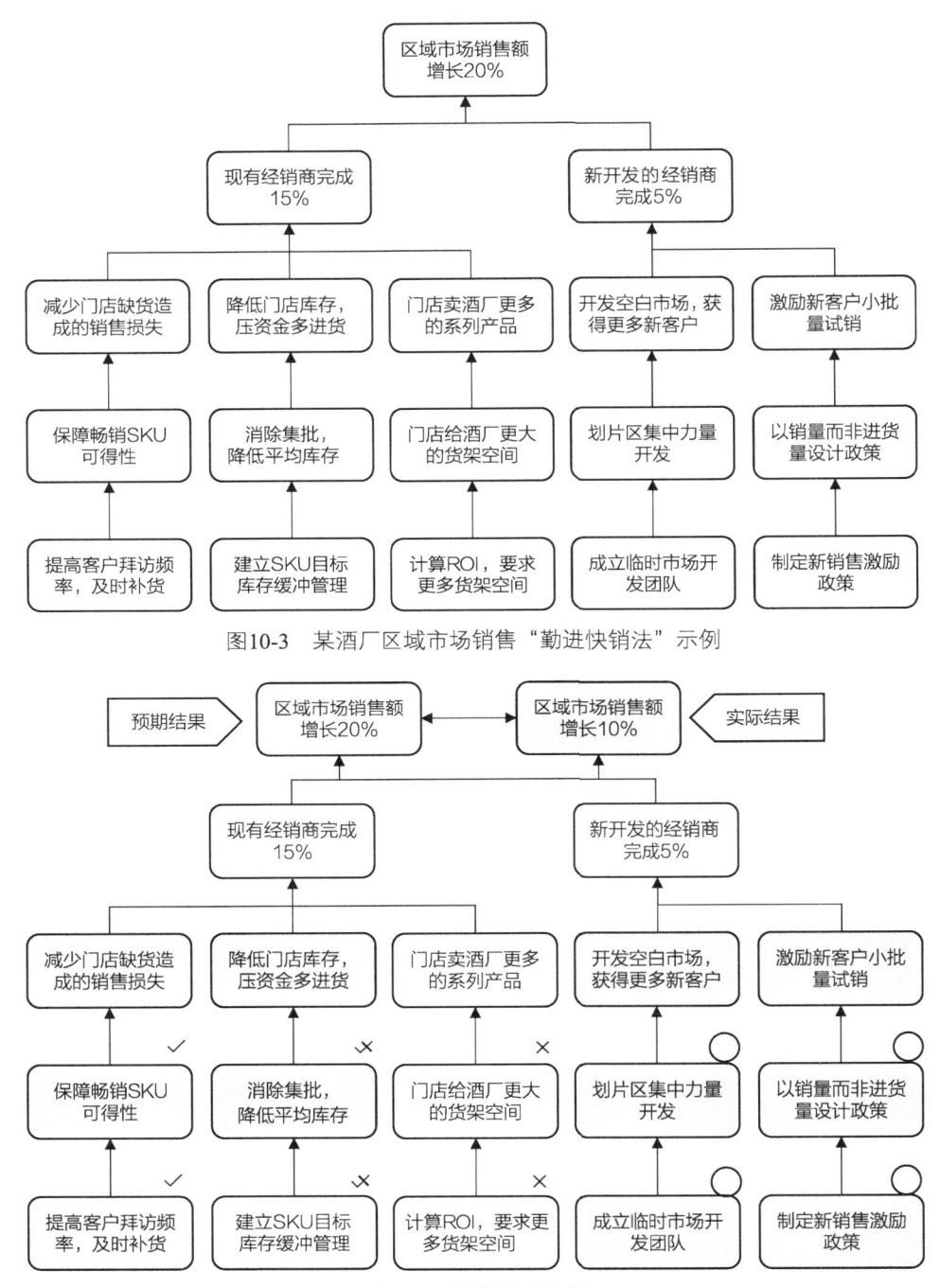

显而易见
TOC清晰思考实战手册

图10-3　某酒厂区域市场销售"勤进快销法"示例

图10-4　评估行动示例

268

我们只对已做未果和未做两种情况进行分析，已做未果属于做得不够彻底。为什么做得不够彻底呢？什么阻碍了酒厂彻底采取行动呢？未做又是因为什么呢？什么阻碍了酒厂采取行动呢？经过深入探寻，我发现原来是客户（经销商）不愿意把产品SKU目标库存的决定权交给酒厂，也就是说，客户更愿意自己掌控进货多少或何时进货。所以，即使初期决定了目标库存，后期酒厂也很难根据市场需求的波动进行动态调整，最终导致无法进行SKU目标库存缓冲管理。客户非但不愿意配合酒厂，反而责怪酒厂的产品动销慢或缺货严重。因为无法及时调整目标库存，所以补货周期受到影响，即使为客户计算投资回报率（ROI），也无法从数据上说服客户给予酒厂更大的货架空间。

该案例中的已做未果和未做两种情况，都是因为酒厂无法动态调整客户目标库存所致。下面用本书入门篇介绍的改变四象限来分析，并挑战错误假设，找到对策和措施，进行持续改善，如图10-5所示。

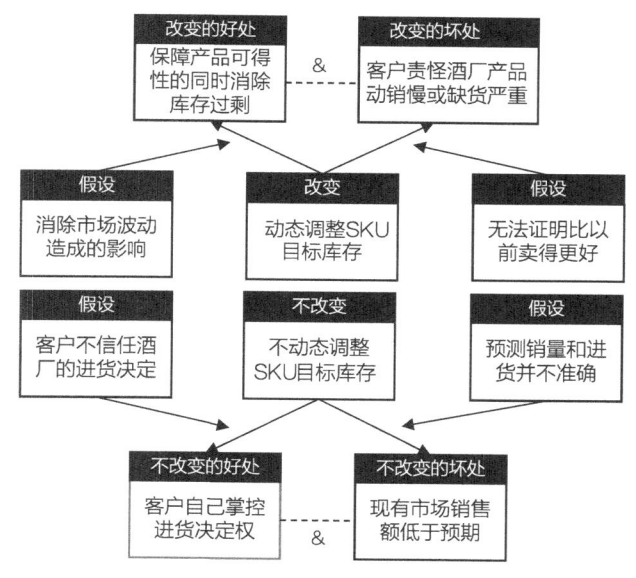

图10-5　改变四象限分析示例

由图10-5可知，改变的阻碍其实来自拐杖和美人鱼。这是前文所述的阻碍人们采取行动的第一种情形。对此只需使用本书实战篇介绍的挑战假设的方法，就可以消除阻碍。还记得吗？如果假设成立，那么注入激发方案，调整原方案或措施；如果假设不成立，那么找出例外并注入激发方案。挑战假设的过程此处就不展开叙述了。针对美人鱼，我们注入的激发方案是额度配销制，根据客户过去的销售情况设定一定的销售额度，并建立SKU目标库存缓冲管理体系，客户每天在微信群中报告销售情况，酒厂根据缓冲状态及时配销补货。如果客户不主动报告，销售人员巡回市场时发现一次扣分，扣分达到一定分数，则降低客户的销售配额，销售配额与进货折扣或返利关联考核。如果客户超出销售额度，则自动享受上一级别销售额度销售政策，反之则降级。

针对拐杖，我们并没有注入激发方案，因为我们在分析时发现，美人鱼的激发方案同时解决了拐杖的问题。在执行激发方案的过程中，我们还发现了额外的好处：因为少量进货，客户支付的货款较少，所以客户欠款情况大幅改善；因为频繁补货，给客户造成了产品热销的认知和印象，所以客户更愿意积极推荐酒厂的产品，于是市场自发形成良性循环的局面。

本书入门篇只介绍了利用改变四象限做决策和说服他人的功能及用法，本章将介绍改变四象限真正的有用之处。当然，前提是熟练掌握本书入门篇介绍的基本功和其他清晰思考工具。只有灵活组合应用各种工具，才能充分发挥清晰思考的威力。

下面介绍阻碍人们采取行动的第二种情形，即利益相关方采取行动存在错误假设，造成冲突。我仍然以案例的形式介绍，不过该案例中的具体方案并没有得到客户的认可和执行，原因是客户选择了另一种改变，当然最主要的原因是时机并不成熟，即条件没有齐套。

我曾为某零售商开发"黑手党"提案，试图根据产品库龄打折的方式改变该行业的议价销售模式，具体请参考实战篇中破解冲突图的内容。后来该客户并没有纠结到底要不要议价销售的问题，而是选择了以库存流动性为主的经营模式。之所以将这个案例拿出来作为范例进行分析，是因为当初我没有使用从经验中学习的流程进行持续改善。在此正好可以补上这一课。

不议价销售模式的行动方案最后之所以没有执行，主要是来自销售顾问的阻力。因为门店销售顾问人数有限，所以公司管理层并没有针对销售顾问的绩效进行调整，而是延续过去的销售提成制。公司管理层的顾虑是，如果将销售顾问的绩效转变为高底薪、低提成模式，那么有可能导致出工不出力。然而，如果销售顾问的收入主要靠销售提成的话，那么他们必然抵制新销售模式，因为他们对新销售模式存在不确定性规避的心理障碍。基于自我利益保护机制，他们会选择自己熟悉的销售模式，这也是情有可原的。再加上公司管理层也存在其他心理障碍，所以对行动方案的执行意愿不是那么强烈，销售顾问的投入度也不是很高。

在该案例中，我只谈来自销售顾问的阻碍，目的是透过案例本身了解从经验中学习的流程和方法。至于来自公司管理层的阻碍，其化解方法与此如出一辙。我想让销售顾问采取的行动方案是不议价销售模式，而销售顾问依然采取过去的议价销售模式，这里很明显存在一个冲突。不过请读者注意，这里要解决的问题并不是我与销售顾问之间的冲突，而是销售顾问自己的内在冲突。销售顾问一方面要服从公司的决定，那么必须采取不议价销售模式；另一方面要保护自己的利益，那么必须采取他们熟悉的议价销售模式。到底采取哪种销售模式呢？其实，销售顾问的内心也充满了纠结，只不过因为我事前没有帮助他们破解这个冲突，所以他们选择了更有利于自己的妥协解——向自己的内心妥协，继而促使管理层向他们妥协。我用冲突图的形式表达对该案例的分析，如图10-6所示。

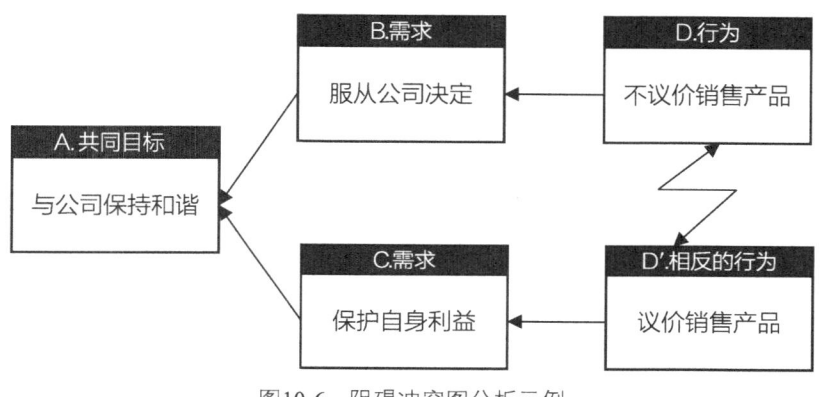

图10-6 阻碍冲突图分析示例

请读者注意，图10-6中的阻碍冲突图以我想要的行动开始，但是以利益相关方的视角定义矛盾两端相互抵触的需求。要破解该类型的冲突图，可以直接选择改变++方法，因为我采取行动时遇到了阻碍，那么只要我找出了能满足相互抵触的需求的激发方案，就可以实现双赢解。第一步，找出假设，为什么"不议价销售产品"就无法满足销售人员"保护自身利益"的需求？换言之，为什么"不议价销售产品"会让销售人员的利益不保？正如我在前面介绍的，假设显而易见，因为销售人员的收入主要来自销售提成，不议价销售模式并不一定能保障销售人员维持或超过之前靠提成获得的收入。简单来说，就是不确定新方案是否能保障销售人员的收入。追求确定性是人类的本能，对不确定性进行规避也是人类的本能。接下来的几步就是大家都熟悉的检验假设、挑战假设和注入激发方案，此处不再赘述。

什么阻碍了人们采取行动？这个问题并不容易回答，只有透过改变四象限或冲突图进行深入分析才能找到答案。那么，什么情况下用改变四象限进行分析，什么情况下用冲突图进行分析呢？其实并没有严格意义上的区分，关键取决于你应用这两个工具的熟练程度。学习过我的基础课程的学员都知道，改变四象限与冲突图可以相互转换，本质只是充分条件逻辑与必要条件逻辑的相互转换而已。不过，根据我的经验，使用改变四象限更容易与不熟悉TP的人进行沟通和交流；冲突图更适用于熟悉TP的人。

如果行动必然产生结果，那么移除行动的阻碍因素，必然产生人们想要的预期结果。但是，有时候行动未必会产生预期结果，因为在人们想采取的行动所覆盖的所有目标群体中，可能部分群体不具备条件，或者所考虑的行动方案的目标群体过于狭窄或宽泛，并不能相对准确地有的放矢。换句话说，只有实际行动才能拓宽认知边界，让人们经过深思熟虑制订的行动方案得到完善和充分的利用。

什么阻碍了人们想要的预期结果

该做的都做了，但是行动并未产生预期结果或达成预期目标，是全盘或部分否定行动方案，还是进一步探寻未产成预期结果或达成预期目标的真正原因呢？如果行动方案和执行路径都是经过清晰思考获得的当前最适合的，那么你有理由相信，轻易否定行动方案一定不是最好的选择。先抛开沉没成本和宜家效应的影响来看待这个问题，预期结果与实际结果之间的差距是问题，也是机会。什么是机会？机会就是有利于获得成功的机遇和时机，是在恰当的时机遇到了有利的条件和环境，从而更有利于获得成功。换言之，问题就是不具备有利的条件和环境，所以不利于获得成功。问题即阻碍，所以消除阻碍等同于创造成功的有利条件和环境。因此，问题就是机会。

将差距转变成机会，就能实现预期结果。下面仍以一个案例来说明。

我和我的搭档刘振老师开发了齐套销售法，该方法在很多4S店和其他行业都取得了很好的效果，并得到了广泛认可。但部分4S店对齐套销售法的接受程度比我们的预期低，为什么会产生这样的差距呢？我们启动从经验中学习的流程的"探秘分析"，按步骤进行分析。

第1步：预期结果

预期结果就是期望的结果。我们期望的结果是什么？我们期望所服务的公司全体销售顾问接受齐套销售法，如图10-7所示。

预期结果
公司全体销售顾问接受齐套销售法

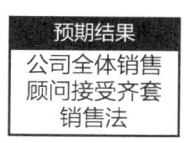

图10-7 探秘分析第1步示例

第2步：行动

我们需要采取什么行动来实现预期结果？我们采取的行动是在公司推行齐套销售法，如图10-8所示。

```
          ┌──────────┐
          │  预期结果 │
          │公司全体销售│
          │顾问接受齐套│
          │  销售法   │
          └──────────┘
               ↑
               │
          ┌──────────┐
          │   行动   │
          │公司推行齐套│
          │  销售法   │
          └──────────┘
```

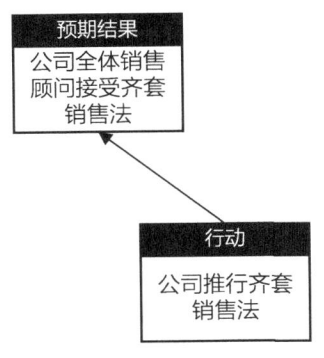

图10-8　探秘分析第2步示例

第3步：假设

为什么我们认为这个行动会实现预期结果？即行动与预期结果之间的假设是什么？我们的假设是，齐套销售法可以提高成交率，如图10-9所示。

```
              ┌──────────┐
              │  预期结果 │
              │公司全体销售│
              │顾问接受齐套│
              │  销售法   │
              └──────────┘
                ↑      ↑
               /        \
    ┌──────────┐      ┌──────────┐
    │   假设   │      │   行动   │
    │齐套销售法可│     │公司推行齐套│
    │以提高成交率│     │  销售法   │
    └──────────┘      └──────────┘
```

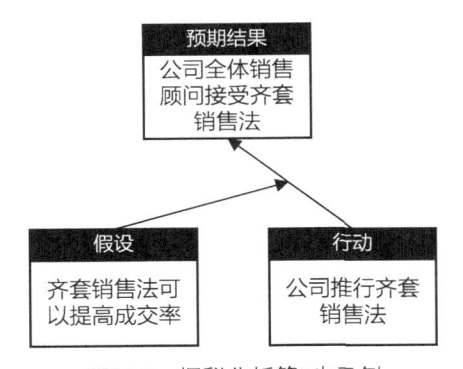

图10-9　探秘分析第3步示例

第4步：实际结果

实际发生的结果是什么？在公司推行齐套销售法的实际结果是什么？实际结果是只有不到1/3的销售顾问接受齐套销售法，预期结果与实际结果之间出现了巨大的差距，如图10-10所示。

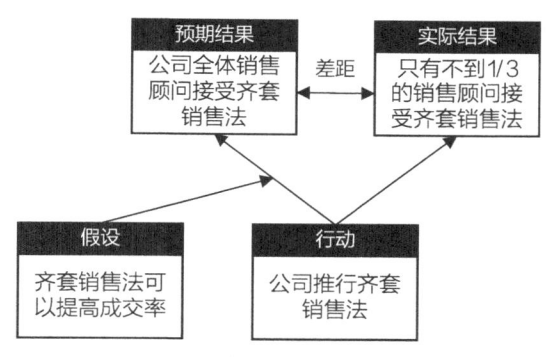

图10-10　探秘分析第4步示例

第5步：推测原因

造成差距的原因是什么？为什么预期结果与实际结果之间会出现这么大的差距？我们通过访谈和调研发现，齐套销售法需要销售顾问改变固有的销售习惯，如图10-11所示。改变习惯谈何容易？

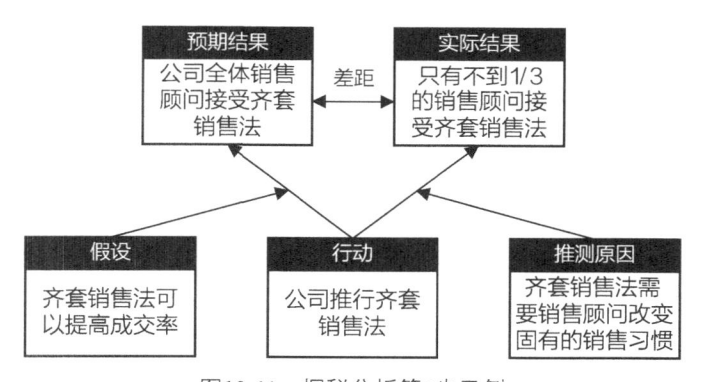

图10-11　探秘分析第5步示例

第6步：支持结果

我们怎么知道是这个推测的原因造成了差距？有什么可以直接观察到的现象或结果支持这个推测的原因？我们如何证明齐套销售法需要销售顾问改变固有的销售习惯呢？很多4S店销售经理向我们反馈了一个情况，他们发现销售新人普遍接受并认可齐套销售法，而且该方法让他们大幅缩短了在岗培训周期，甚至有的新人使用该方法后，销售业绩远远超过店内原来的销售冠军。我们通过数据分析

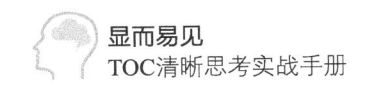

也发现了这个现象。为什么会发生这样的情况呢？原因显而易见，因为销售新人就像一张白纸，在纸上画什么，就呈现什么。而销售老人已经形成了自己的销售风格和习惯，接受新方法自然相对困难一些，如图10-12所示。

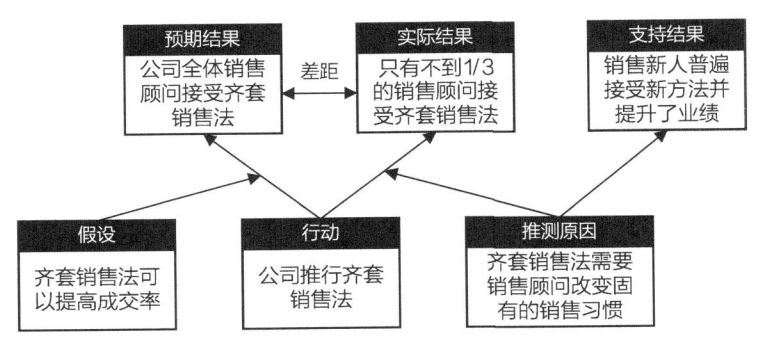

图10-12　探秘分析第6步示例

第7步：注入新激发方案

应该采取什么纠正措施和行动？根据经过验证的推测的原因，应该如何纠正或调整原行动方案呢？齐套销售法需要销售顾问改变固有的销售习惯，那么如何纠正或调整原行动"公司推行齐套销售法"呢？我们先针对销售新人推行该方法，待大家眼见为实后再全体推行，这不就是缩小规模做试点吗？发挥样板效应，等销售新人业绩都大幅提升后，销售老人自然会产生同侪压力，届时接受齐套销售法就完全变被动为主动了，如图10-13所示。

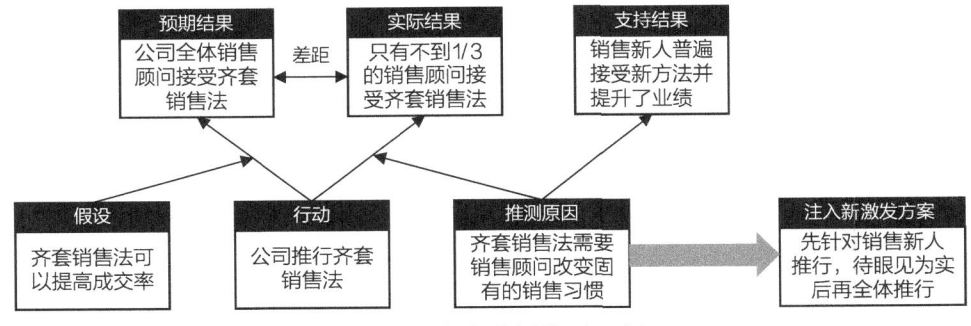

图10-13　探秘分析第7步示例

第8步：新预期结果

如果新激发方案有效，会很快看到什么？如果我们先针对销售新人推行齐套销售法，那么原来的销售顾问会看到销售新人快速出业绩，也会逐步接受齐套销售法，如图10-14所示。

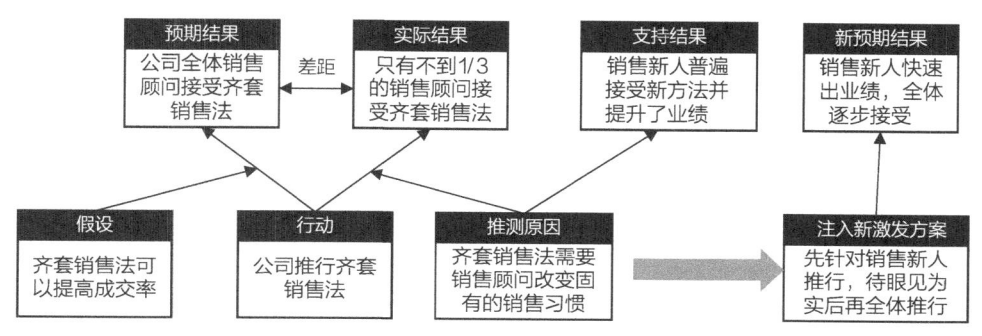

图10-14　探秘分析第8步示例

通过探秘分析，最后我们把差距转变成了机会。为什么可以把差距转成机会呢？简单来说，行动方案相当于标准产品，会因消费对象的身份、状态、行为、情景和时机等发生变化而产生不适或不匹配的情况。所以，只有通过实践，并经过探秘分析，才能识别和发现不同使用场景下的不同结果。正所谓"橘生淮南则为橘，生于淮北则为枳"。因为生长环境不同，所以会产生不同的结果。只要本着实事求是的精神，及时纠正或调整原行动方案，就有可能把差距转变成机会。探秘分析的完整步骤如图10-15所示。

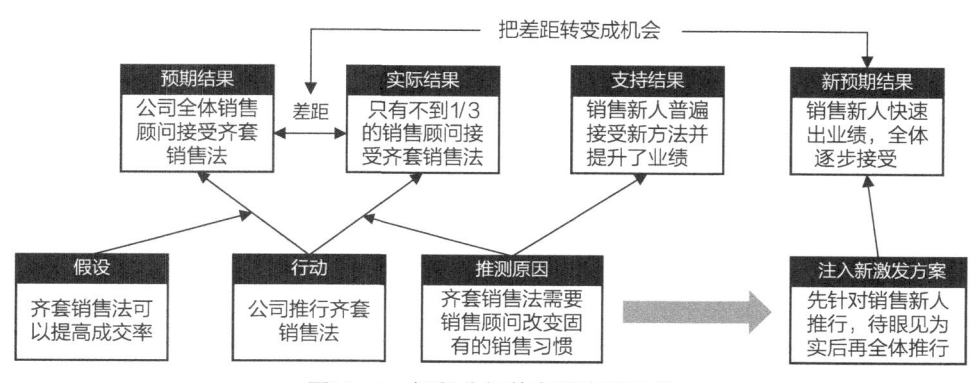

图10-15　探秘分析的完整步骤示例

以上是实际结果没有达到预期结果的示例，还有一种情况，就是实际结果超出了预期结果。出现比预期结果还要好的结果时，同样要进行探秘分析。因为人们不仅要搞清楚真正的原因，还要把握由差距转换来的机会，充分利用行动方案创造更大的价值。下面举一个这方面的案例，方便读者理解和领会。

我曾服务过一家水疗酒店，我和该酒店的管理层团队通力配合，在半个月内开发了一个行动方案，执行之后效果远远超出了我们的预期。虽然当时没有按照探秘分析的步骤对此进行严谨的分析，但事后我发现，我们的操作都是按照探秘分析的思维模式实践的，所以该酒店才取得了持续不断的成功。我把整个探秘分析过程整理如图10-16所示。

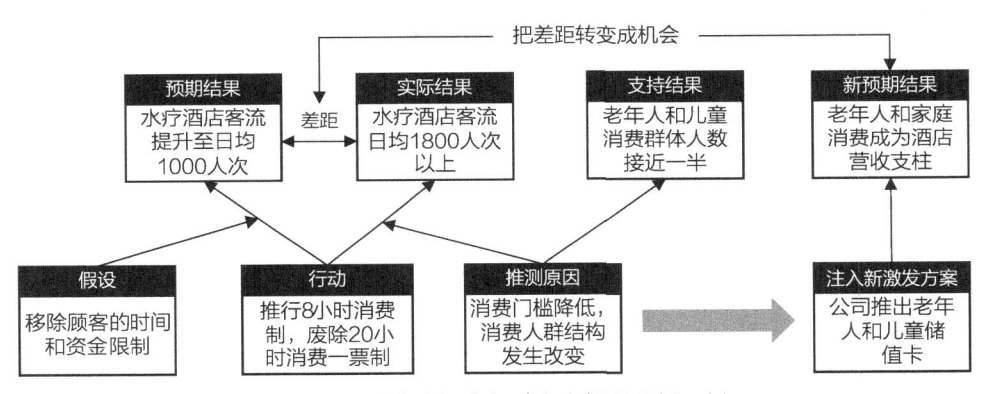

图10-16 某水疗酒店行动方案探秘分析示例

细心的读者会发现，探秘分析其实是果因果模型、果因果正负分析法模型和补充方案等清晰思考工具的组合应用，核心基础还是果因果模型，所以说果因果模型是清晰思考流程的核心。此时，你是不是想回到本书入门篇复习一遍果因果模型呢？

还有一点请读者特别注意，探秘分析并不一定非得等实际结果呈现出来了才能进行，也可以进行事前探秘分析。事前探秘分析与事后探秘分析有两点不同：一是事前探秘分析无法提前预知实际结果是好还是坏，但可以进行乐观和悲观两种结果预判，无论最后实际结果如何，都不会超出乐观结果和悲观结果之间的范围；二是事前探秘分析所推测的原因无法寻求支持结果的证实，但可以通过果因果模型进行证伪。

事前探秘分析显而易见的好处是，可以提前完善行动方案，或者扩大行动方案的应用场景和范围，甚至可以进行市场区隔，把相同的产品卖出不同的价格。在很多情况下，哪怕经过了前期补充方案、修剪负面分支和克服执行障碍，但在即将执行行动方案时，也有可能发现之前未曾考虑或无暇考虑的顾虑和担心。凡事从悲观结果想一想，总好过现实结果的悲伤。

为方便读者理解和掌握探秘分析的步骤与内容，我整理了探秘分析的通用模板，如图10-17所示。当你读到本书进阶篇，并不再受清晰思考条条框框的约束，就可以自由发挥，甚至可以更改模板的结构和步骤，只要遵循清晰思考的基本原则即可。

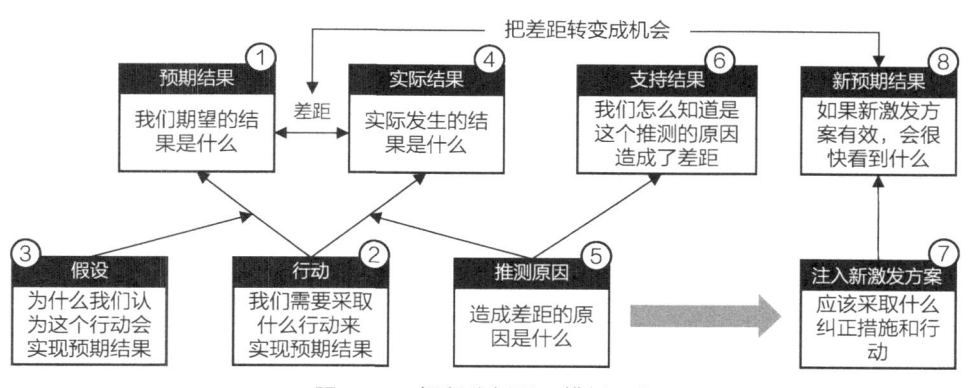

图10-17 探秘分析通用模板示意

💡 拓展实践：如何复盘

尽管"复盘"这个词已成为国内企业界的热门词之一，但以我参加过的相关培训和参与过的复盘会议，以及我看过的图书和文章来看，大部分所谓的复盘还停留在探索和模仿阶段，难免流于形式，止于肤浅，所以鲜有对复盘本质的洞见和行之有效的方法。复盘的本质是从经验中学习和持续改善，这正是清晰思考流程的看家本领。换句话说，如果没有掌握清晰思考流程，那么复盘就是照猫画

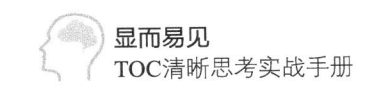

虎，形似而神不似。非常遗憾的是，由于清晰思考流程尚未在国内普及，仍然处于启蒙期，被主流社会和企业接受仍然需要一段时间，所以我才有机会在国内普及清晰思考流程，包括对复盘的复盘。

综观目前主流的复盘流程，大致可分为4个步骤，如图10-18所示。

| 第1步：目标回顾 | 第2步：评估结果 | 第3步：分析原因 | 第4步：总结经验 |

图10-18　主流复盘流程示意

细心的读者可能发现，图10-18中的主流复盘流程其实与探秘分析如出一辙，就实质内容而言，却有云泥之别。我并非在比较谁好谁坏，而是尝试回归事物的本质。首先要肯定的是，在没有理论和思维模型指导的前提下，通过实践经验能够总结出复盘流程和方法，本身就说明了人们善于学习和思考。尽管主流复盘流程在复盘过程中存在逻辑上的不严谨，在各环节中存在"新瓶装老酒"的瑕疵，但对大部分企业来说，有总比没有好。

主流复盘流程中第1~2步是目标回顾和评估结果，涉及探秘分析中的预期结果与实际结果之间的差距，但通常并不会分析行动方案达成预期目标的假设，往往会出现行动方案本身是否具有必要性的问题。如果行动方案达成预期目标的假设不确定，那么在接下来分析原因的步骤中势必引向错误的分析方向。当然，复盘本身也会指向对行动方案可行性的质疑，导致复盘变成了批斗会。在分析造成差距的原因时，由于复盘所提供的是头脑风暴法、鱼骨图、团体列名法、5Why法、发言棒、世界咖啡会谈等分析方法和工具，所以并不一定能分析出真正的原因，与基于果因果模型的探秘分析相比，难免相形见绌。

主流复盘流程和方法的问题并不限于以上这些，感兴趣的读者可以自行琢磨。总之，主流复盘流程的问题并不是复盘本身导致的，而是只有方法没有方法论导致的。我推荐的复盘方法和方法论便是本章介绍的从经验中学习。为方便读者对日常工作进行复盘，我制作了复盘模板，如表10-1所示，仅供参考。

表 10-1　复盘模板

复盘主题	复盘主题是什么	复盘时间	复盘的具体日期、时间
复盘部门	哪些部门参加？由哪个部门发起	复盘人员	参加复盘的主要人员有哪些？复盘主持人是谁
事件概况	复盘事件/项目/活动的起止时间、目的、过程和执行情况简单介绍		
预期目标	当初期望达成的目标是什么	实际结果	实际发生的结果是什么
行动方案	为达成预期目标采取的具体行动方案是什么	行动理由	为什么要采取该行动方案？想解决什么问题
执行障碍	执行行动方案的过程中遇到了什么阻碍或困难	障碍原因	造成阻碍或困难的原因是什么？为什么
障碍对策	克服障碍希望达成什么目标？针对障碍的对策是什么？需要什么支持？按什么步骤采取行动		
差距原因	如果克服执行障碍，那么造成预期结果与实际结果之间差距的原因是什么	支持理由	如何证明是该原因造成的差距？支持的理由是什么
行动措施	针对造成差距的原因，应该采取什么对策和措施？为什么	预期结果	采取对策和措施期望达成什么结果
行动计划	下一步行动计划是什么？谁是主要责任人？需要哪些部门配合完成？需要什么关键资源？完成时限是多久		

复盘模板可以根据实际情况进行调整，不能为了复盘而复盘。可以在复盘会议召开前，由复盘主体部门或负责人预先填写和准备复盘模板，并在复盘时根据模板内容进行讲解和说明，最终经复盘会议研讨和确认后重新整理或修改，并留档保存，以便追溯和再次复盘时使用。复盘会议本身也需要进行复盘，复盘模板就是最好的复盘载体。

按照惯例，在每章的最后我都会留一些练习题，但在本书进阶篇我就不留了。这不是为了打破惯例，而是因为没有必要。如果你学到了本书进阶篇，说明前期练习已经基本过关，对本书进阶篇所讲的内容基本上可以驾轻就熟。反过来讲，如果你只是把本书当作普通图书来阅读而没有做适当的刻意练习，那么我留练习题也没有用。我至今还没有遇到过只通过阅读就能掌握清晰思考这项思考技能的天才。也许现实世界不乏这样的天才，但在阅读到这里的读者中，一定有不是天才的人，而他们很有可能通过勤奋努力和勇于挑战惰性，成为"后天天才"。

第十一章

突破系统的惯性

我在本书第一章介绍过，惯性思维是清晰思考在战术层面的障碍之一。上升到系统战略高度来看，惯性思维依然是系统持续改善的主要障碍之一。我记得斌哥曾经问我，"聚焦五步骤"的第五步"不要让惰性成为系统的制约因素"（Do not let inertia become the system's constraint）中的英文inertia，是翻译成"惯性"更好，还是翻译成"惰性"更好？我当时的回答是翻译成"惰性"更好，因为惰性是惯性的结果，反过来惰性也会养成惯性。后来我发现把inertia翻译成"惯性"更准确，理由有以下3个。

第一，从两者的定义来看，惯性更适合用来描述系统的一种状态。惯性是事物客观存在的一种状态，表现为任何事物发展到一定阶段，在一定条件下保持原来的趋势和状态。而惰性是主观存在的一种心理状态，表现为因主观原因而保持现状的心理状态。惰性更适合用来描述组织的一种状态。

第二，人们时常把组织与系统这两个概念混为一谈，所以在很多情况下也会把惯性与惰性混为一谈。从广义上说，组织是由诸多要素按照一定方式相互联系起来的系统。此时组织可视为系统，所以广义上的组织具有惯性。从狭义上说，组织就是指人们为实现一定的目标，互相协作结合而成的集体或团体。此时组织并非系统，所以狭义上的组织具有惰性。如果一个系统中包含狭义上的组织，那么该系统不仅具有惯性，也具有惰性。但即使如此，我也建议把inertia翻译成"惯性"，因为系统（的范围）大于组织，系统在组织之上。

第三，惰性是一个贬义词，带有指责性的主观倾向，与TOC 4个支柱之一的"避免指责"相违背。指责会误导人们解决问题的方向。惰性是一种人性，克服惰性必然需要反人性。惯性是一种客观性，突破惯性必然需要遵循客观性，而不是、也不可能是反客观性。

但实际上我更关心的是，为什么系统存在惯性？既然惯性是事物客观存在的一种状态，那么是否可以理所当然地接受系统保持不变的状态呢？例如，一家企业的业绩多年没有增长的迹象，那么企业经营者会容忍企业业绩多年不增长的现象吗？答案或许是否定的，企业经营犹如逆水行舟，不进则退。我之所以说"答

第十一章
突破系统的惯性

案或许是否定的",是因为我并不确定所有企业经营者都这样想。如果所有企业经营者都这样想,那么现实中很多企业竟然可以容忍业绩不增长甚至亏损,又是为什么呢?是不知道系统客观存在惯性,还是已经对惯性习以为常了?如果是不知道,那么不知者不为过;如果是习以为常,就是自甘堕落了。但谁又会自甘堕落呢?除非束手无策,视企业业绩不增长或亏损为常态。

当然,我更愿意相信企业在束手无策之前,肯定做过种种改变现状的尝试和努力,只有当一次次尝试和努力的结果不如预期时,才会无奈地接受现实。接受现实意味着对过往事物的认知产生怀疑或改变,如果此时确认性偏差发挥作用的话,就会进一步强化人们对事物的负面认知,从而导致一定程度的认知失调。所谓认知失调,指的是行为与认知不一致或对立时,产生不舒适的心理压力和紧张状态。人们为了消除认知失调带来的不舒适感和紧张感,要么合理化自己的认知,要么改变行为,让认知合理化。举个例子,我很想戒烟,减少抽烟对健康的危害,但朋友递给我烟时我又抽了一支,此时我的认知与行为发生了不一致,引发了我的认知失调,让我感觉非常内疚和自责。为了消除这种心理负担,我会合理化自己的认知来谅解自己的行为。例如,我接受朋友递来的烟促进了彼此的交流,避免了拒绝朋友的尴尬。还有一种情况是,我改变自己的行为,让认知合理化。例如,我减少抽烟的次数,或者只在思考问题时才抽烟。我的认知是减少抽烟就能减少其对健康的危害,所以我通过改变行为合理化了我的认知。

无论是合理化认知,还是改变行为让认知合理化,人们都会人为地遵循或更改某些规则来消除行为与认知不一致导致的认知失调。例如,我不拒绝朋友递来的烟是遵循了人际交往的潜规则,我减少抽烟的次数是自己更改了戒烟的规则。规则的本质是维护稳定的和可延续的秩序。约束只是规则的外显部分,为了维护稳定的和可延续的内在秩序,规则必然约束人们的行为以符合规范。也就是说,规则限制了人们的行为,而行为直接导致了结果的发生。如果结果不如预期,那么一定会导致人们的认知发生改变,然而认知发生改变必然导致规则发生改变,规则又会限制人们的行为……系统就这样无休止地动态循环下去,这便是系统存

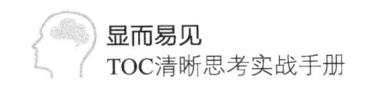

在惯性的根本原因，如图11-1所示。

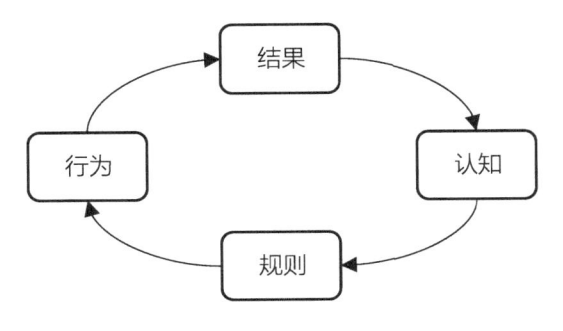

图11-1　系统惯性循环示意

系统惯性循环图是系统思考中的增强回路，如果是负面结果，就是恶性循环；反之，就是良性循环。所谓突破系统惯性，是指当系统呈现为恶性循环时，需要有所突破。突破系统惯性需要打破现状，除非有所改变，否则什么都不会发生。突破系统惯性有两种行之有效的方法。第一种方法是改变认知，改变负面结果对人们认知和信念造成的负面影响，或者提升或改变人们对事物本质运作规律的认知。第二种方法是改变行为，改变现有的做法，得到不一样的结果。正如爱因斯坦所说，疯狂就是一再重复相同的事情，却期望得到不同的结果。

改变认知

改变认知需要用到从经验中学习的原理，把预期结果与实际结果之间的差距视为机会，而不是接受现状及合理化现状。可以通过制造认知差距来达到改变认知的目的。达克效应认为，越是无知的人越自信。反过来说，越自信的人越难改变认知。什么时候人们开始变得不自信了呢？是人们开始"知道自己不知道"的时候。什么时候人们开始"知道自己不知道"呢？当人们无法获得显而易见的答案，而有人提出了他们未曾想到的全新见解，让他们看到一个更大的问题或机遇的时候，他们开始"知道自己不知道"。

我开发了一个重组认知的思考工具，可以通过对行为所产生的结果的认知进

第十一章
突破系统的惯性

行区隔和重组，达到改变认知的目的。下面仍用一个案例来说明。和刘振老师当初面临齐套销售法的销售问题，我们不知道如何激发4S店总经理对我们的产品产生足够的兴趣。后来我们决定从挑战4S店的顾问式销售模式开始进行认知重组。

我们首先分析，行为会有什么好处？"顾问式销售模式"会带来什么正面结果？

——帮助客户解决问题，为客户创造价值。

那么，这个正面结果必然伴随什么负面结果？"帮助客户解决问题，为客户创造价值"会伴随什么负面结果呢？

——销售周期较长，浪费客户时间。

我们接着分析，为什么行为会引发负面结果呢？为什么"顾问式销售模式"会引发"销售周期较长，浪费客户的时间"呢？

——因为有的客户并不明确自己的需求，需要销售顾问从头开始推进顾问式销售流程，所以销售周期相对较长；有的客户已经有了明确的需求，不需要销售顾问从头开始推进顾问式销售流程，如果销售顾问仍然按照顾问式销售流程推进销售的话，就会浪费客户的时间。

我们接下来进行认知区隔。通过以上分析我们发现，原来顾问式销售模式针对的是"需求不明确的客户"，我们把这种类型的客户定义为问题型客户。难怪当初人们会创造顾问式销售模式，因为在汽车市场发展初期，汽车并未普及，大部分客户对汽车感到陌生，所以需要销售顾问从头开始教育和启蒙客户。然而，随着时代的发展和进步，汽车已经得到普及，特别是在移动互联网信息化时代背景下，客户获取信息的渠道更加多样和便利，使大部分购车客户不再对汽车感到陌生，或者不像过去那样重视购车。他们对自己的需求非常确定，因此更关心或关注交易价格和交付时间。我们把这种类型的客户定义为交易型客户。

最后我们进行认知重组，从而改变对方的认知，如图11-2所示。

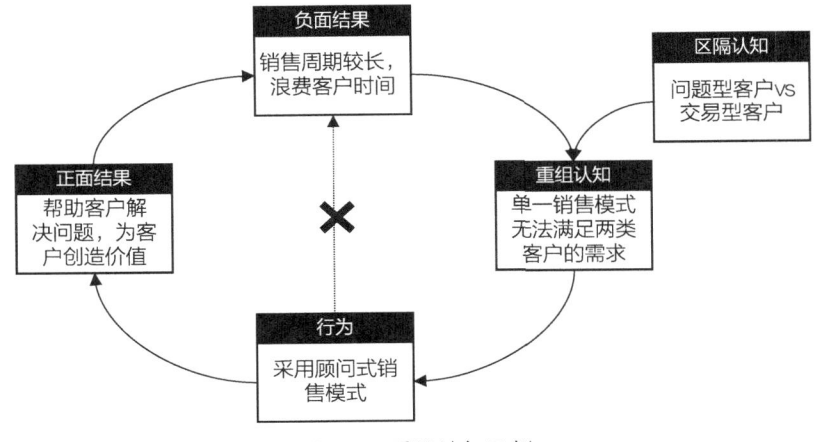

图11-2 重组认知示例

由于时代的发展，客户的消费特征发生了深刻的变化，4S店的单一销售模式已经无法同时满足问题型客户和交易型客户的需求。为了顺应时代发展趋势，我们开发了齐套销售法，该方法可以有效解决4S店单一销售模式的问题……后续销售话术此处不再赘述。

实践证明，重组认知是改变认知行之有效的方法之一，其有效的关键在于通过重组制造认知差，让改变对象发现一个过去从未关注的重大问题或机会，并产生强烈的需求意愿和改变动机，为后续的改变创造良好的开局。我在回顾高德拉特博士当初创造TOC的情形时，同样发现了重组认知的影子。在生产运营管理领域，高德拉特博士并没有一视同仁地看待生产系统中的每个环节或工序，而是提出了瓶颈与非瓶颈的认知区隔，并指出了"系统产出由瓶颈产出决定"的重要认知重组。在营销领域，他提出单一价格无法同时满足高价值认知客户和低价值认知客户的认知需求，并提出对市场进行区隔的认知重组。在供应链管理领域，他提出由于预测进货模式导致供应链终端库存过剩和缺货两种情况并存的认知区隔，并提出根据SKU消耗量决定补货量和补货周期的认知重组。其他领域也有同样的认知区隔和重组，期待有心的读者自己去探索和发现。

重组认知表面上看似提供了一个全新的见解或洞见，让改变对象耳目一新，获得新的认知，但你会发现这些所谓的全新的见解或洞见其实早已根植于心。换句话说，如果你的大脑中没有存储任何可调用的东西，那么重组认知就是痴人说梦。重组认知简单来说就是把人们已有的认知重新组合起来，把某些被尘封或忽略的认知重新激活和联系起来，只是看上去好像是一个新认知而已。我早期学广告创意时，前辈们告诉我，创意就是旧元素的新组合。只不过旧元素的新组合需要为广告诉求对象和目标服务，而不是天马行空、任意组合。认知重组的核心是把固有认知与需要解决的核心问题进行关联，只有关联了，才能提升固有认知排序的优先级和重要程度。例如，顾问式销售模式的核心问题是销售顾问的产能有限，如果无法区分和识别两种不同类型的客户，那么必然造成销售顾问产能资源与客户资源的错配，进而造成双方资源的双重浪费。

所以，认知重组的前提条件是识别并明确系统的核心问题，这个核心问题是系统惯性的根源。明确了系统的核心问题之后，就可以利用果因果模型分析核心问题的存在必然导致的不良效应，而这些不良效应因为是系统中大家不愿意看到的不好的现象，所以可被视为固有认知。这些固有认知之所以长期存在，背后一定存在某些冲突的妥协解。换句话说，妥协解是相对不妥协解才成立的，只是选择妥协解一定是无奈之举，或者是受到了某些规则和条件的限制，所以不妥协解也存在于人们的头脑之中。当然，存在并不等于重视，重组认知也并不等于不妥协解。重组认知只是移除认知限制，看到可能的改变，让组织相信可能存在更好的方式来突破系统惯性。

改变认知并不限于认知重组一种方法，挫折和磨难也会改变人们的认知，当然前提条件是善于从经验中学习，否则很容易滋生负面消极认知。另外，通过建立学习型组织，也可以突破认知天花板，达到提升和改变认知的目的。当然，改变认知最有效的方法是改变行为。帮助人们改变他们想改变的行为，行为改变了，认知自然会跟着改变。通过改变行为来改变认知，比单纯改变认知更容易。

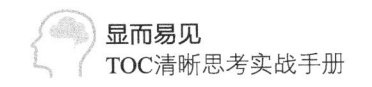

改变行为

认知会改变行为，反过来，行为也会塑造认知。改变认知是由内而外的改变，改变行为则是由外而内的转变。行为心理学领域已经有很多文献证明了行为与认知之间具有相互影响和制约的关系，此处不再赘述，我只想向读者分享关于改变行为与突破系统惯性的话题。

前文说过，系统的核心问题是系统惯性的根源，如果处理的是系统的非核心问题，那么对改变系统惯性没有任何帮助，甚至可能强化系统惯性。所以，大部分企业一次次尝试改变现状，却往往收效甚微，以至于不再相信有更好的方法来改变企业的命运。从表面来看，企业存在系统惯性是因为企业沉浸在过去成功的商业和运营模式中无法自拔，再加上企业规模的逐渐扩大，企业患上"大企业病"，更是无力回天。但实际上企业在成功伊始就被植入了系统惯性的基因，随着企业规模的不断扩大，系统惯性，日益突显，甚至使企业积重难返。正如彼得·圣吉在《第五项修炼》一书中所说，今日问题来自昨日之解。

前文只探讨了行为引发负面结果的系统惯性，是为了满足大多数人更愿意关注负面效应的倾向。惯性本身是为了维护稳定的和可延续的秩序。尽管系统恶性循环惯性对任何企业来说都唯恐避之不及，但如果没有更好的方法来改变现状，那还不如维持现状，毕竟任何改变都意味着不同程度的风险。企业不愿意冒险进行改变，恰好证明了企业创业成功之初所做的冒险改变更加难能可贵。那些创业成功的企业之所以获得了成功，无一不是因为它们在创业初期做出了大胆而冒险的改变。那些冒险的改变无论是为了解决行业或客户痛点而开发的创新型产品或服务，还是在商业模式和运营管理等方面所做的变革或创新，无疑都在某个方面获得了前所未有的竞争优势，从而让企业在竞争激烈的商业环境中脱颖而出。此时创业企业就会出现生物学上的特化现象：企业为了适应竞争环境而形成的独特竞争优势会逐渐固化为企业经营和运营管理的规范与模式，并成为企业规模化经营和发展的必要条件。换句话说，此时企业即使依赖系统自身的惯性，也能发展

第十一章
突破系统的惯性

得如鱼得水。这样的系统惯性被视为良性循环。但当企业的外部竞争环境发生变化时，这种特化所带来的优势瞬间就会转化为劣势，导致企业无法适应新的竞争环境。例如，在中央八项规定出台前，那些高档消费场所奢侈的装修和过度的服务，正是企业的特化优势，但中央八项规定出台后，这些特化优势反而成为企业的包袱。

从生物学意义上说，特化是用来保证物种生存和繁衍的竞争优势，但当外界环境发生变化时，特化就会演变成退化。请读者注意，我要开始反转了。固然可以拿生物学上的特化现象类比企业经营管理学上的特化现象，但是类比思维只有利于解释和理解，而不利于指导实践的改善，因为人们很容易把企业的系统惯性归因于外界环境。例如，人们经常看到这样的社论："没有成功的企业，只有时代的企业。"或者："没有所谓的××时代，只有时代的××。"且不说这些社论的目的或动机，我时常会反思：大家都经历了相同的时代，为什么我没有获得成功呢？为什么只有少数人把握住了所谓的时代机遇，而大部分人没有把握住呢？如果说把成功归因于时代铸就的外界环境这个变量因素是一种谦逊的美德，那么把失败也归因于相同的变量因素不见得是恶习，有可能只是人们的一种自我保护机制而已。

我认为外界环境这个变量因素只是让企业变得更好或更差的一个必要条件，企业内部的变量因素才是决定企业命运的根本因素。今日成功来自昨日之解。同样，今日问题来自昨日之解，只是环境变得今非昔比，或者不可同日而语。下面举两个案例来说明这一观点。

第十章提到的某水疗酒店，其老板是该行业最早创立20小时洗、吃、睡"一条龙"服务的人，因此该酒店在中央八项规定出台前取得了巨大的成功，成为区域市场的行业老大。这位老板是我见过的为数不多的善于学习和创新的老板之一，他不断引进更多新服务项目，不停地局部翻新或改造酒店，目的是不断吸引更多的客人前来消费，为酒店创造更大价值的同时，谋求企业的可持续发展。多年来这位老板积累了丰富的水疗酒店经营策略，该酒店逐渐形成了一条不成文的规矩和惯例，就是只要企业业绩不如预期，就由老板亲自上阵，做出在别人看来不可思议的改变和创新，随后业绩就会大为改善。可以说，该酒店的系统完全处于良性循环发展中，然而也因此埋下了系统惯性恶性循环的种子，中央八项规定出台后，恶性循环开始显露。

中央八项规定出台后，20小时洗、吃、睡"一条龙"服务模式开始显现出严重限制客户进店和重复进店消费的不良效应。我们后来分析发现，受到20小时的时间和价格限制，新客户增量逐渐减少；大部分老客户平均驻留时长为8~10小时，很少达到20小时，从而因为感到不划算而大幅流失。一方面是进不来，另一方面是进来也留不住，恶性循环开始。老板也在不断地改变和创新，只是酒店业绩持续恶化的局面并没有得到有效遏制，反而加剧了"病情"。为了锁住客户，酒店开始不惜血本，加大优惠力度，大量办理储值会员卡，虽然暂时缓解了现金流压力，但是依然没有解决客流量提升的问题。由于自然到店客户数量减少，所以非会员消费营收占比持续低迷，会员消费又不贡献日常现金流，且利润因大幅优惠而缩水。为保障正常经营所需的现金流，酒店不得不启动更大的优惠力度来办卡促销。

我用系统双向惯性循环图把该酒店的"因果轮回"呈现出来，如图11-3所示，从图中可以清晰地看到"今日问题来自昨日之解"的无边后果。

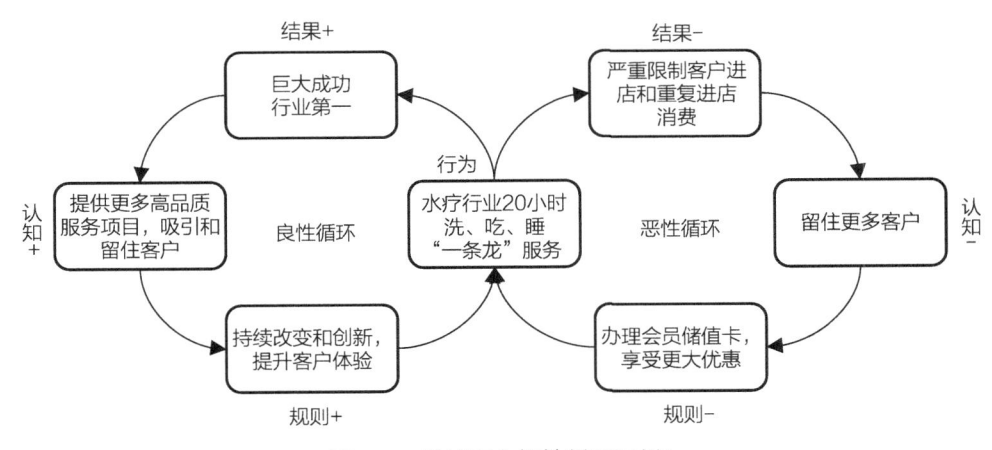

图11-3 系统双向惯性循环示例1

第十一章
突破系统的惯性

正如前文所述，后来该酒店移除了限制，项目取得了巨大成功，后面我还会介绍如何改变行为。再看一个案例，某防腐木生产商由于在国内开创了花园防腐木材新品类市场，迅速发展为全国市场龙头企业。由于受资金和场地的限制，该生产商只能生产标准化规格型材，这要求各地经销商拥有配套加工厂，以满足客户定制化产品的需求。这就带来了一个严重的问题：因为各地经销商对加工厂的管理水平参差不齐，基本上不具备准时交付能力。如此不仅造成大量客户不满意，经销商口碑受损，更重要的是严重制约了该生产商的销售。经销商产品交付大量延迟，积压了大量订单，无法进行现场安装施工，一方面造成经销商规格型材库存大量积压，另一方面使经销商销售人员的接单业务大受影响，销售人员甚至不敢接新订单。连锁反应导致上游生产商成品库存堆积如山，原本就有限的生产场地变得更加拥挤，生产定制化产品的想法每每落空或无计可施。

但销售是企业生存和发展的命脉，为了达成年度经营目标计划，生产商的销售部会想尽办法向经销商压货，因为压货是最简单粗暴的有效提升销量的方法。当然简单粗暴的背后一定有其冠冕堂皇的理由和说法，如对经销商进行各种考核和激励，或者画饼充饥。我仍然用系统双向惯性循环图将该生产商面临的情况呈现出来，如图11-4所示。

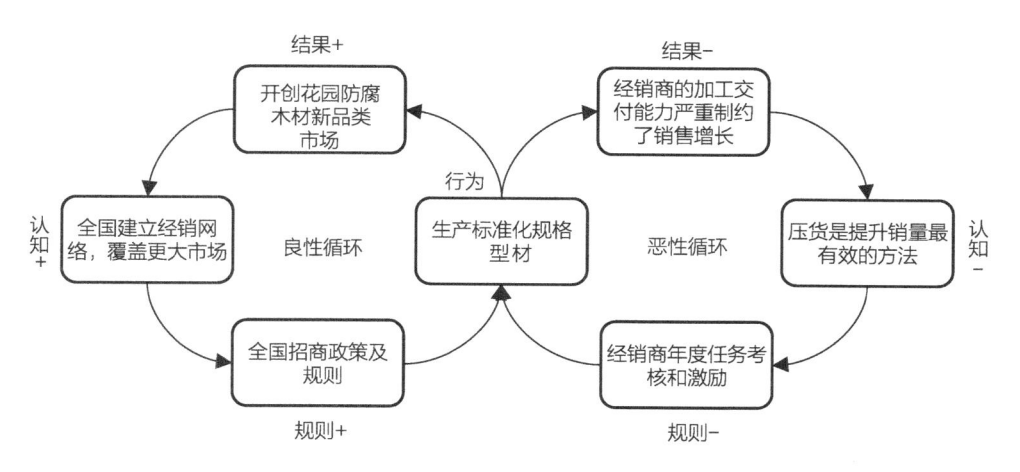

图11-4 系统双向惯性循环示例2

后来我向该生产商提议建立区域加工生产中心来弥补经销商的短板,并引进TOC生产运营管理模式来改善经销商的交付能力,提升准交率,该提议得到了该生产商的认可和接受。随后我们选择区域市场经销商的加工厂做试点,取得了巨大的成功,但尚未启动建立区域加工中心事宜。由于精力有限,后续我并没有跟进该项目,非常期待与该项目再续前缘。

以上两个案例都存在环境变量因素,前者是由政策导向变化引发的外部环境变化,后者是由市场范围扩大导致的外部环境变化。对此可以理解为,环境变量的改变让系统惯性突显或提速;也可以反向理解为,系统惯性的原动力被外部环境激活,让系统惯性越发不可收拾。对于外部环境是否变化,人们根本无法掌控,人们只能掌控内部因素以适应外部环境的变化。例如,新东方在遭遇教培行业政策"大变天"的情况下,通过充分利用师资力量优势,在直播卖货领域成为行业标杆,"东方不亮西方亮"。或许很多人会说,新东方是抓住了网络直播卖货的窗口期,赶上了特殊时期的政策红利,是否能转型成功尚无定论。我并不能预测新东方的未来,但大家可以掂量俞敏洪在公司的至暗时刻说的"还没有到认尿的时候"这句话的分量。这句话犹如TOC信徒不妥协的信念:永远相信任何情况都能被大幅改善。

情怀固然可以成为"鸡汤"激励人前行,但改变之道必须始于足下。改变行为的关键在于找出系统惯性的杠杆点,用于聚焦整个系统的力量来扭转乾坤。此时,知道要改变什么比知道如何改变更重要。要改变什么呢?本书实战篇介绍了现状图,现状图收敛出来的核心问题就是需要改变的东西,就是系统惯性的杠杆点。这就意味着人们需要通过现状图识别核心问题。然而,现状图的本质是至少包含一个正反馈增强回路的恶性循环图,所以拉米·高德拉特把现状图升级为系统恶性循环图。也就是说,人们可以通过系统恶性循环图替代现状图来识别隐藏在表面问题之下的核心问题,甚至识别隐藏在现状图中的恶性循环。那么,现状图是否可以被弃之不用或不用学习掌握?答案是否定的,我从未见过只吃最后一个包子就吃饱的事情。系统恶性循环图是现状图的升级版,好比高深的武功最后都回归于最简单的几个招式,至繁归于至简。至简的前提条件是至繁,只有通过复杂才能抵达简单,这也是从如堕烟海到显而易见的过程。

如何画恶性循环图呢?只要有了画现状图的功底,画恶性循环图就简单了。恶性循环是系统思考中的增强回路,这一概念最早见于彼得·圣吉所著的《第五项修炼》一书。但当时我并不理解它有何用,直到后来学习了TP,我才打开了眼界。画恶性循环图有两种方法,第一种是先画现状图,通过删繁就简得出关键恶性循环图,第二种方法是通过逻辑推演获得。我建议初学者采取第一种方法,不是因为第二种方法本身具有一定的难度,而是因为用第二种方法的前提条件是对系统非常熟悉或有良好的直觉。画现状图就是熟悉系统和培养直觉最好的方法之一。不过,在本章我要介绍第二种方法,这就是我把它安排在本书进阶篇的用意。所谓进阶,就是上台阶。

构建一个完整的恶性循环图可分为4个步骤,如图11-5所示。

第1步:陈述目标　第2步:罗列阻碍清单　第3步:连接因果关系　第4步:识别聚焦点

图11-5　恶性循环图的构建步骤示意

仍以前文水疗酒店的案例为例来讲解,我们和水疗酒店合作后取得了巨大的改善效果。后来,该水疗酒店的老板把酒店卖了,想利用互联网模式托管其他水疗酒店。我和团队帮助这位老板构建行业整体解决方案时用到了恶性循环分析,我把整个过程汇总如下。

第1步:陈述目标。陈述目标就是清晰地陈述系统的目标是什么,组织到底想要什么。只有把组织的目标讲清楚了,才能够识别出阻碍目标达成的因素。换言之,系统目标定义了什么是问题,而不是简单地认为因为系统存在问题,所以无法实现目标。系统中很多所谓的问题并不一定是实现系统目标的主要阻碍,所以可以忽略不计。

水疗酒店普遍存在的问题都一样,所以我以这位老板原来的水疗酒店为对象进行分析。水疗酒店的目标是什么呢?因为市场不景气,客流量大幅下降,企业经营出现困难，所以目标是增加收入，覆盖运营成本。请读者注意，这里不需要用SMART原则来定义目标，只要简洁地陈述清楚目标即可，当然前提是大家对目标达成共识。

第2步：罗列阻碍清单。 通过头脑风暴罗列出阻碍目标实现的问题清单，具体可以参考本书实战篇中关于利用现状图收集不良效应和检验的方法。只不过这里需要对不良效应（问题）进行深挖，找出真正的痛点。换言之，你有可能罗列了10~20个问题，但深入分析之后，问题可能不会超过5个。

水疗酒店的目标是增加收入，覆盖运营成本，那么阻碍其实现目标的问题有哪些呢？通过大家畅所欲言的探讨，最后汇总如下。

（1）20小时一票制与客户短时间需求不匹配。

（2）工作日提供的服务项目没有周末多。

（3）平时提供的自助餐品种不丰富。

（4）产品单一，除了洗、吃、睡，没有更多、更丰富的项目吸引客户。

（5）平时门票定价太高，阻挡一部分人进店消费。

（6）会员对服务不满意，差评多。

（7）对外宣传力度不够，没有做新媒体宣传。

（8）酒店设施维护不及时。

（9）客户黏性不足，回头消费率较低。

（10）按摩技师手法和技能专业性不足。

（11）优秀技师流失率较高。

（12）对客户的意见和投诉响应滞后。

（13）厨师新菜推出频率较低，创新能力不足。

（14）人均餐费预算缩减。

……

对以上具体问题进行深入分析后，整理成表11-1。

表 11-1　阻碍清单汇总

问题清单	问题汇总
（2）工作日提供的服务项目没有周末多 （3）平时提供的自助餐品种不丰富 （8）酒店设施维护不及时 （11）优秀技师流失率较高 （14）人均餐费预算缩减	控制成本
（1）20小时一票制与客户短时间需求不匹配 （5）平时门票定价太高，阻挡一部分人进店消费 （10）按摩技师手法和技能专业性不足 （13）厨师新菜推出评率较低，创新能力不足	客户受到限制 低峰期产能浪费
（4）产品单一，除了洗、吃、睡，没有更多、更丰富的项目吸引客户 （7）对外宣传力度不够，没有做新媒体宣传 （9）客户黏性不足，回头消费率较低	客户数量减少
（6）会员对服务不满意，差评多 （12）对客户的意见和投诉响应滞后	客户对服务不满意

在整理和汇总阻碍清单的过程中，遵循先分类后整理的原则，最后整理出来的阻碍因素必须与目标存在必然联系。这个过程是从具象到抽象的过程，所以你必须具备逻辑归纳法的基本能力。当然，如果你对系统比较熟悉，或者系统简单，也可以省略该过程，直接在第3步连接具象层面的因果关系，我会在后面举例说明。

第3步：连接因果关系。用因果关系阻碍清单建立一个恶性循环。依然用"如果……那么……"的假设关系进行连接。如果在连接过程中发现逻辑不通或跳跃，那么额外补充一个中间效应或问题，把恶性循环中的各阻碍要素连起来，如图11-6所示。

第4步：识别聚焦点。聚焦点是造成恶性循环的根本原因（核心问题），只有识别出聚焦点，才便于后续改变行为，打破恶性循环。聚焦点通常具备3个特点：一是在控制范围内，如在控制范围之外，则有心无力；二是不容易解决，如果容易解决，就不会造成恶性循环；三是系统内利益相关方通常对其视而不见或视其为常态。

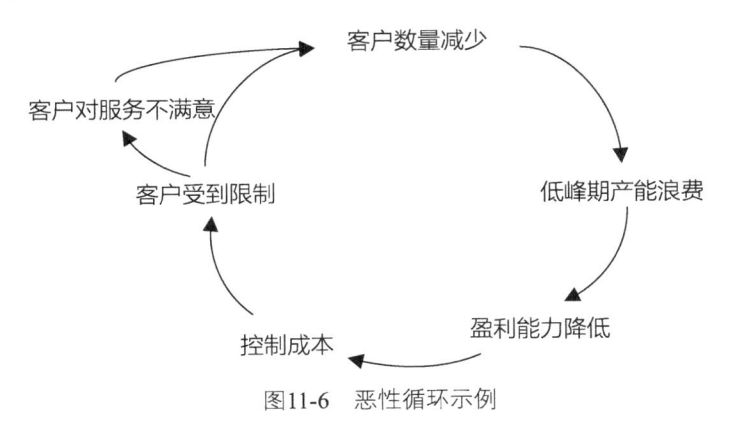

图11-6 恶性循环示例

有一个简单的方法可以快速识别聚焦点，就是尝试把恶性循环中的每个阻碍要素转换为正面陈述，每次只转换一个，看是否能解决恶性循环中的所有问题。例如，在图11-6中，只要把"客户受到限制"转换为正面陈述"移除客户限制"，就能解决所有问题。最后检查该阻碍要素是否具备上述3个特点，检查通过即可视其为聚焦点，如图11-7所示。

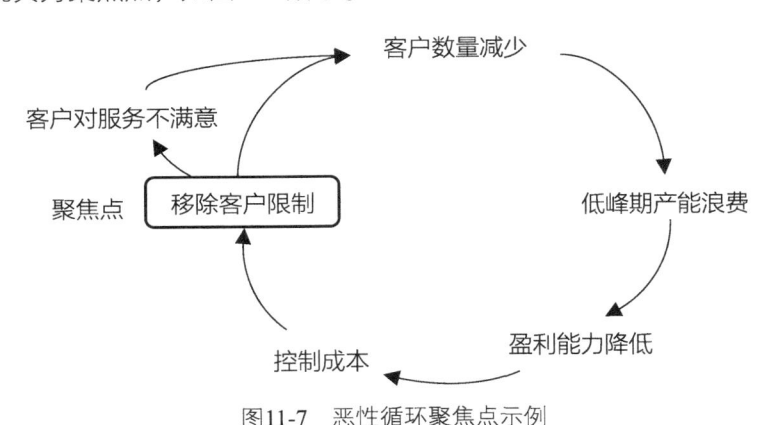

图11-7 恶性循环聚焦点示例

如果正面陈述能打破或明显改善恶性循环，那么可视其为解决方案的方向。也就是说，不用把聚焦点的核心问题用冲突图的形式定义清楚，而直接视其为解决问题的方向，这样也便于画未来图。只要注入激发方案，并把恶性循环中的其他阻碍因素转换为正面陈述，就可以将恶性循环转变成良性循环，从而得到未来图，如图11-8所示。

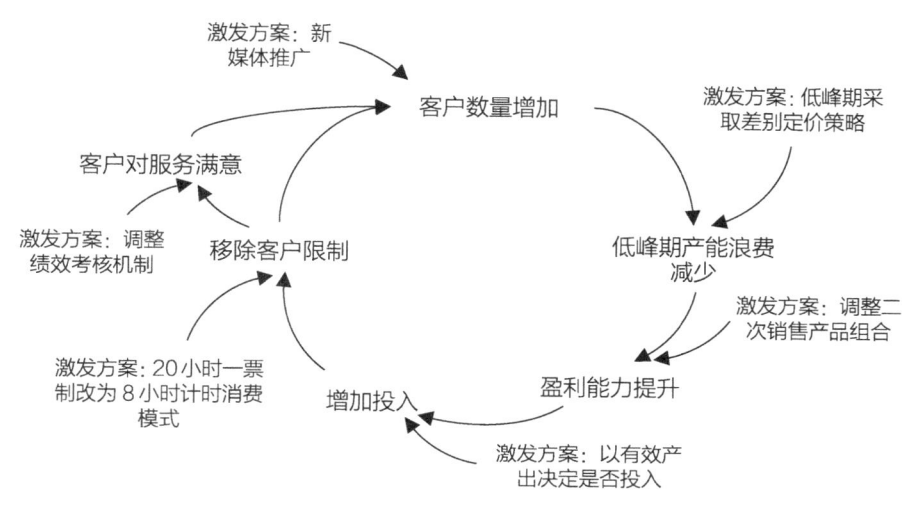

图11-8 良性循环之未来图示例

那么如何开发激发方案呢？根据我多年的实践经验，有3种方法可以开发激发方案，仅供读者参考。第一种方法是逆向思维法，即总站在现行做法的对立面来思考。该方法背后的假设是现有做法无法达成目标，所以现有做法不一定是有效的做法。总是反过来思考其实是质疑现有做法，通过质疑，总是可以想出预料之外的新举措。例如，该水疗酒店自助餐的餐具采用的都是8寸盘子，我问餐厅主管为什么要用小盘子，他回答我说，怕客人一次取太多食物，吃不完造成浪费。后来我让餐厅把盘子全部换成12寸的，因为我发现客人用小盘子需要频繁取餐，或者双手拿两个小盘子取餐，不仅麻烦，而且频繁取餐提升了餐台过道的拥挤程度，导致客户体验极差。小改善，大效果。很多人质疑，如果客人真造成浪费怎么办？消除负面分支即可。不要把激发方案与负面分支混在一起谈，一码归一码。

第二种方法是急中生智法，假设阻碍因素非常重要且紧急，甚至是火烧眉毛，除非满足什么条件或打破什么惯例，才可以立刻清除阻碍因素？除非倒逼自己，否则很难急中生智。例如，我们推出新解决方案后，水疗酒店人满为患，需要排队才能进场消费，由于存在消费时间限制，排队等待的时间超出了客人可容

299

忍的限度，造成了混乱和抱怨。即使餐厅及时提供茶歇食品和饮料，也没有消除人们的不满情绪。我在现场思考：除非满足什么条件，才能有效解决排队等待引发的不满问题呢？急中生智，马上有了答案。除非客人等待多长时间就补给他们多长时间，才能安抚他们。但这样就面临一个障碍：如果里面的客人不出来，外面的人也进不去呀。于是我又补充了一个方案，那就是未用尽8小时的客人可以提前走，剩余多少时间就补给他们多少时间，留作下次消费用。有出有进，才能提高流动性。

第三种方法只有在使用前两种方法无法开发出激发方案时才使用，就是通过画冲突图挑战假设，注入激发方案。详情请参阅本书实战篇，此处不再赘述。

通过恶性循环识别聚焦点，再注入激发方案，之后补充方案，修剪负面分支，克服执行障碍和心理障碍，最后改变行为。改变行为意味着需要聚焦，因为客人的精力总是有限的。高德拉特博士把TOC定义为聚焦——首先要做的是停止不该做的事情，其次才是做应该做的事情。何为不该做或该做的事情呢？取决于系统目标，组织到底想要什么？前提条件是组织有什么？相同的问题也适用于个体。根据TOC对制约的定义——相对于目标制约系统表现的因素，组织目标可以实现的程度，不会超过制约的产出。换句话说，组织有什么取决于制约因素，而个体有什么取决于其能为组织或系统的制约因素做什么有价值的交换。组织停止不该做的事情，就是停止与制约因素不相干的、对目标没有价值的事情，剩下的自然是该做的事情。也就是说，无论是组织还是个体，都要学会放弃一些事情，放弃与制约因素不相干的、对实现目标没有任何价值和意义的事情。

你有什么？你想要什么？你愿意放弃什么？无论是对组织还是对个体来说，这3个问题都是不容忽视的"灵魂三问"。然而，"灵魂三问"对改变或改变行为而言，首先要问的并不是组织或个人，而是与组织或个人具有依存关系的利益相关方。他们有什么？他们想要什么？他们愿意放弃什么？只有获得了利益相关方对这"灵魂三问"的回答，组织或个人才能真正清晰思考和回答自己的"灵魂三问"。从经济学的观点来看，一个人的支出就是另一个人的收入，一部分人的

第十一章 突破系统的惯性

支出就是另一部分人的收入，这两部分人群支出与收入的行为就构成了市场。市场的本质是交换，交换意味着彼此首先得有什么东西，其次才可能知道彼此想要什么东西，最后为了获得彼此想要的东西，才涉及彼此愿意放弃什么东西。请读者注意，并不是需求创造了产品，而是产品创造了需求。需求的背后是存在的问题，存在的问题需要通过产品来解决，所以人们会误以为需求创造了产品。存在问题并不代表有需求，只有知道某个产品可以解决某个问题，才会激发或创造人们的需求。这是营销课题，此处不再深入探讨。

你和利益相关方彼此的支出与收入可以被视为彼此的付出与收益，你的收益来自对方的付出，对方的收益来自你的付出。付出意味着成本或代价，其实就是收益的成本或代价，所以无论是付出还是收益，都必然有舍才有得，或者不舍不得。"舍"意味着放弃，"得"意味着获得想要的东西。只有先考虑对方的利益，你才能获得博弈论中所讲的纳什均衡——非零和博弈，双方的合作才可能实现共赢。如果双方都从利己的目的出发，那么必然陷入"囚徒"困境，结果一定是损人不利己的。这就是为什么要先考虑利益相关方的"灵魂三问"，也就是高德拉特博士在《抉择》一书中所说的，开始为对方寻找利益来构建双赢的解决方案，一种不同的或更重要的利益，而不是冲突之中的利益。

改变行为最好的办法莫过于让利益相关方自动自发，当然前提是聚焦于系统制约，并建立基于价值创造的决定性竞争优势。如何让利益相关方自动自发？北大汇丰商学院管理学教授戴天宇老师设计了一套完整的自运行机制，可以实现这一目的。我为什么会对戴老师的自运行机制产生浓厚的兴趣呢？因为它弥补了我对TOC如何激励和考核利益相关方（特别是员工）的认知缺口。高德拉特博士有一句名言："告诉我你如何衡量我，我就会告诉你我将如何表现，如果你用不合逻辑的方式衡量我，那么请不要抱怨我采取不合逻辑的行为。"TOC自有一套有效产出会计衡量体系，但关于如何在有效产出会计衡量体系下有效地激励和考核利益相关方（特别是员工），我却知之甚少。从"如何管"到"如何不管"，并且由此改变利益相关方的行为，值得探讨和学习。

拓展实践：多重恶性循环

　　生活中充满了各式各样的恶性循环，有的很容易发现，有的不容易发现。发现的价值在于摆脱和打破恶性循环，让人们的生活更有品质和意义。关于如何摆脱和打破恶性循环，正如前文所述，只要识别出聚焦点，就能改变恶性循环运行的轨迹，让生活回到良性循环的轨道上来。我始终相信，做什么比如何做更重要。做什么相当于战略选择，如何做相当于战术执行，哪怕对正确战略的战术执行不尽如人意，也好过对错误战略百分之百的战术执行。因此，关于如何摆脱和打破生活中的恶性循环，留给聪明的读者自行解决。杀猪杀屁股，各有各的道，不追求标准"杀法"。

　　不过，发现恶性循环并画出恶性循环图是起码的标准。为什么呢？因为一图胜千言，而且画图可以避免因文字或语言描述的跳跃性思维而造成关键环节遗漏。正如大部分的问题之所以无从解决，并不见得是因为问题有多么棘手，大多数情况是因为没有定义清楚问题就急于出手。恶性循环的本质是增强回路，即正反馈。所谓正反馈，简单来说就是传递出去的力量会传回来并增强原来的力量。恶性循环形成闭环的难点是最末一环与起始一环的连接，如果连接逻辑不通的话，很难形成正反馈持续循环。很多时候，只要能够画出恶性循环图，也许在画的过程中就能发现造成恶性循环的原因。很多时候造成恶性循环的根本原因是人们想多了，而想多了恰恰说明想得不够深入。

　　恶性循环不仅是精神内耗的帮凶，更是滋生负面情绪的温室。人们之所以深陷恶性循环中无法自拔，一个主要原因是，人们会陷入双重或多重恶性循环中，它们不仅会相互影响和交织，更严重的是让人们区分不清楚它们之间的层次，以至于无法识别根本原因。例如，失眠是一个恶性循环，想摆脱失眠恶性循环，就会陷入另一个恶性循环，如图11-9所示。

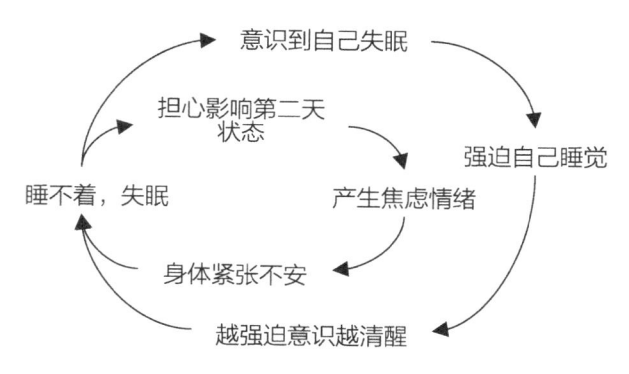

图11-9　失眠双重恶性循环示例

双重恶性循环甚至会引发更多恶性循环，如失眠造成身心状态不佳，会影响工作质量和效率，无形中又会导致心理压力增加，然后到了晚上又睡不着或睡眠质量差。多重恶性循环相互纠缠，无休无止，让人们苦不堪言，如图11-10所示。

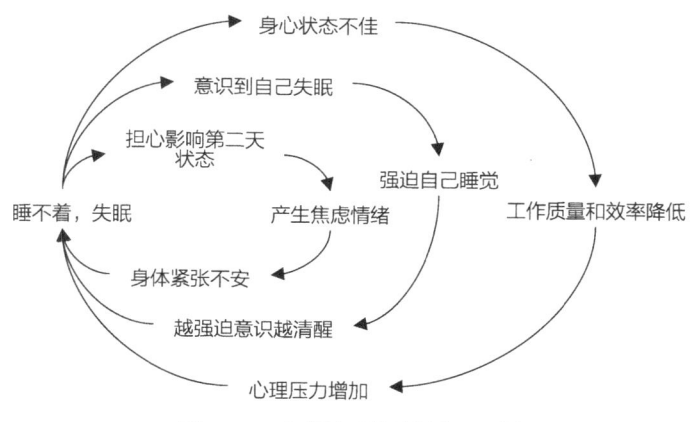

图11-10　失眠多重恶性循环示例

在工作中也时常发生这样的双重或多重恶性循环，就像一个噩梦嵌着一个或多个噩梦，噩梦之间相互交织，最后让人们彻底分不清到底是现实还是梦魇。例如，工作越来越忙，没完没了的繁忙形成双重恶性循环，如图11-11所示。

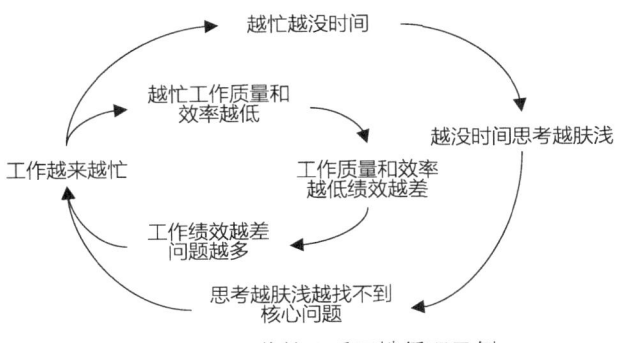

图11-11　工作忙双重恶性循环示例

工作越来越忙有可能并不是好事。随着社会竞争的日趋激烈，生活节奏越来越快，人们的心理压力也日益剧增，根本停不下来静心学习和思考。反过来，因为人们无法停下来静心学习和思考，所以很容易追求即时满足或急于求成。随着移动互联网的深度普及，贩卖焦虑成为一波又一波的市场浪潮，网络自媒体更是为了流量，贩卖情绪价值，推波助澜。越焦虑越内卷，越内卷越繁忙。很多人忙于工作不见得是迫于生计，更有可能是因为忙碌代表其存在的价值和意义。当人们无所事事时，会觉得自己是多余的或被边缘化，所以哪怕无事可做，也要让自己看起来很忙。当然极端的例子就是选择"躺平"，但"躺平"又会陷入另一个恶性循环。

关于"躺平"的恶性循环，留给读者自行思考。我更关注另一个普遍存在的恶性循环，就是网络上说的"间歇性踌躇满志，持续性混吃等死"。这一现象一方面表现为偶尔斗志昂扬，定目标和做计划，踌躇满志，但当遇到困难或3分钟热度一过，又恢复常态。过一段时间遭受外部刺激或触动，又开始踌躇满志，但依然好景不长，如此往返循环，空耗时间和精力，最终一事无成。这种情况大多出现在减肥、健身、戒烟、看书、学习清晰思考、在公众号上写文章、执行新年计划、考研、改变自己等事情上。另一方面表现为缺乏人生目标规划，经常心血来潮地制定好高骛远的目标，如半年内跑马拉松、学会一门舞蹈、成为某个领域的专家等，但往往高估自己的意志力，同时严重低估周围环境的同化力量，然而还心有不甘。踌躇满志双重恶性循环示例如图11-12所示。

第十一章 突破系统的惯性

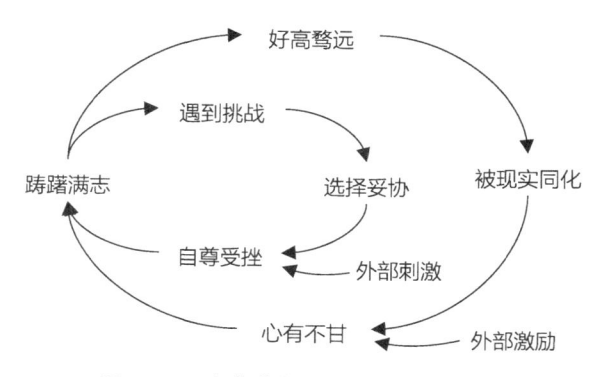

```
        好高骛远
       ↗        ↘
    遇到挑战      被现实同化
   ↗      ↘    ↗
 踌躇满志   选择妥协
   ↑      ↗
   自尊受挫 ← 外部刺激
   ↑
   心有不甘 ← 外部激励
```

图11-12　踌躇满志双重恶性循环示例

在图11-12中，如果恶性循环中某两个环节连接得不够充分，那么只需补充一个条件即可。恶性循环图依然是充分条件逻辑关系图。另外，恶性循环中的要素尽量控制在4~5个，如果因果链过长（如超出7个），说明分析得还不够透彻。因果链中的要素越简洁，越能体现系统内在的简单性。

最后再举一个例子，有的恶性循环会像基因一样遗传，上一代人的恶性循环会传给下一代人，下一代人传给下下一代人，子子孙孙，无穷尽也。例如，很多家庭普遍存在指责和打击孩子的问题，每当孩子想做或做错什么事情时，父母总会说："就你这个样，还能做成？""我就知道你不行，还逞强？""这么简单的事情都不会做，真是笨死了！""你看看别人家小孩多聪明！""怎么有这么笨的人，连这么小的事情都做不好？""你做事怎么这么拖拉？"……这样的话不仅会伤害孩子的自尊心，造成孩子缺乏自信和心理不健康，甚至即使孩子长大成年，也很难走出原生家庭带来的心理阴影。当孩子组成新家庭为人父母后，慢慢也会变成父母那样的人，如图11-13所示。

以上双重或多重恶性循环的具体内容，仅限于我自己的理解，仅供读者参考。当你把恶性循环图画出来，实际上就串成了一个能够闭环的故事线，至于如何演绎故事情节，每个人都有自己的经历和认知，可以自由发挥，但大概率不会跑题。

305

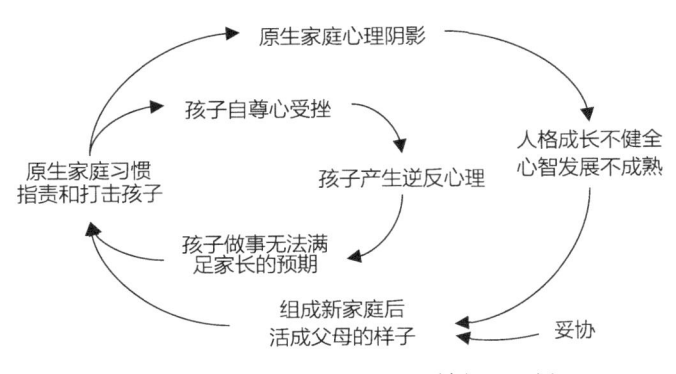

图11-13　原生家庭双重恶性循环示例

　　如果从熵增的视角来看，你以为恶性循环只是人生中的一个阶段，但或许是你一生的宿命。你以为恶性循环只是你一生的宿命，但或许是你的后代及后代的后代的宿命。但如果从反熵增的视角来看，人生或许就是一场试图摆脱恶性循环的游戏，渡人先渡己，何愁后代不渡人？

第十二章

清晰思考流程全貌

我把清晰思考定义为获得显而易见的答案的能力。清晰思考的目的是获得能解决问题的答案，期望的结果是获得显而易见的答案，所以清晰思考的目标是获得显而易见的答案以解决问题。为什么答案明明显而易见，却仍需要清晰思考才能获得？因为只有当答案昭然若揭时，人们才能看清楚答案与问题之间的必然联系，在答案揭晓之前，人们往往是一头雾水，甚至对显而易见的答案视而不见，或者充满不确定性。就像人们走了无数弯路，突然有一天发现了一条捷径，才显现出事后聪明效应。对于显而易见的事情或常识，人们往往只有在知道事实之后才想起或看见它们的存在。

近代学者王国维在《人间词话》一书中谈到治学经验必须经历的3重境界，同样可以用来形容清晰思考获得显而易见答案必须经历的3重境界。第一重境界："昨夜西风凋碧树。独上高楼，望尽天涯路。" 昨夜西风把树上的绿树叶吹落了，表示形势非常危急，环境十分恶劣，犹如遇到棘手的问题。没办法，只能自己解决，所以只有站在更高的地方才能看清楚问题的全貌，站在高处就是清晰思考中的画现状图。但望尽天涯路，该选择哪条路呢？就像解决问题有成千上万种方法，到底选择哪种方法呢？此时人们就像陷入冲突一样无比迷茫和纠结。

第二重境界："衣带渐宽终不悔，为伊消得人憔悴。" 原来解决方案也不是轻而易举就能获得的，必须坚定不移地走完清晰思考流程，经历一番辛苦，甚至是废寝忘食，直至衣带宽了也不后悔。如此才能进入第三重境界："众里寻他千百度，蓦然回首，那人却在灯火阑珊处。"最后幡然醒悟，解决方案看起来竟然如此理所当然，显而易见，人们甚至会懊恼：自己之前为什么没有想到或看到呢？

获得显而易见的答案并非不费吹灰之力，没有经历独上高楼、衣带渐宽和众里寻他千百度，哪有什么蓦然回首？不过，只要掌握清晰思考的知识和技能，并通过清晰思考流程来降低掌握清晰思考能力的难度，就能拥有获得显而易见的答案的能力。所谓流程，是指为进行某项活动或过程而规定的途径和次序，清晰思考流程就是为了进行高效思考而规定的清晰的途径和次序。就像你去往一个陌生的地方，无须自行摸索和探路，只要有导航，就可以不走冤枉路，便捷地抵达目的地。清晰思考流程就是获得显而易见的答案的导航，本章的重点在于展开导航的全貌，让你建立清晰思考的整体观，看清楚清晰思考的路径和来龙去脉。

清晰思考流程的底层逻辑和板块

清晰思考流程的3个底层逻辑

细心的读者会发现，本书至此已经勾勒出了清晰思考流程的全貌，只是每章会深入探讨不同的清晰思考模型及其应用，读者难免陷入只见树木不见森林的局部效益中，而忽略了清晰思考整体系统的强大威力。虽然每个清晰思考模型都可以发挥各自的威力，但就像部队打仗一样，既可单兵作战，也可协同作战，协同作战往往可以发挥系统大于局部之和的强大威力。

TOC中有一个著名的红线与绿线图，图中呈现了增长红线与稳定绿线之间存在差距的可改变空间，这个可改变空间就是清晰思考流程可发挥巨大作用的空间，如图12-1所示。

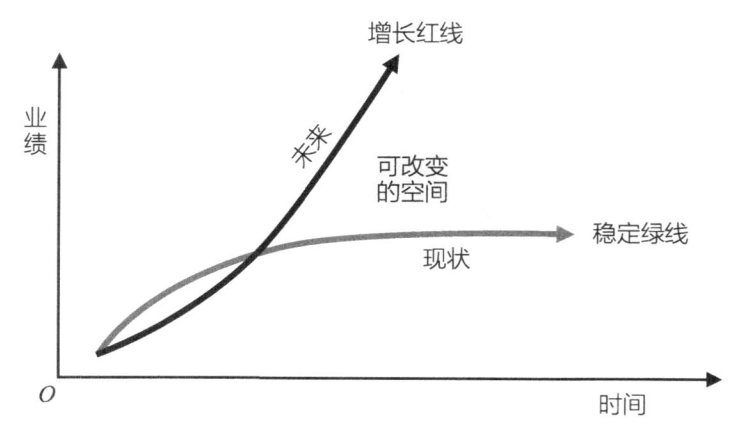

图12-1　红线与绿线图示意

你也可以把这个可改变的空间理解为系统未来预期与现状之间的差距或潜力

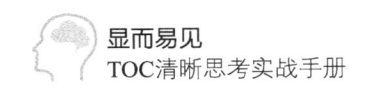

空间。为了弥合这个差距或潜力空间，TOC的"改变三问"就成了清晰思考流程的底层逻辑。

改变什么

改变导致了造成预期与现状之间存在差距的核心问题。由于核心问题是由预期目标决定的，预期目标不同，核心问题也会存在差异，所以首先需要定义系统和目标。例如，对于预期目标100万元和预期目标1 000万元，两者需要解决的核心问题必然是不可同日而语的。定义了系统和目标后，需要通过恶性循环来识别核心问题（聚焦点），因为恶性循环是系统惯性趋于保持稳定性的罪魁祸首，但一开始只能透过恶性循环的种种不良迹象顺藤摸瓜，找出核心问题。

改变成什么

明确了要改变的核心问题，并由冲突图定义了该核心问题，便可找出和挑战无效假设，注入激发方案，由此明确"改变成什么"的解决问题的方向。之后以未来图的形式呈现出未来方向的改变蓝图。再通过补充方案、修剪负面分支和克服执行障碍来进一步完善解决方案。最后通过战略战术图进行整合与规划，以及充分论证，进一步强健解决方案。

请读者注意，虽然本书没有涉及战略战术图方面的内容，但并不会因此影响学习清晰思考流程的完整性和成效性。战略战术图更适合立志成为专业咨询顾问的专业选手学习和掌握，本书所讲的内容已经涵盖了其基本逻辑。

如何引发改变

请读者注意，这里是如何引发改变，而非如何改变。引发改变是改变的前提条件，如何改变是做出改变决定后的具体策略和办法。当然，如何改变本身也包含一部分引发改变的内容，毕竟很多情况下人们要先知晓改变的难易程度，然后才会做出是否改变的决定。如何引发改变？要想引发改变，首先需要说服改变的对象，让其明白改变的利弊得失，因此涉及改变四象限和说服流程。虽然本书没有完整地介绍说服的六层抗拒，但实际上清晰思考流程就是按照六层抗拒设计的自我说服和说服别人的流程。只是清晰思考中的说服流程侧重理性说服，所以我

第十二章 清晰思考流程全貌

在本书入门篇增加了一些感性说服的内容,并在实战篇针对心理障碍补充了部分内容,丰富了说服的策略和方法技巧。

说服流程是引发改变的首要及关键步骤,其次是执行计划。执行计划涉及改善项目流动性管理的3个模块,即定义项目、制订计划和执行计划。前两个模块我在实战篇介绍过,关于执行模块可以参考TOC关键链管理。最后是探秘分析,通过分析造成预期结果与实际结果之间差距的原因,把差距转换为机会,持续引发改变。

我把以TOC"改变三问"为底层逻辑的清晰思考流程汇总如图12-2所示。

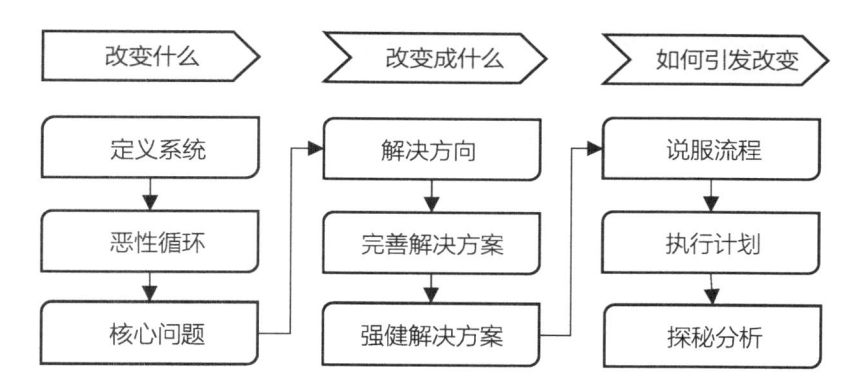

```
改变什么          改变成什么         如何引发改变

定义系统    →     解决方向     →     说服流程
   ↓                ↓                   ↓
恶性循环          完善解决方案         执行计划
   ↓                ↓                   ↓
核心问题      →   强健解决方案    →    探秘分析
```

图12-2 以TOC"改变三问"为底层逻辑的清晰思考流程示意

清晰思考流程的3个板块

对应以上清晰思考流程,TOC开发了一系列思考模型和工具,我分3个板块为大家讲解。在讲解过程中我会补充本书没有涉及的一些思考模型和工具,方便读者建立整体认知,不过此处只做简单介绍,具体内容留给读者自行探索。

"改变什么"板块

定义系统

定义系统首先涉及系统可视化、界定系统控制和影响力边界。其次是定义系统目标,只有定义清晰的系统目标,才能透过不良效应找出造成目标与现状之间差距的核心问题。最后是收集不良效应。不良效应被定义为:为了达成目标而不愿意看到的不好的现象。不良效应并不是问题，它是问题的表面现象。

本书没有涉及的内容是系统可视化。简单来说，系统可视化就是利用本书入门篇介绍的简易系统模型并结合传统价值链模型，对企业实际运作的系统进行可视化，看清系统内部与外部价值链的结构和连接方式，同时界定系统范围和边界，如图12-3所示。

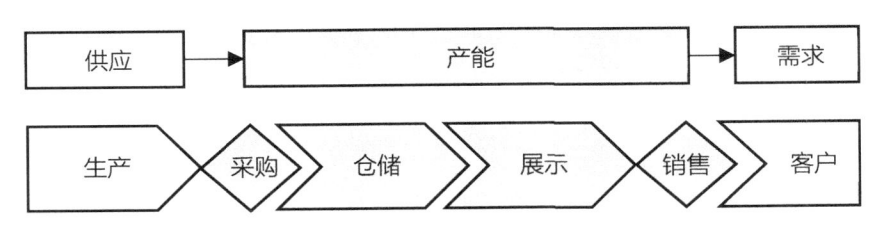

图12-3　系统可视化示例

图12-3是一个简单的系统可视化示例，实际应用中还会细化价值链环节，并定义各环节所匹配的资源和生产力。

恶性循环

采用恶性循环图连接阻碍目标实现的因素，阻碍因素从不良效应中收集和整理。恶性循环图是传统现状图的替代思考模型，在清晰思考流程中习惯上仍然沿用现状图的叫法。之所以用恶性循环图替代传统现状图，只是因为恶性循环图相对更简洁，可大幅减少信息噪声和干扰，更容易识别和聚焦核心问题，但前提是必须精通传统现状图，先学走路，再学跑步。

核心问题

核心问题是引发恶性循环的根本原因，在传统现状图中，它是收敛不良效应至底层的原因；在恶性循环图中，它是改变的聚焦点或杠杆点，聚焦于此就能反转恶性循环为良性循环。但清晰思考是以两个矛盾的行为无法满足彼此需求的冲突图形式来定义问题的，所以核心问题用冲突图的形式来描述。

在"改变什么"板块，清晰思考流程所涉及的思考模型汇总如图12-4所示。

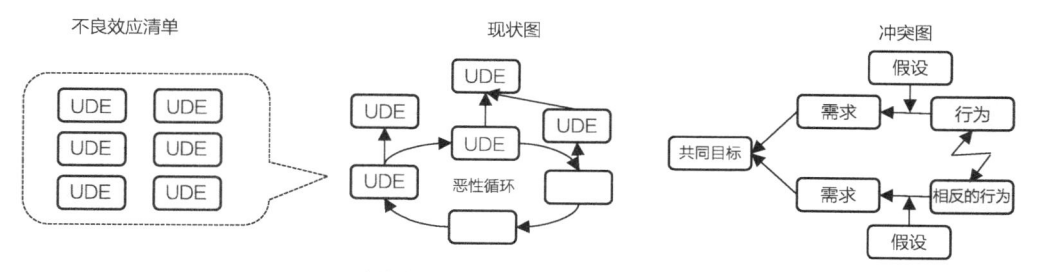

图12-4 "改变什么"板块涉及的思考模型汇总示意

（注：UDE是"不良效应"的英文Undesirable Effect的缩写。）

在图12-4中，定义系统被视为预先准备动作，所以只呈现其结果不良效应清单，请读者特别注意。

"改变成什么"板块

解决方向

解决方向是破解冲突图注入激发方案所呈现出来的未来图，代表未来改变成什么样的蓝图。传统未来图被良性循环图替代，但习惯上仍然称其为未来图。本书没有展开传统未来图的内容，其推导方法与传统现状图差不多，所不同的是传统未来图以激发方案为起点，通过演绎法进行推论，直至达成预期目标，形成良性循环的局面。细心的读者也许会发现，我在实战篇讲解的补充方案，其实就是基于传统未来图方法开发的思考工具。

完善解决方案

当你呈现出未来改变的蓝图之后，就会发现仅有激发方案还不够，还要增加一些特定的解决方案来消除某些不良效应，这些解决方案被视为补充方案。因为激发方案和补充方案都存在负面分支与执行障碍，所以还需要进一步修剪负面分支和克服障碍，以完善解决方案。

强健解决方案

强健解决方案被视为解决方案的整合与统筹，形成一整套强健的战略战术图。战略战术图整体可以分为建立、利用和维持决定性竞争优势3个模块，每个模块都会向下分解每层的战略与战术，类似本书实战篇介绍的前提条件图。战略战术图是完整解决方案的集成，每层战略都有相应的战术支撑，并完整而全面地回答了战略意图、战术可行性、战略与战术、上下层战略与战术之间的并行假设、必要假设和充分假设。

由于一般只有专业咨询项目（特别是可行愿景项目）才会应用战略战术图，普通读者和初学者学习战略战术图有一定的难度，即使是TOC专业咨询顾问，也很难独立开发战略战术图，通常都是基于成熟模板根据项目实际情况进行调整应用。因此，不建议大家学习战略战术图，等有机会我再向大家介绍。

在"改变成什么"板块，清晰思考流程所涉及的思考模型汇总如图12-5所示。

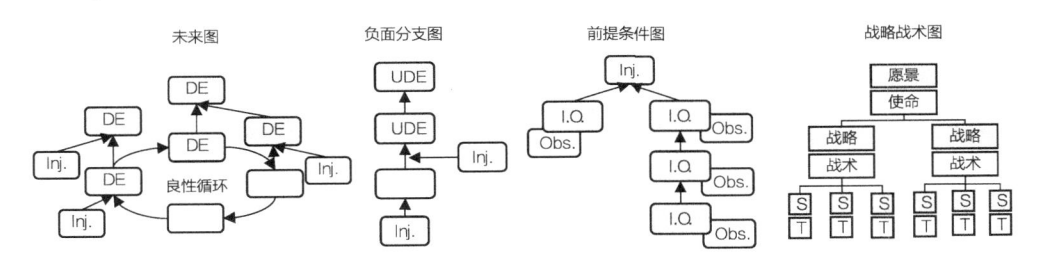

图12-5 "改变成什么"板块涉及的思考模型汇总示意

（注：图中的 DE 是"良好效应"的英文 Desirable Effect 的缩写；Inj. 是"注入激发方案"的英文 Injection 的缩写；I.O. 是"中间目标"的英文 Inter Mediate Objectives 的缩写；Obs. 是"障碍"的英文 Obstacle 的缩写；S 和 T 分别是"战略"与"战术"的英文 Strategy 和 Tactics 的缩写。）

由于补充方案本身已经包含在未来图中，故此处不再单独呈现。

"如何引发改变"板块

说服流程

说服流程思考模型由两部分组成，第一部分是改变四象限，第二部分是六层抗拒。前者是说服前的准备分析和说服的内容，后者是说服流程。六层抗拒也可以用改变四象限来表达，或者将两者合二为一，如图12-6所示。

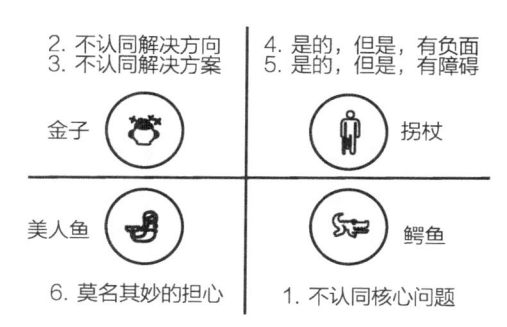

图12-6 六层抗拒与改变四象限二合一示意

执行计划

按照TOC项目流动管理原则，分别围绕项目定义、项目计划和项目执行3个模块制订执行计划和管理改善项目，保障改善项目保质、保量、保时地顺利执行和交付成果。在整个管理过程中加入持续改善的机制，确保及时调整计划和修正方案，应对不确定的变化，确保达成项目预期结果。我在本书实战篇介绍过，可以用目标、交付物、成功标准这3部分来对项目下定义，用产品流图来分解项目所需的任务，并转换为错开关键资源的项目排程计划。关于项目执行，参见TOC关键链项目管理。

探秘分析

要改善项目预期结果与实际结果之间的差距，无论是正面差距还是负面差距，都需要对其进行探秘分析，差距可被视为机会。探秘分析是从经验中学习的最佳实践工具，也是持续改善的思考工具。

在"如何引发改变"板块，清晰思考流程所涉及的思考模型汇总如图12-7所示。

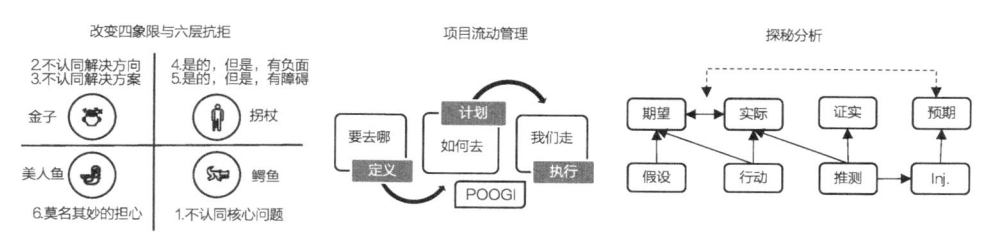

图12-7 "如何引发改变"板块涉及的思考模型汇总示意

（注：图中的POOGI是"持续改善程序"的英文Process of on Going Improvement的缩写。）

请读者注意，改变四象限与六层抗拒在实际应用中是分开使用的，我将它们合在一起是为了方便理解。

现在把以上3个板块汇总在一起，让你看清楚清晰思考流程的整体面貌，如图12-8所示。只有观察整体，才能看清楚各个部分及它们之间的紧密关系。

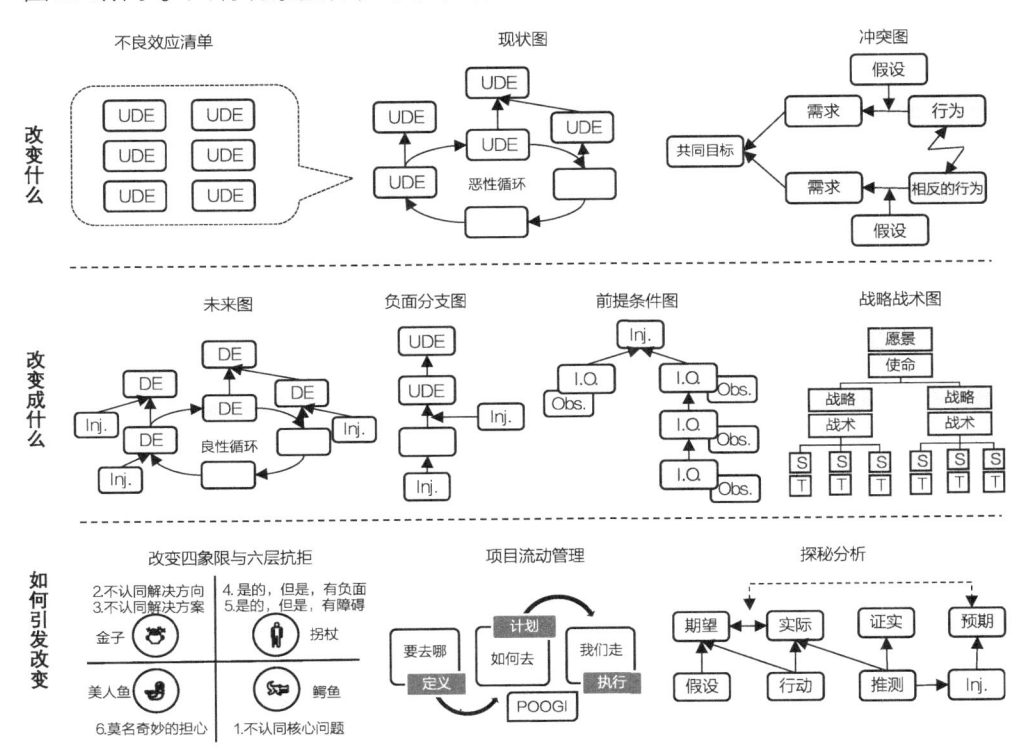

图12-8 清晰思考流程全貌示意

自1992年清晰思考流程问世到我开始写本书的2022年，正好30年。30年来，TP经过TOC前辈们的努力和迭代，已成长为枝繁叶茂的参天大树。我相信，随着全世界更多TOC从业者和爱好者的不断推广与传播，将来会有更多的人接触、学习并应用TP，并像我一样受益。我也相信，随着更多的人学习和实践TP，他们会根据自己的实际应用情况开发更多的思考工具，让TP开枝散叶，百花齐放。

清晰思考流程入门课全貌

正如我在本书前言中提到的那样，基于TP海量知识体系和逻辑基础薄弱两个客观事实，学习TP并不容易，所以我基于TP的底层逻辑和基本原理开发了一套基础知识，呈现在本书入门篇中，作为读者学习和掌握TP必备的补充知识。因此，我才在"思考流程"前加了"清晰"这个词作为定语，用来重新定位和修饰思考流程。换言之，如果没有掌握本书入门篇的基础知识，那么即使会用思考流程进行思考，也不见得是清晰的思考。

因此，清晰思考流程全貌理所当然应该包括入门基础知识。作为清晰思考流程的"番外篇"，本书入门篇既是清晰思考流程的"前传"，又可独立成章。其实在日常生活中，掌握清晰思考流程的入门课就足够应对大部分问题了。何以见得呢？先看入门课的内在规律。

因果关系模型

一个事物引发另一个事物存在的现象就是因果关系，前一个事物是原因，后一个事物是结果。原因与结果之间存在时间上的先后顺序，通常原因在结果之前发生。因果关系属于天生的且不会改变的知识，所以可以用因果关系来解释和理解客观世界的基本运作规律，也可以用它来预测事物发展变化的基本规律。至于这个客观世界是否真的存在因果关系，我们无从得知。因果关系几乎可以说是科学的命脉所在，如果世界上根本没有所谓的因果关系，科学理论就等于建立在虚构的支架上。换言之，如果不存在因果关系，那么清晰思考也不复存在了。

果因果模型

因为客观世界客观存在因果关系，所以当人们看到一个不知道是什么原因引发的一个现象时，就会好奇地推测（猜测）其存在的原因。但是推测的原因不一定是真正的原因，所以人们会采用果因果模型向外求证推测的原因，如果推测的原因为真，必然引发其他可以直接观察到的结果。如果观察到的其他结果与之前的现象相反，那么就证伪或推翻了推测的原因，反之则证实了推测的原因。这个证伪和证实推测的原因是否为真的过程，就是果因果思考方法论。

果因果模型是科学思维的基石，未经验证的理论被视为假说，只有经过验证的假说才被视为理论。高德拉特博士只不过是把果因果这一科学思维模式拓展至经营管理领域，进行创造性应用，并创造性地发明了TOC及思考流程等科学方法论。

因果假设模型

因果关系虽然是客观存在的，但由于人们的认知是有限的，所以基于有限的认知所理解的因果关系不一定是客观存在的。因此，需要揭示因果关系背后隐藏的假设，并验证假设的可靠性或有效性。

很多人搞不清楚果因果模型与因果假设模型的区别和联系，我在过去的教学中和本书入门篇也没有讲过，现在补充说明。果因果模型是看到一个现象，不知道具体原因，由此推测和验证原因的过程，是向外求证的过程；因果假设模型是知道现象发生的具体原因，但并不确定原因与结果之间的因果关系是否成立，所以需要揭示因果关系背后隐藏的假设，是向内求证的过程。这是两者之间的区别。两者之间的联系是，无论是向外求证还是向内求证，求证的方法都基于科学的可证伪性这个基本特征。果因果模型是找出推测的原因引发的其他与初始现象相反的结果来证伪原因，因果假设模型是找出隐藏假设的例外来证伪因果关系。

以上3个基本模型构成了清晰思考的最小思考单元模型，在此基础上，演变出了后续清晰思考流程中各种变化的思考模型。例如，传统现状图和未来图是果因果模型的拓展应用，负面分支图是因果假设模型的拓展应用，等等。当然，各种变化的思考模型都遵循充分条件和必要条件的基本逻辑。不过，最小思考单元模型和后续变化的思考模型中间缺少一个连接的桥梁，所以我开发了果因果正负分析法模型。

果因果正负分析法模型

果因果正负分析法模型过去被我称为果因果正反分析模型。后来我发现一个相同的原因导致多个正面结果和负面结果，它们之间并不一定都是正和反的关系，所以本书将其改为果因果正负分析法模型。果因果正负分析法模型保留了果因果模型的结构特征，一个原因导致正负两种结果，但其实质是因果假设模型的组合应用。

果因果正负分析法模型后续可以演化为改变四象限模型，改变四象限模型又可以进一步演化为决策型冲突图模型，决策型冲突图模型的左边部分就是传统冲突图模型。更重要的是，果因果正负分析法模型是整个清晰思考流程的骨架。可以把整个清晰思考流程抽象并简化为一个V形正负分析模型，如图12-9所示。它比另一位TOC大师欧德·可汗（Oded Cohen）的U形整体思考流程模型更简单和简洁，符合奥卡姆剃刀原理：如果有两个或多个类似的解释，那么简单的解释往往比复杂的解释更有效。

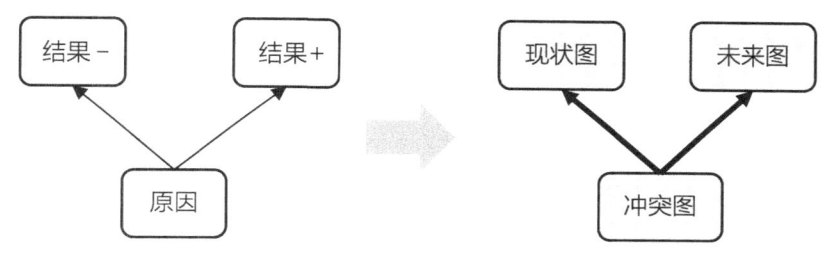

图12-9 果因果正负分析法模型简化为V形正负分析模型示意

V形正负分析模型的清晰思考流程留给读者思考，简化并不代表可以省略其中的其他思考模型。我只是把它们隐藏了。只要掌握了这个模型，你就可以踏上改善现状与未来之间差距的道路。

改变四象限模型

将果因果正负分析法模型进行水平镜像复制，即可得出改变四象限模型，改变四象限模型的结构虽然是两个果因果正负分析法模型的镜像，但其内核是改变与不改变的利弊得失，即改变的好处"金子"和坏处"拐杖"，以及不改变的好处"美人鱼"和坏处"鳄鱼"。我用改变四象限模型进一步简化，一方面是为了抓住这4个元素的重点，减少其他次要元素的干扰；另一方面是为了保持思考模

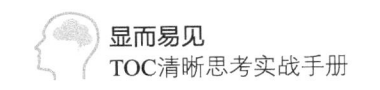

型的一致性，并起到承前启后的作用，即承接果因果正负分析法模型，引出决策型冲突图或经典冲突图，以及六层抗拒背后的说服流程。

我把清晰思考流程入门课所涉及的思考模型汇总如图12-10所示。

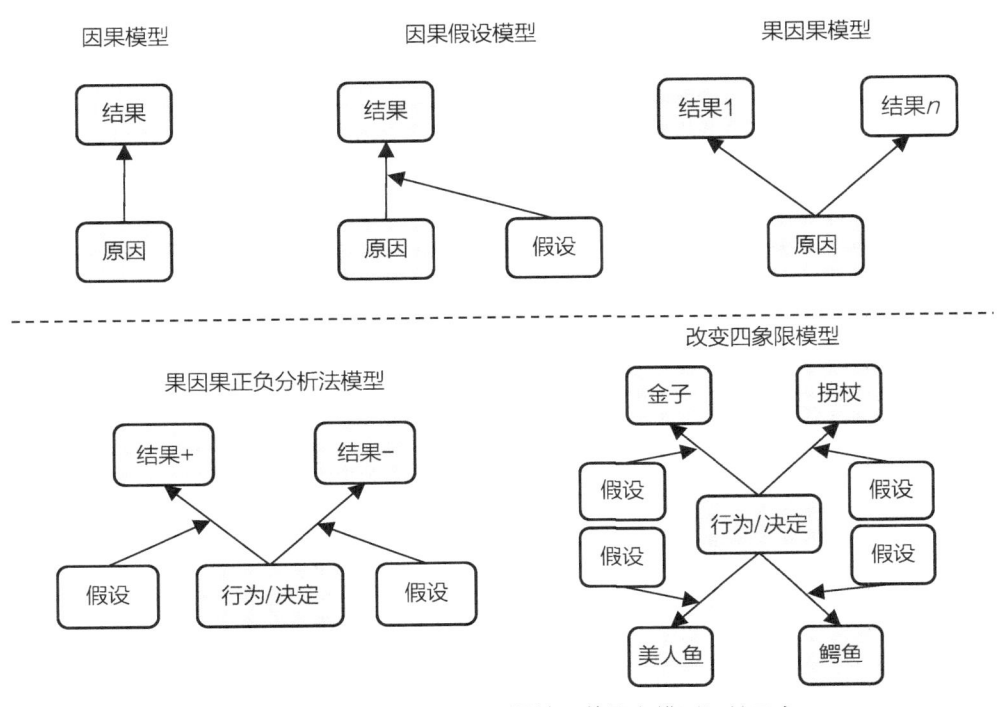

图12-10　清晰思考流程入门课涉及的思考模型汇总示意

当你真正掌握了清晰思考流程及入门课涉及的所有思考模型（统称TP思考模型），你就会不假思索地针对不同的问题套用或组合应用不同的思考模型，指引你进行清晰思考，从而获得显而易见的答案。这里的真正掌握是指通过学习和实践，将使用这些思考模型变成你的后天本能反应。此外，你很有可能在这些思考模型的基础上，创造出适合自己的新思考模型，或者将它们创造性地应用于不同的场合。正如本书针对不同思考模型提供的拓展实践一样，你在丰富思考模型的同时，极大地丰富了它们的使用场景和应用范围。

TP思考模型区别于其他思考模型的关键之处在于，它有自己的内在规律并自成体系，而不像其他思考模型一样往往零散独立地存在，难以应对现实中的复杂系统，无论是商业系统还是非商业系统。所以，本书也不同于其他有关如何思考的图书。很多思考类图书的内容往往是对思考模型的分类和组装，不仅没有内在规律可循，而且思考模型之间仍然存在相互矛盾和分析结果不一致的情况。这就相当于把全国各种菜系的菜融合成一道美味佳肴以适应所有人的口味，结果往往适得其反。当然，其他思考模型也有其独到和可取之处，如果能够将它们移植和纳入清晰思考流程中进行整合应用的话，就能让它们发挥更大的价值。

我丝毫没有"孩子是自己的好"的偏见。当然，这个"孩子"也不是我的。关于其他思考模型的优劣和适用场景，我就不在此举例分析了。根据我有限的观察，大部分人一旦熟练掌握了TP思考模型，基本上就很难再使用自己原来熟悉的思考模型了。

另外，TP思考模型也不同于社会上比较流行的思维模型。查理·芒格（Charlie Munger）曾给思维模型下了一个简单的定义：任何能帮助你更好地理解现实世界的理论框架，都可以被称为思维模型。芒格最推崇的是多元思维模型，并在《穷查理宝典》（Poor Charlie's Almanack）一书中对该模型进行了解释："长久以来，我坚信存在某个系统——几乎所有聪明人都能掌握的系统，它比绝大多数人用的系统管用。你需要做的是在头脑中形成一种思维模型的复式框架。有了这个系统，你就能逐渐提高对事物的认识。"简单来说，多元思维模型就是将各学科的常识——非常基础的知识，综合在一起来分析问题，就是用众多学科的知识来形成一个思维模型的复式框架，而不是"手中拿着锤子，满世界都是钉子"，即试图用一种工具来解决世界上的所有问题。

换言之，思维模型其实是各学科的成果，即芒格所说的"重要学科的重要理论"，而多元思维模型就是"拿来主义"——利用各学科的知识形成自己思维模型的复式框架。当然，"拿来主义"并非简单地拿来即用，而是分析多元的价值及如何把它们融合在一起，将各种知识融会贯通，加深对现实的认知。难怪芒格的孩子们都笑话他是"一本长了两条腿的书"。

那么，TP思考模型与芒格所说的思维模型有什么不同之处呢？我有一个不

321

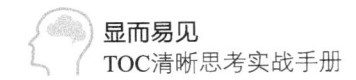

成熟的观点，不一定对，仅供读者参考。我的观点是，TP思考模型是创造和产生解决方案模型的工具，正如高德拉特博士通过TP创造了不同领域的TOC解决方案一样，在"重要学科的重要理论"中哪项理论不是基于科学可证伪的基本假设获得的？假设"手中拿着锤子，满世界都是钉子"，我倒希望这把"锤子"是TP。

后 记
给大脑装上清晰思考的App

清晰思考对每个人的重要性不言而喻，以至于我长篇累牍也不见得能够讲清楚；以至于高德拉特博士20岁就立志教导人们思考的方法，直至他于2011年逝世。高德拉特博士觉得人们对他提供的新工具和解决方案很着迷，但人们并没有意识到背后的原则，这些原则应该帮助人们创建新的工具和解决方法。在我看来，这些原则无一例外地传递了清晰思考的重要价值。

人们对高德拉特博士所开发的TOC新工具和解决方案的着迷，正好说明了人们对清晰思考的掌握程度还不够。这也是我多年来致力于传播和分享清晰思考时试图克服的主要阻碍因素之一。我的动力并不仅来自清晰思考带给我的非凡收益，更来自我赋予自己余生的意义和愿力。记得2015年我和刘振在佛山大排档喝酒时，两人一起发下了把清晰思考传下去的宏愿，让更多的企业和个人受益于清晰思考，包括我们的子女。刘振说，人活一辈子，最重要的不是得到了什么，而是留下了什么。我深以为然，我们能给子女留下什么呢？无非是清晰思考而已，其他一切都不重要。同样的话我们共同的好友吴戈也说过，我们的子女如果都具备清晰思考的能力，即使在人生中遭遇种种困难和坎坷，他们也必然能勇敢面对和自行解决，夫复何求？

本着存私心做公益的初心，我从2018年开始毫无保留地分享清晰思考课程。在分享过程中，我也成了最大的受益者。如果以分享之日为分界线，那么之前我所掌握的清晰思考只是初始版本的App，经过无数次迭代，直至本书出版，我才算开发了一个勉强拿得出手来普及或惠及更多人的版本。

人类的大脑天生自带操作系统，只是人们在后天成长过程中由于教育背景、人生经历和成长环境有所不同，才造就了各自存在差异的、个性鲜明的不同操作系统，同时存在不同程度的限制，制约着人们的清晰思考能力。换言之，我比较认同佛家"本自具足"的观点，人人都会清晰思考，只是受到了不同程度的限制而已。移除限制的方法虽然简单，但不容易学。简单是指知道清晰思考的方法很简单，不容易学是指做到清晰思考不容易。知易行难，行难而退，这是大部分初学者学习清晰思考共同面临的难题。也就是说，并不是任何大脑都能装上清晰思考的App，当然这也不是我的理想。我的理想是先给少数人的大脑装上清晰思考的App，然后让少数人提供给大多数人现成的答案和方案，大家各取所需，各得其乐。

给少数人的大脑装上清晰思考的App并不容易。因为就我以往的经验而言，在清晰思考的学习之路上，至少有3个关卡会让少数人中的大多数人无法坚持到底。我的经验并不能强加于大多数人的认知之上，但我的分享也许能帮助大多数人保持积极的情绪和乐观的状态，未尝不是一件幸事。

关卡1：总是试图改变别人而不是改变自己。这是一个老生常谈的话题，我是否也有试图改变别人而不是改变自己的倾向呢？如果没有人想学习清晰思考，那么我没有这样的倾向。假设有人想学习清晰思考，那么我只会对想学习的人表现出这种倾向。

学习清晰思考后，我总能更容易地发现身边人的逻辑问题，并且经常质疑别人的假设，所以我经常会被别人误以为是杠精。被误以为是杠精也没问题，问题是我往往得理不饶人，非要纠正或改变别人的观念和看法，怼天怼地怼众生，就是从来不怼自己。

我常说学习清晰思考是自我修炼的过程，修炼意味着需要时常挑战自己的假设，特别是当我听到不同的意见时，就会触发我挑战自己的假设。哪怕我的假设成立，也不排除别人的假设成立的前提条件存在的可能性。别人的假设的前提条件不存在与别人的意见和观点是否正确是两码事。自觉而后才能觉他，而觉他的方法不见得是通过证明自己对来改变他人。改变自己很难，改变别人更是难上加难，不如选择难度相对低一点的，从改变自己开始，慢慢来。

关卡2：自我免疫非自己专业和专长的一切理论与知识。我经常将清晰思考比喻成来料加工。如果你的所见所闻总是限定于自己专业和专长的领域，那么你加工出来的成品永远是你舒适区内的认知。当然，不排除通过清晰思考加工出突破性认知的可能性。特别是在破解冲突图时，更需要具备横向思维的能力和条件，才能创造出意料之外而又情理之中的激发方案。

横向思维从哪里获取？无非是保持好奇心，博览群书，突破自己的认知和经验疆域。这一点我非常推崇查理·芒格所说的掌握多元思维模型的能力，当然前提是精通自己的专业，这样才能达到一通百通的境界。如果你还没有一技之长，或许清晰思考是你的最佳选择。因为掌握了清晰思考之后，你在学习任何一门新学科或新知识时，都会深入理解其背后的逻辑主线和底层原理，从而达到事半功倍的效果。

关卡3：无法灵活运用清晰思考。要过这一关卡，只需跳出清晰思考的限制就可以了。正如本书入门篇所讲的，任何事物都有其利弊得失，清晰思考也不例外。清晰思考的弊是什么呢？是反人性——违反人能不用脑就不用脑的本性。就像我过去经常在微信群里催促学员交作业一样，也是一种反人性行为。很多人不愿用脑或很难掌握清晰思考的能力，那么满足其人性需求不就得了？《孙子兵法》曰："故善战者，求之于势，不责于人，故能择人而任势。"势是什么？是力量惯性趋向，是势能或趋势，就是人性使然。

所谓灵活运用清晰思考，就是通过变通来创造有利于人们做出改变的局面和趋势，满足人性需求，实现双赢。我只能讲这么多了，剩下的请读者慢慢体会。清晰思考毕竟是一门需要实践的学问，而不是纸上谈兵。所谓学习，说穿了就是被"按在地上摩擦",被摩擦得多了,你自然会倒逼自己从经验中学习。

感谢你能读到后记。通常你属于少数爱思考的学习者,也是我喜欢的同类人,所以我丝毫不担心本书的内容是否能装进你的大脑。欢迎你加入我在全国各地创建的清晰思考学习群,或许可以帮助你快速掌握并使用清晰思考的App。你可以加我的微信:TOC-YUN,与我取得联系。

致 谢

本书得以出版，要特别感谢以下亲朋好友，没有你们的支持和鼓励，我坚持不到今天。你们是我人生旅途中不可多得的良师益友。

感谢我的妻子张玲娅和女儿段姝羽。我常年在外出差，没有尽到为人夫和为人父的责任与义务，感谢你们的默默付出和支持，我才能在TOC的道路上一直走下去。我也在你们身上学到了很多TOC之外的常识和道理。我常说，妻子是好校长，女儿是好老师。感谢你们宽容和鼓励，谢谢！

感谢我的好搭档刘振，您放弃了稳定的生活，选择和我一起创业，而且选择了尚未被主流人群接受和认可的TOC作为创业的赛道。您常说，没有我您就坚持不到今天。我何尝不是这样想的呢？咱俩是TOC界少有的创业和学习上的黄金搭档、完美组合，就算未来的路上有无数艰难险阻，只要有您的陪伴，就是我人生中最大的幸事。谢谢您。

感谢我和刘振共同的好友吴戈。我们哪里是什么合作伙伴，分明是相见恨晚的人生知己。我们在一起把酒言欢，畅谈任何话题都能够碰撞出相互启迪的火花。如果不是您的鞭策，我都不知道何时才会动手写本书。您不仅时常送我去参加各种培训，还买书送给我阅读，您的见解总是那么独到而新颖。

感谢李斌，就是本书中的斌哥，感谢您的提议和催促，我才有了写本书的初衷并最终完稿，感谢您对本书的审校。您是我的学员中最优秀的代表之一，用"睿智"这个词语都不足以形容您的犀利。谢谢您。

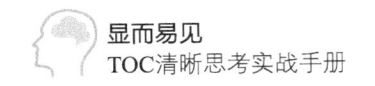

还要感谢我在全国各地的清晰思考学习群的分社长们，感谢你们为我分担工作，催促和辅导各地学员的作业，你们是TOC播种在中国大地上的种子和星星之火。我相信，经由我们的共同努力，清晰思考一定会在中国扎根并开枝散叶，让更多国人从中受益。谢谢你们无私无怨的付出。

这些分社长分别是：北京分社黄启哲老师、裴军峰老师、曹晓峰老师，上海分社苏长裕老师、管知时老师，广州分社梁鸿老师、梁冬春老师，深圳分社惠智家老师，河北分社白龙老师，西安分社李斌老师，杭州分社银登快老师，东北分社王轶才老师，南京分社袁长成老师，苏州分社徐拔老师，山西分社秦浩然老师，河南分社刘争光老师，成都分社陈盛元老师。谢谢你们。

最后，感谢电子工业出版社的晋晶老师和杨洪军老师。感谢你们的严选和严控，让本书精益求精。正是电子工业出版社出版的TOC系列图书开启了我的TOC学习之旅，并让我在这个过程中不断成长与收获。

参考文献

[1] 高德拉特,科克斯. 目标[M]. 齐若兰,译. 3版. 北京:电子工业出版社,2019.

[2] 高德拉特,高德拉特·亚殊乐. 抉择[M].罗镇坤,译. 北京:电子工业出版社,2011.

[3] GOLDRATT E M.The haystack syndrome[M]. Great Barrington:The North River Press,1991.

[4] GOLDRATT E M.What is this thing called Theory of Constraints and how should it be implemented[M]. Great Barrington: the North River Press,1990.

[5] ASHLAG Y. TOC Thinking: removing constraints for business growth[M].Great Barrington: the North River Press, 2014.

[6] 科克斯三世,施莱尔.瓶颈管理手册[M].张浪,译.北京:电子工业出版社,2014.

[7] 岸良裕司. 高德拉特问题解决法[M]. 包立志,董珍珍,译. 北京:中国人民大学出版社,2010.

[8] 珊考夫. 变革思维:为企业高效赋能的TOC方法[M]. 周涛,周鸣,译. 北京:电子工业出版社,2020.

[9] 佛高. 拨云见日:构建TOC疑云图,打破逻辑思维中的误区与难题[M]. 中华高德拉特协会,译. 北京:电子工业出版社,2017.

[10] 岸良裕司,岸良真由子. 三大思考工具轻松解决各种问题[M]. 李瑷祺,译. 北京:北京时代华文书局,2020.

[11] 卡尼曼. 思考，快与慢[M]. 胡晓姣，李爱民，何梦莹，译. 北京：中信出版社，2012.

[12] 麦克伦尼. 简单的逻辑学[M]. 赵明燕，译. 杭州：浙江人民出版社，2013.

[13] 希思. 行为设计学：掌控关键决策[M]. 宝静雅，译. 北京：中信出版社，2018.

[14] 福格. 福格行为模型[M]. 徐毅，译. 天津：天津科技出版社，2021.

[15] 西奥迪尼. 影响力[M]. 陈叙，译. 北京：中国人民大学出版社，2006.

[16] 梅多斯. 系统之美[M]. 邱昭良，译. 杭州：浙江人民出版社，2012.

[17] 克莱因. 直觉定律[M]. 黄蔚，译. 北京：中国青年出版社，2017.

[18] 圣吉. 第五项修炼[M]. 张成林，译. 北京：中信出版社，2009.

[19] 艾瑞里. 怪诞行为学2[M]. 赵德亮，译. 北京：中信出版社，2010.

[20] 柯明斯. 蜥蜴脑法则[M]. 刘海静，译. 北京：九州出版社，2016.

[21] 马奇. 经验的疆界[M]. 丁丹，译. 北京：东方出版社，2017.

[22] 考夫曼. 穷查理宝典[M]. 李继宏，译. 北京：中信出版社，2016.

[23] 高德拉特. 站在巨人的肩膀上[A]. 2008.

[24] 高德拉特. 高德拉特卫星讲座[A]. 1998.

[25] 毛泽东. 反对党八股[A]. 1942.

[26] 曹晓峰. 浅谈果因果分析法与5Why法的区别和联系[A]. 2019.

[27] 王聪. "果因果"作业及思考[A]. 2019.